학습 진도표 | 만점왕 수학 2-1

학습 완료 후 붙임 딱지를 붙여 학습 진도표를 완성해요

EBS

인터넷·모바일·TV
무료 강의 제공

초 | 등 | 부 | 터 EBS

만점왕

수학 2-1

BOOK 1
개념책

BOOK 1

개념책

BOOK 1 개념책으로
교과서에 담긴 **학습 개념**을
꼼꼼하게 공부하세요!

⬇ 풀이책은 EBS 초등사이트(primary.ebs.co.kr)에서 내려받으실 수 있습니다.

만점왕

BOOK1 개념책

수학 2-1

이 책의 구성과 특징

BOOK 1 개념책

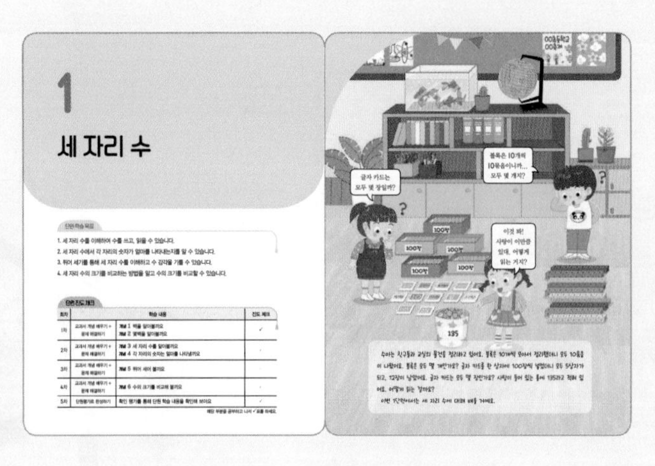

단원 도입

단원을 시작할 때마다 도입 그림을 눈으로 확인하며 안내 글을 읽으면, 공부할 내용에 대해 흥미를 갖게 됩니다.

교과서 개념 배우기

본격적인 학습에 돌입하는 단계입니다. 자세한 개념 설명과 그림으로 제시한 예시를 통해 핵심 개념을 분명하게 파악할 수 있습니다.

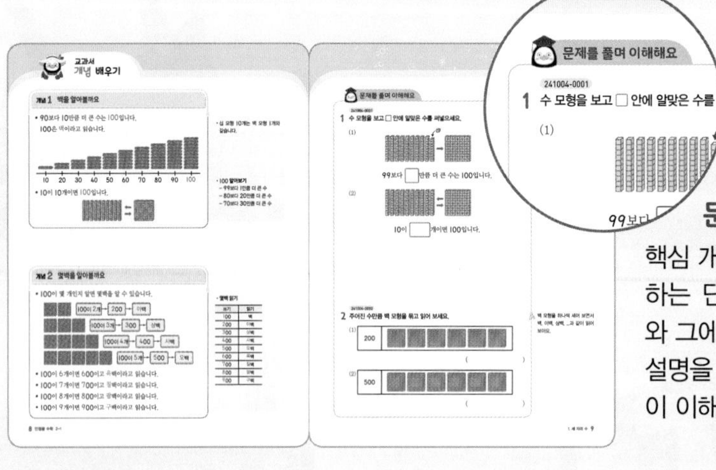

문제를 풀며 이해해요

핵심 개념을 심층적으로 학습하는 단계입니다. 개념 문제와 그에 대한 출제 의도, 보조 설명을 통해 개념을 보다 깊이 이해할 수 있습니다.

교과서 문제 해결하기

교과서 핵심 집중 탐구로 공부한 내용을 문제를 통해 하나하나 꼼꼼하게 살펴보며 교과서에 담긴 내용을 빈틈없이 학습할 수 있습니다.

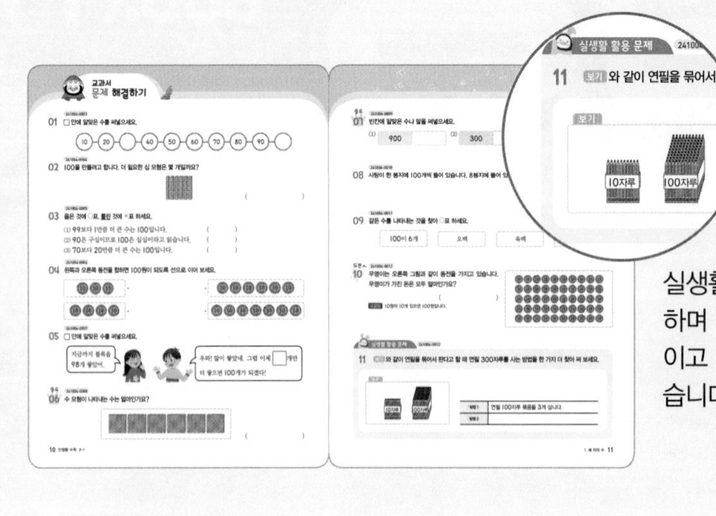

실생활 활용 문제

실생활 속 문제 상황을 해결하며 수학에 대한 흥미를 높이고 그 필요성을 느낄 수 있습니다.

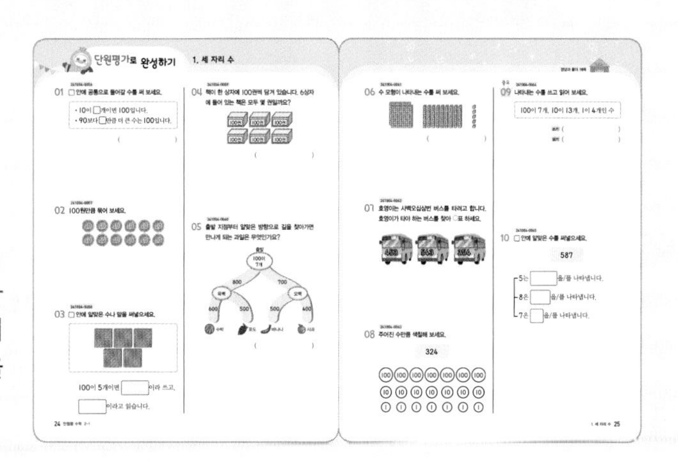

단원평가로 완성하기

평가를 통해 단원 학습을 마무리하고, 자신이 보완해야 할 점을 파악할 수 있습니다.

BOOK 2 실전책

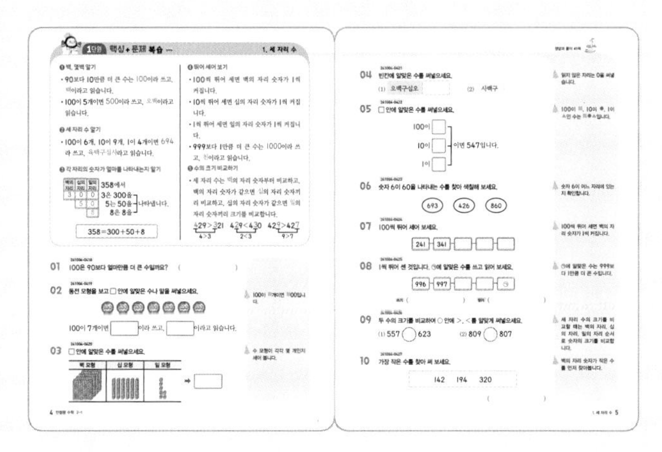

핵심 + 문제 복습

핵심 정리와 문제를 통해 학습한 내용을 복습하고, 자신의 학습 상태를 확인할 수 있습니다.

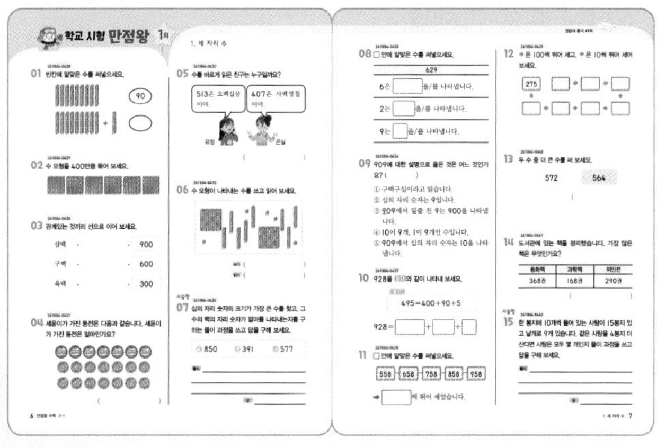

학교 시험 만점왕

앞서 학습한 내용을 바탕으로 보다 다양한 문제를 경험하며 단원별 평가를 대비할 수 있습니다.

학습 진도표에 붙임딱지를 붙여 학습 상황을 한눈에 확인할 수 있습니다.

넌 할 수 있어!

자기주도 활용 방법

BOOK
1
개념책

평상 시 진도 공부는

교재(북1 개념책)로 공부하기

만점왕 북1 개념책으로 진도에 따라 공부해 보세요.
개념책에는 학습 개념이 자세히 설명되어 있어요.
따라서 학교 진도에 맞춰 만점왕을 풀어 보면
혼자서도 쉽게 공부할 수 있습니다.

TV(인터넷) 강의로 공부하기

개념책으로 혼자 공부했는데, 잘 모르는 부분이 있나요?
더 알고 싶은 부분도 있다고요?
만점왕 강의가 있으니 걱정 마세요.
만점왕 강의는 TV를 통해 방송됩니다.
방송 강의를 보지 못했거나 다시 듣고 싶은 부분이 있다면
인터넷(EBS 초등사이트)을 이용하면 됩니다.

이 부분은
잘 모르겠으니
인터넷으로 다시
봐야겠어.

만점왕 방송 시간: EBS홈페이지 편성표 참조
EBS 초등사이트: primary.ebs.co.kr

시험 대비 공부는 북2 실전책으로! (북2 2쪽 자기주도 활용 방법을 읽어 보세요.)

이 책의 차례

BOOK 1 개념책

1 세 자리 수 6

2 여러 가지 도형 28

3 덧셈과 뺄셈 46

4 길이 재기 80

5 분류하기 98

6 곱셈 112

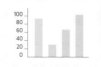

1

세 자리 수

단원 학습 목표

1. 세 자리 수를 이해하여 수를 쓰고, 읽을 수 있습니다.
2. 세 자리 수에서 각 자리의 숫자가 얼마를 나타내는지를 알 수 있습니다.
3. 뛰어 세기를 통해 세 자리 수를 이해하고 수 감각을 기를 수 있습니다.
4. 세 자리 수의 크기를 비교하는 방법을 알고 수의 크기를 비교할 수 있습니다.

단원 진도 체크

회차	학습 내용		진도 체크
1차	교과서 개념 배우기 + 문제 해결하기	**개념 1** 백을 알아볼까요 **개념 2** 몇백을 알아볼까요	✓
2차	교과서 개념 배우기 + 문제 해결하기	**개념 3** 세 자리 수를 알아볼까요 **개념 4** 각 자리의 숫자는 얼마를 나타낼까요	✓
3차	교과서 개념 배우기 + 문제 해결하기	**개념 5** 뛰어 세어 볼까요	✓
4차	교과서 개념 배우기 + 문제 해결하기	**개념 6** 수의 크기를 비교해 볼까요	✓
5차	단원평가로 완성하기	확인 평가를 통해 단원 학습 내용을 확인해 보아요	✓

해당 부분을 공부하고 나서 ✓표를 하세요.

수아는 친구들과 교실의 물건을 정리하고 있어요. 블록은 10개씩 모아서 정리했더니 모두 10묶음이 나왔어요. 블록은 모두 몇 개인가요? 글자 카드를 한 상자에 100장씩 넣었더니 모두 5상자가 되고, 12장이 남았어요. 글자 카드는 모두 몇 장인가요? 사탕이 들어 있는 통에 135라고 적혀 있어요. 어떻게 읽는 걸까요?

이번 1단원에서는 세 자리 수에 대해 배울 거예요.

개념 1 백을 알아볼까요

- 90보다 10만큼 더 큰 수는 100입니다.
  100은 백이라고 읽습니다.

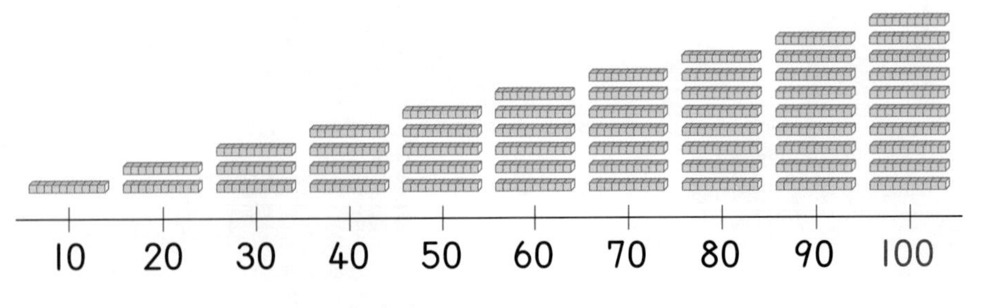

- 10이 10개이면 100입니다.

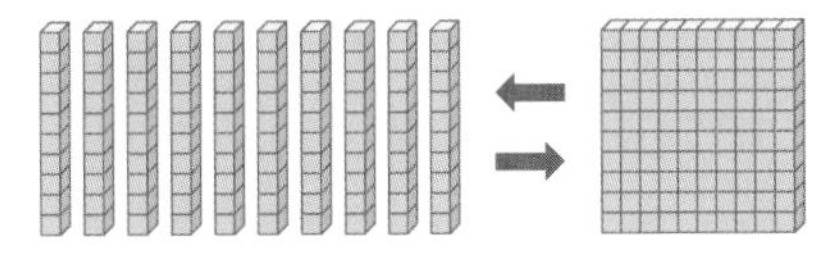

- 십 모형 10개는 백 모형 1개와 같습니다.

- **100 알아보기**
  - 99보다 1만큼 더 큰 수
  - 80보다 20만큼 더 큰 수
  - 70보다 30만큼 더 큰 수

개념 2 몇백을 알아볼까요

- 100이 몇 개인지 알면 몇백을 알 수 있습니다.

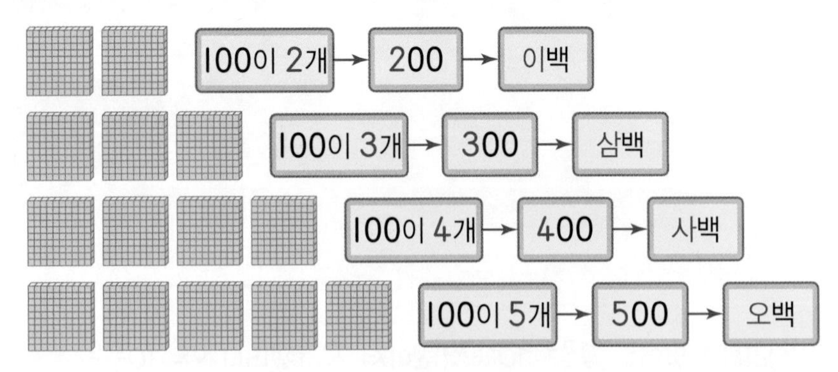

- 100이 6개이면 600이고 육백이라고 읽습니다.
- 100이 7개이면 700이고 칠백이라고 읽습니다.
- 100이 8개이면 800이고 팔백이라고 읽습니다.
- 100이 9개이면 900이고 구백이라고 읽습니다.

- **몇백 읽기**

쓰기	읽기
100	백
200	이백
300	삼백
400	사백
500	오백
600	육백
700	칠백
800	팔백
900	구백

문제를 풀며 이해해요

241004-0001

1 수 모형을 보고 □ 안에 알맞은 수를 써넣으세요.

백과 몇백의 의미를 알고 바르게 읽고 쓸 수 있는지 묻는 문제예요.

(1)

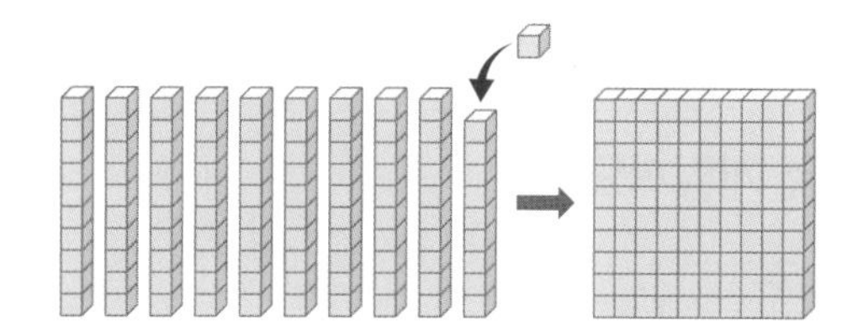

99보다 □만큼 더 큰 수는 100입니다.

(2)

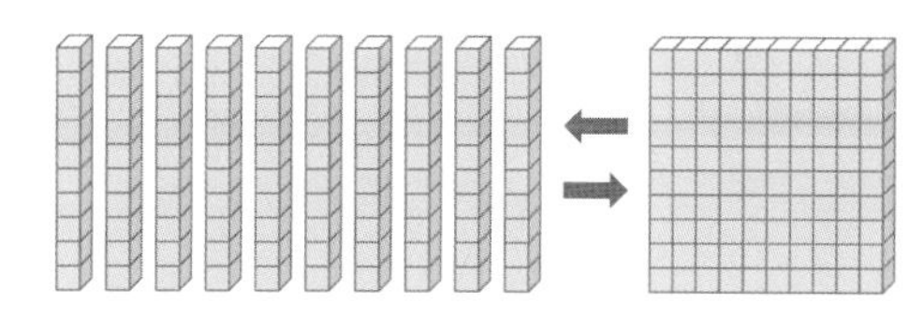

10이 □개이면 100입니다.

241004-0002

2 주어진 수만큼 백 모형을 묶고 읽어 보세요.

백 모형을 하나씩 세어 보면서 백, 이백, 삼백, ...과 같이 읽어 보아요.

(1)

200	(백 모형 6개)

(　　　　　　　　)

(2)

500	(백 모형 6개)

(　　　　　　　　)

교과서 문제 해결하기

241004-0003

01 □ 안에 알맞은 수를 써넣으세요.

10 — 20 — □ — 40 — 50 — 60 — 70 — 80 — 90 — □

241004-0004

02 100을 만들려고 합니다. 더 필요한 십 모형은 몇 개일까요?

(　　　　　　)

241004-0005

03 옳은 것에 ○표, 틀린 것에 ×표 하세요.

(1) 99보다 1만큼 더 큰 수는 100입니다. (　　　)

(2) 90은 구십이므로 100은 십십이라고 읽습니다. (　　　)

(3) 70보다 20만큼 더 큰 수는 100입니다. (　　　)

241004-0006

04 왼쪽과 오른쪽 동전을 합하면 100원이 되도록 선으로 이어 보세요.

왼쪽	오른쪽
10 10 10 •	• 10 10 10 10 10 10
10 10 10 10 •	• 10 10 10 10 10 10 10

241004-0007

05 □ 안에 알맞은 수를 써넣으세요.

지금까지 블록을 98개 쌓았어.

우와! 많이 쌓았네. 그럼 이제 □개만 더 쌓으면 100개가 되겠다!

중요

241004-0008

06 수 모형이 나타내는 수는 얼마인가요?

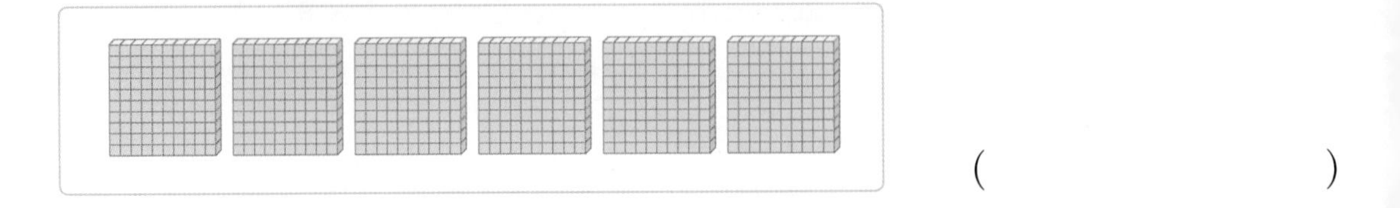

(　　　　　　)

중요 241004-0009

07 빈칸에 알맞은 수나 말을 써넣으세요.

(1) 900 [ ]　　(2) 300 [ ]　　(3) [ ] 칠백

241004-0010

08 사탕이 한 봉지에 100개씩 들어 있습니다. 8봉지에 들어 있는 사탕은 모두 몇 개일까요?

( )

241004-0011

09 같은 수를 나타내는 것을 찾아 ○표 하세요.

100이 6개	오백	육백	100이 7개

도전 241004-0012

10 우영이는 오른쪽 그림과 같이 동전을 가지고 있습니다. 우영이가 가진 돈은 모두 얼마인가요?

( )

도움말 10원이 10개 있으면 100원입니다.

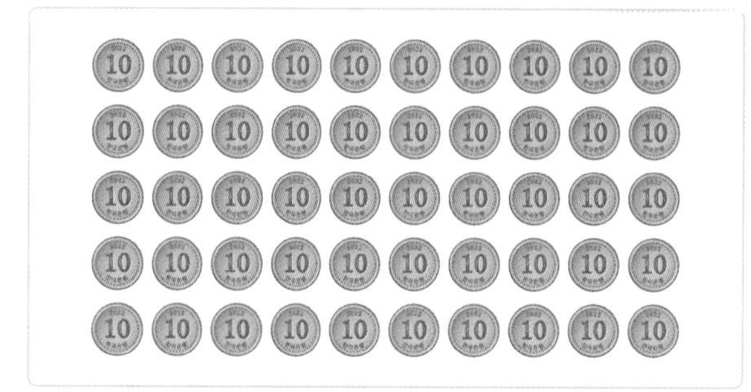

241004-0013

11 보기 와 같이 연필을 묶어서 판다고 할 때 연필 300자루를 사는 방법을 한 가지 더 찾아 써 보세요.

보기

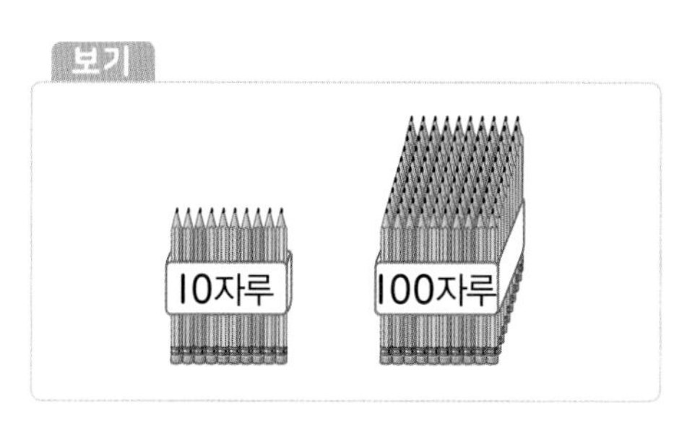

방법 1	연필 100자루 묶음을 3개 삽니다.
방법 2	

개념 3 세 자리 수를 알아볼까요

백 모형	십 모형	일 모형
100이 2개	10이 6개	1이 5개

- 100이 2개, 10이 6개, 1이 5개이면 265입니다.
- 265는 이백육십오라고 읽습니다.

• 자리의 숫자가 1 또는 0인 세 자리 수 읽기
- 315 ┌ 삼백일십오 (×) └ 삼백십오 (○)
- 908 ┌ 구백영팔 (×) └ 구백팔 (○)

개념 4 각 자리의 숫자는 얼마를 나타낼까요

- 숫자가 같더라도 어느 자리에 있는지에 따라 나타내는 값이 달라집니다.

백의 자리	십의 자리	일의 자리
4	6	3

⬇

4	0	0
	6	0
		3

┌ 4는 백의 자리 숫자이고, 400을 나타냅니다.
├ 6은 십의 자리 숫자이고, 60을 나타냅니다.
└ 3은 일의 자리 숫자이고, 3을 나타냅니다.

- 세 자리 수를 (몇백)+(몇십)+(몇)으로 나타낼 수 있습니다.

$$457=400+50+7$$
$$190=100+90+0$$
$$208=200+0+8$$

• 숫자가 나타내는 값
$\underline{3}33$ ➡ 300
$3\underline{3}3$ ➡ 30
$33\underline{3}$ ➡ 3

문제를 풀며 이해해요

241004-0014

1 □ 안에 알맞은 수나 말을 써넣으세요.

백 모형	십 모형	일 모형
100이 □개	10이 □개	1이 □개

□이라 쓰고 □이라고 읽습니다.

세 자리 수를 100이 몇 개, 10이 몇 개, 1이 몇 개인 수로 나타낼 수 있는지 묻는 문제예요.

241004-0015

2 243을 동전 모형으로 나타낸 것입니다. □ 안에 알맞은 수나 말을 써넣으세요.

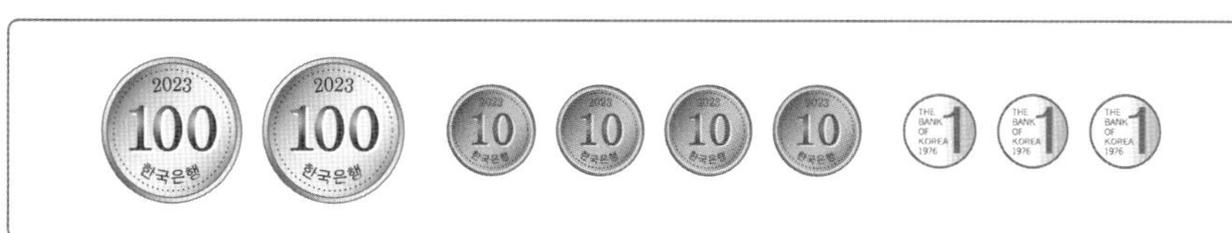

(1) 243에서 2는 □의 자리 숫자이고 □을/를 나타냅니다.

(2) 243에서 4는 □의 자리 숫자이고 □을/를 나타냅니다.

(3) 243에서 3은 □의 자리 숫자이고 □을/를 나타냅니다.

(4) 243=□+40+□

세 자리 수에서 각 자리의 숫자가 얼마를 나타내는지를 알고 있는지 묻는 문제예요.

교과서 문제 해결하기

[01~03] 종이가 100장씩 또는 10장씩 묶어져 있습니다. 물음에 답하세요.

100장 100장 100장 10장 10장

241004-0016

01 100장씩 묶어진 종이는 모두 몇 장인지 □ 안에 알맞은 수를 써넣으세요.

100장 묶음 □개 ➡ □장

241004-0017

02 10장씩 묶어진 종이는 모두 몇 장인지 □ 안에 알맞은 수를 써넣으세요.

10장 묶음 □개 ➡ □장

241004-0018

03 종이가 모두 몇 장인지 쓰고 읽어 보세요.

쓰기 (　　　　　　　　) 읽기 (　　　　　　　　)

[04~05] 빈칸에 알맞은 수나 말을 써넣으세요.

241004-0019

04

989	

241004-0020

05

오백일	

중요

241004-0021

06 수를 쓰고 읽어 보세요.

100이 7개, 10이 4개, 1이 5개인 수

쓰기 (　　　　　　　　) 읽기 (　　　　　　　　)

중요 241004-0022

07 보기 와 같이 나타내려고 합니다. □ 안에 알맞은 수를 써넣으세요.

보기

629=600+20+9

963=□+□+□

[08~09] 밑줄 친 숫자는 얼마를 나타내는지 써 보세요.

241004-0023

08

<u>7</u>45

(　　　　　　　)

241004-0024

09

61<u>7</u>

(　　　　　　　)

도전 241004-0025

10 바둑돌 437개를 보기 와 같은 기호로 나타내 보세요.

보기

바둑돌 100개 ➡ □
바둑돌 10개 ➡ ♡
바둑돌 1개 ➡ △

241004-0026

11 슬기의 일기를 읽고 물음에 답하세요.

오늘 새로운 집으로 이사를 왔다. 원래 살던 집은 118동 402호였는데, 새로 이사 온 집은 211동 918호이다. 새로운 집에서 잘 지내면 좋겠다.

(1) 슬기의 일기에서 백의 자리 숫자가 100을 나타내는 수를 찾아 써 보세요.

(　　　　　　　)

(2) 슬기의 일기에서 십의 자리 숫자가 1이 아닌 수를 찾아 써 보세요.

(　　　　　　　)

개념 5 뛰어 세어 볼까요

• 100씩 뛰어 세면 백의 자리 숫자가 1씩 커집니다.

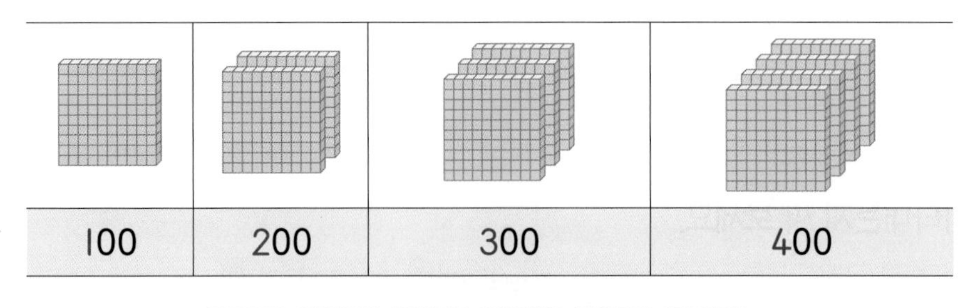

100 - 200 - 300 - 400 - 500 - 600

• 10씩 뛰어 세면 십의 자리 숫자가 1씩 커집니다.

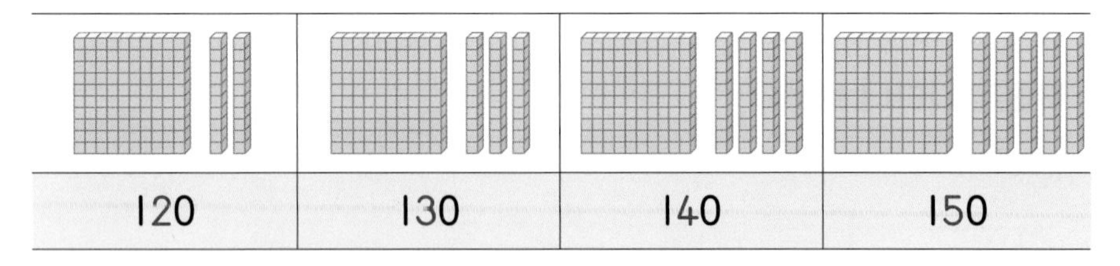

120 - 130 - 140 - 150 - 160 - 170

• 1씩 뛰어 세면 일의 자리 숫자가 1씩 커집니다.

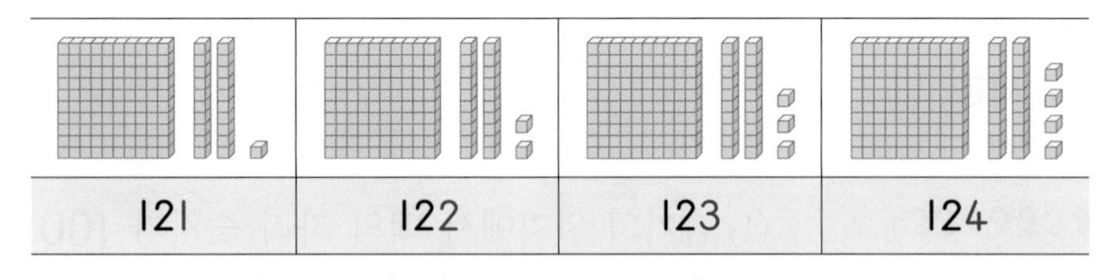

121 - 122 - 123 - 124 - 125 - 126

• 999보다 1만큼 더 큰 수는 1000이고 천이라고 읽습니다.

990 991 992 993 994 995 996 997 998 999 1000

• 어느 자리 숫자가 1씩 커지는지 비교해 보면 얼마씩 커지는 규칙인지 알 수 있습니다.

• **거꾸로 뛰어 세기**
- 100씩 거꾸로 뛰어 세면 백의 자리 숫자가 1씩 작아집니다.
  782 – 682 – 582 – 482
- 10씩 거꾸로 뛰어 세면 십의 자리 숫자가 1씩 작아집니다.
  782 – 772 – 762 – 752

• **1000 알아보기**
- 1000은 100이 10개인 수입니다.
- 1000은 900보다 100만큼 더 큰 수입니다.
- 1000은 990보다 10만큼 더 큰 수입니다.

정답과 풀이 14쪽

문제를 풀며 이해해요

241004-0027

1 동전은 모두 얼마인지 알아보려고 합니다. 물음에 답하세요.

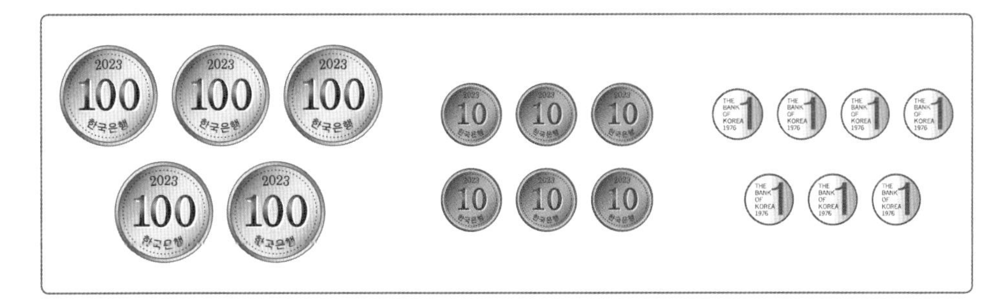

(1) 100원짜리 동전을 세어 보세요.

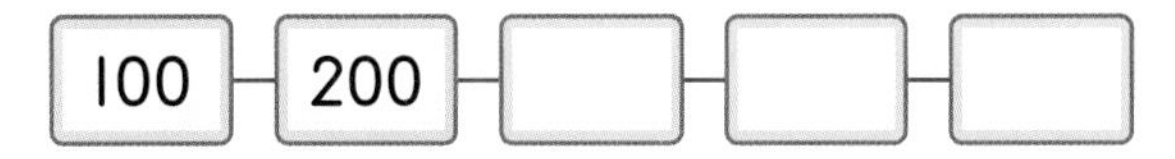

(2) 이어서 10원짜리 동전을 세어 보세요.

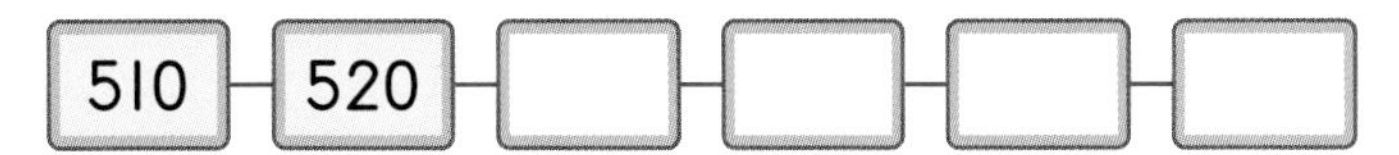

(3) 이어서 1원짜리 동전을 세어 보세요.

세 자리 수의 뛰어 세기를 할 수 있는지 묻는 문제예요.

241004-0028

2 100씩 뛰어 세어 보세요.

100씩 뛰어 세면 백의 자리 숫자가 1씩 커져요.

241004-0029

3 10씩 뛰어 세어 보세요.

10씩 뛰어 세면 십의 자리 숫자가 1씩 커져요.

241004-0030

4 1씩 뛰어 세어 보세요.

1씩 뛰어 세면 일의 자리 숫자가 1씩 커져요.

교과서 문제 해결하기

241004-0031

01 100씩 뛰어 세어 보세요.

241004-0032

02 258부터 1씩 뛰어 세면서 선으로 이어 보세요.

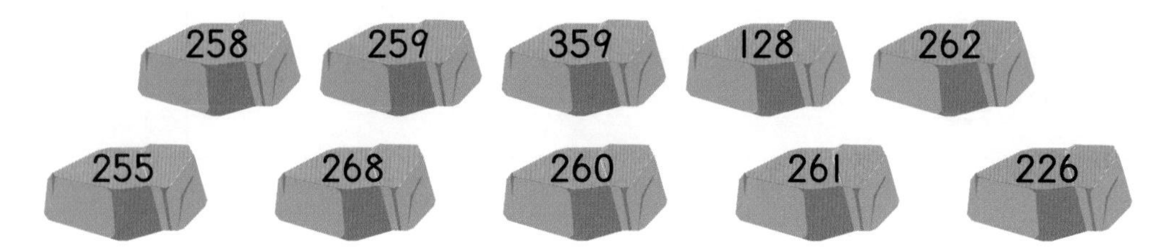

중요 241004-0033

03 몇씩 뛰어서 센 것인가요?

653 – 663 – 673 – 683 – 693

(　　　　　　　　)

241004-0034

04 □ 안에 공통으로 들어갈 수는 얼마인가요?

- 999보다 1만큼 더 큰 수는 □입니다.
- 990보다 10만큼 더 큰 수는 □입니다.

(　　　　　　　　)

중요 241004-0035

05 보기와 같은 규칙으로 뛰어 세려고 합니다. 빈칸에 알맞은 수를 써넣으세요.

보기

537 – 637 – 737 – 837 – 937

282 – □ – 482 – □ – □ – 782

241004-0036

06 10씩 거꾸로 뛰어 세어 보세요.

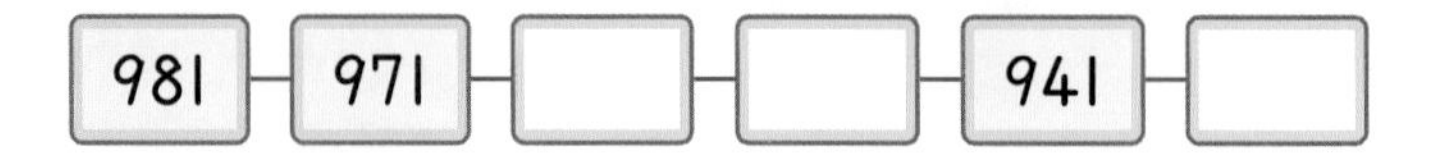

241004-0037

07 유정이는 100원짜리 동전이 8개 있습니다. 1000원이 되려면 더 필요한 100원짜리 동전은 몇 개일까요?

( )

[08~09] 표를 보고 물음에 답하세요.

971	972	973	974	975	976	977			980
981	982	983	984	985	986	987		989	
991	992	993	994	995	996	997	998		

241004-0038

08 빈칸에 알맞은 수를 써넣으세요.

241004-0039

09 위의 수 배열표에 대한 설명 중 옳은 것은 어느 것인가요? ( )

① ➡ 방향으로 수가 1씩 작아집니다.
② ➡ 방향으로 수가 10씩 커집니다.
③ ⬇ 방향으로 수가 100씩 커집니다.
④ ⬇ 방향으로 수가 10씩 커집니다.
⑤ ⬇ 방향으로 수가 10씩 작아집니다.

도전 241004-0040

10 뛰어 세는 규칙을 찾아 ㉠에 들어갈 수를 구해 보세요.

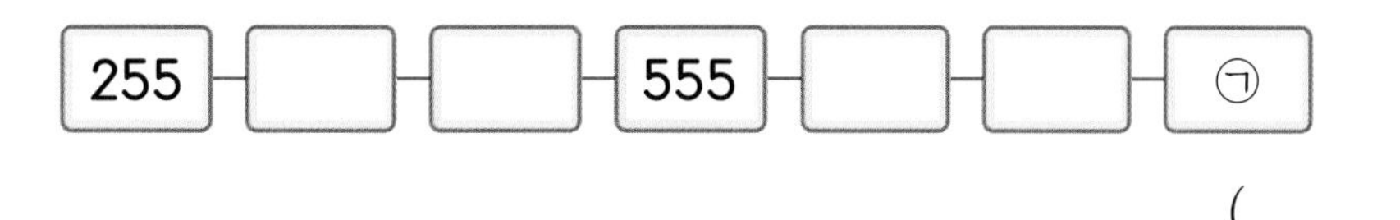

( )

도움말 255에서 3번 뛰어 세었더니 300이 커져 555가 되었습니다.

실생활 활용 문제 241004-0041

11 세윤이네 학교에서 운동회를 했습니다. 기본 점수 150점부터 시작해서 한 경기를 이길 때마다 10점씩 받았습니다. 세윤이네 팀의 점수가 190점이었다면 경기를 모두 몇 번 이긴 것일까요?

( )

개념 6 수의 크기를 비교해 볼까요

- 341과 425의 크기 비교하기
  ➡ 두 수 중 백의 자리 숫자를 확인합니다.

341 (<) 425

3<4

- 317과 369의 크기 비교
  ➡ 두 수의 백의 자리 숫자가 같으므로 십의 자리 숫자를 확인합니다.

317 (<) 369

1<6

- 753과 758의 크기 비교
  ➡ 두 수의 백의 자리 숫자와 십의 자리 숫자가 각각 같으면 일의 자리 숫자를 확인합니다.

753 (<) 758

3<8

- 세 수의 크기 비교하기

	백의 자리	십의 자리	일의 자리
782 ➡	7	8	2
715 ➡	7	1	5
822 ➡	8	2	2

- 백의 자리 숫자를 확인하면 822가 가장 큽니다.
- 782와 715는 백의 자리 숫자가 같으므로 십의 자리 숫자를 확인하면 782가 더 큽니다.

가장 큰 수 ➡ 822 가장 작은 수 ➡ 715

- ●>■
  ➡ ●는 ■보다 큽니다.
  ➡ ■는 ●보다 작습니다.

- 세 자리 수의 크기를 비교할 때는 백의 자리 숫자부터 순서대로 확인합니다.
  ➡ 높은 자리의 숫자가 클수록 더 큰 수입니다.

문제를 풀며 이해해요

241004-0042

1 수 모형을 보고 두 수의 크기를 비교하여 ○ 안에 >, <를 알맞게 써넣으세요.

수의 크기를 비교할 수 있는지 묻는 문제예요.

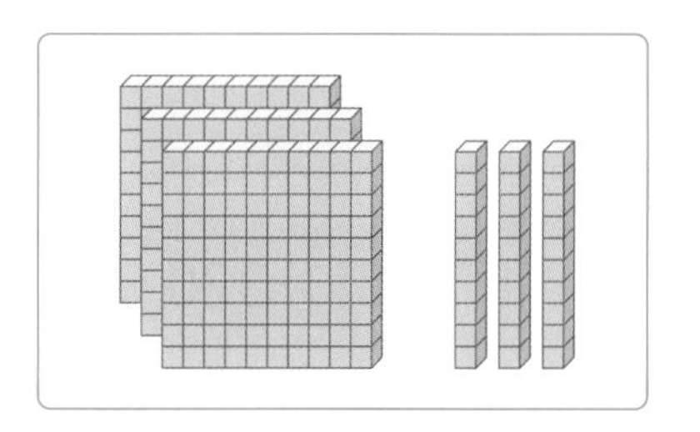

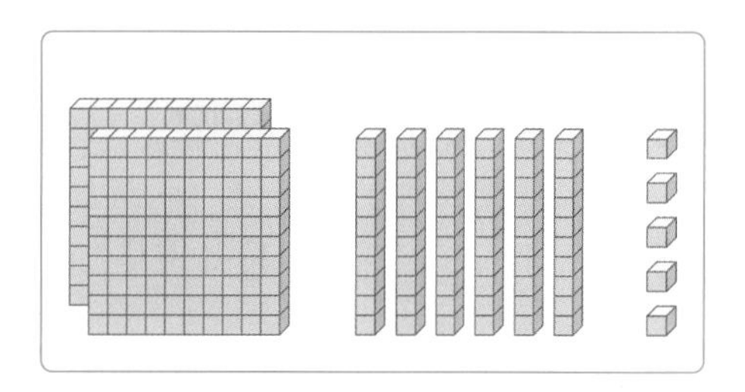

330 ○ 265

241004-0043

2 □ 안에 알맞은 수를 써넣고 ○ 안에 >, <를 알맞게 써넣으세요.

백의 자리 숫자가 같으면 십의 자리 숫자를 확인해 보아요.

		백의 자리	십의 자리	일의 자리
553	➡	□	5	3
562	➡	5	□	2

553 ○ 562

241004-0044

3 두 수의 크기를 비교하여 ○ 안에 >, <를 알맞게 써넣으세요.

백의 자리 숫자와 십의 자리 숫자가 같으면 일의 자리 숫자를 확인해 보아요.

(1) 561 ○ 427

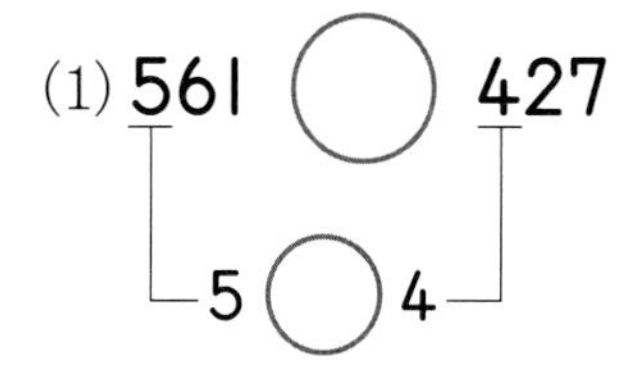

5 ○ 4

(2) 297 ○ 298

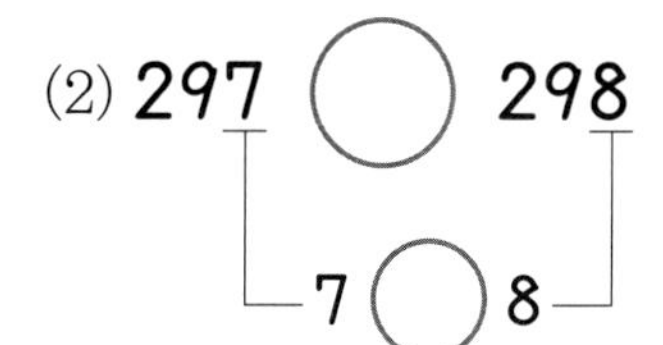

7 ○ 8

교과서 문제 해결하기

중요 241004-0045

01 두 수의 크기를 비교하여 ○ 안에 >, <를 알맞게 써넣으세요.

(1) 211 ◯ 381　　　　(2) 679 ◯ 670

241004-0046

02 수의 크기를 바르게 비교한 것을 모두 찾아 ○표 하세요.

771 > 773	910 < 991	351 > 320
(　　　)	(　　　)	(　　　)

241004-0047

03 더 작은 수를 찾아 △표 하세요.

(1)

835	837

(2)

123	108

241004-0048

04 다음 중 옳은 문장을 골라 >, <를 써서 나타내 보세요.

918은 922보다 작습니다.	329는 288보다 작습니다.

(　　　　　　　　　　)

241004-0049

05 더 큰 수를 쓴 친구는 누구일까요?

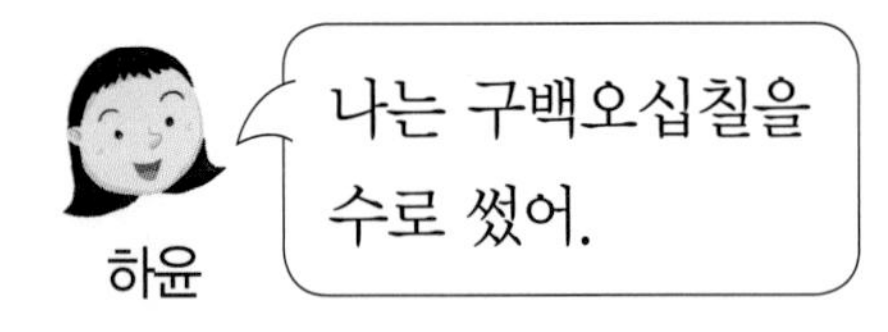

나는 구백오십칠을 수로 썼어.
하윤

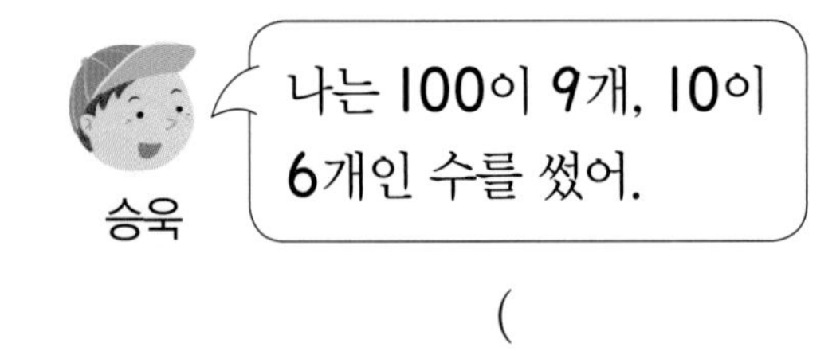

나는 100이 9개, 10이 6개인 수를 썼어.
승욱

(　　　　　　)

241004-0050

06 분홍색 저금통과 노란색 저금통 중 더 많은 돈이 들어 있는 저금통은 어느 것인가요?

(　　　　　　)

중요 241004-0051

07 가장 큰 수를 찾아 ○표 하세요.

632	509	638

241004-0052

08 채원이가 이야기하는 수를 보기 에서 찾아 써 보세요.

이 수는 300보다 크고 500보다 작은 수야. 십의 자리 숫자는 50을 나타내고 일의 자리 숫자는 4보다 작아.

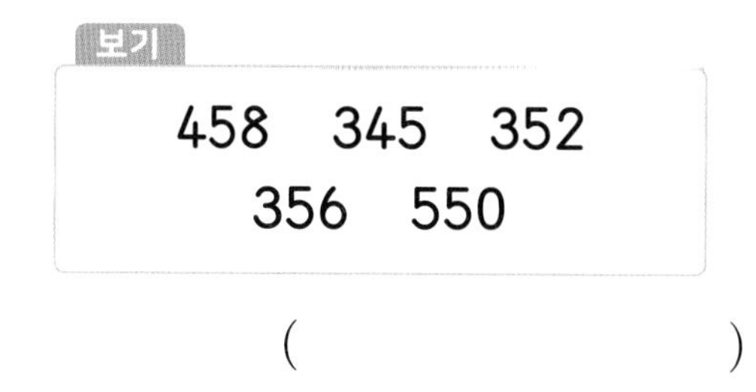

(　　　　　　　　)

241004-0053

09 수 카드를 한 번씩만 사용해서 800보다 큰 세 자리 수를 만들려고 합니다. 만들 수 있는 세 자리 수를 모두 써 보세요.

4	5	9

(　　　　　　　　)

도전 241004-0054

10 세 자리 수의 크기를 비교하여 다음과 같이 나타내었습니다. □ 안에 들어갈 수 있는 숫자를 모두 찾아 ○표 하세요.

8□8 < 842

1	3	5	7	9

도움말 백의 자리 숫자가 같으므로 십의 자리 숫자를 비교합니다.

실생활 활용 문제 241004-0055

11 준민이는 매일 아침 줄넘기를 합니다. 줄넘기를 어제는 125번 했고, 오늘은 132번 했습니다. 어제와 오늘 중 줄넘기를 더 많이 한 날은 언제인가요?

(　　　　　　　　)

단원평가로 완성하기

241004-0056

01 □ 안에 공통으로 들어갈 수를 써 보세요.

- 10이 □개이면 100입니다.
- 90보다 □만큼 더 큰 수는 100입니다.

(　　　　　　)

241004-0057

02 100원만큼 묶어 보세요.

241004-0058

03 □ 안에 알맞은 수나 말을 써넣으세요.

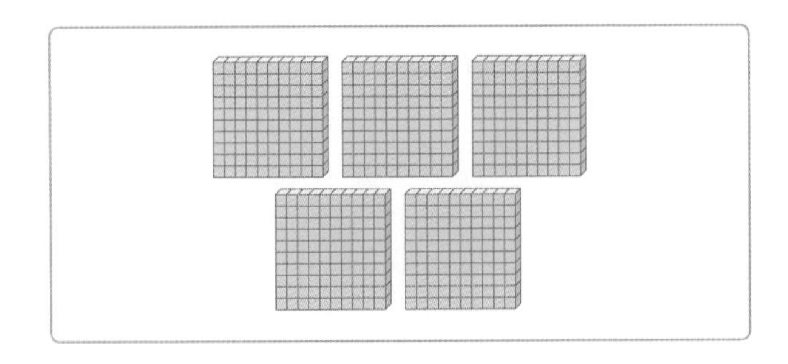

100이 5개이면 □이라 쓰고,

□이라고 읽습니다.

241004-0059

04 책이 한 상자에 100권씩 담겨 있습니다. 6상자에 들어 있는 책은 모두 몇 권일까요?

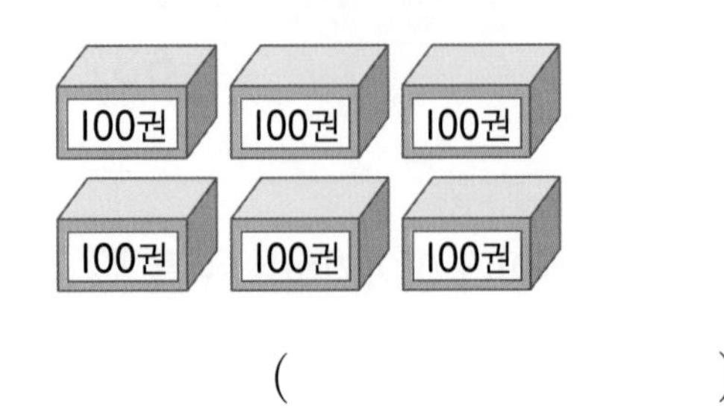

(　　　　　　)

241004-0060

05 출발 지점부터 알맞은 방향으로 길을 찾아가면 만나게 되는 과일은 무엇인가요?

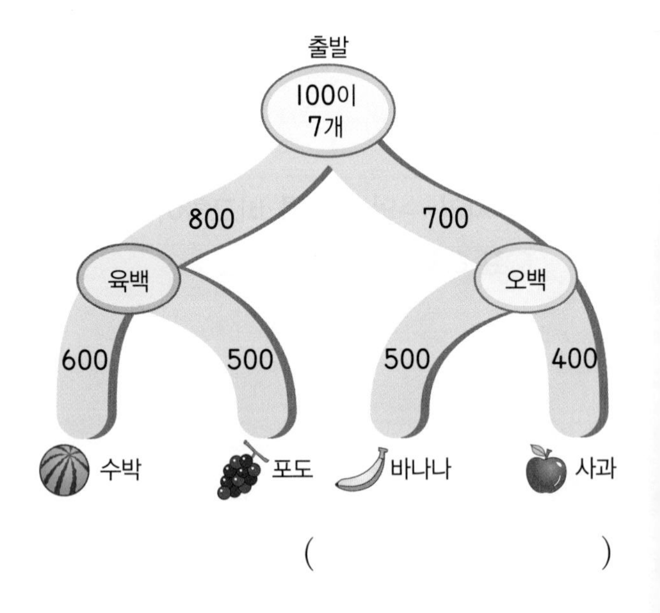

(　　　　　　)

241004-0061

06 수 모형이 나타내는 수를 써 보세요.

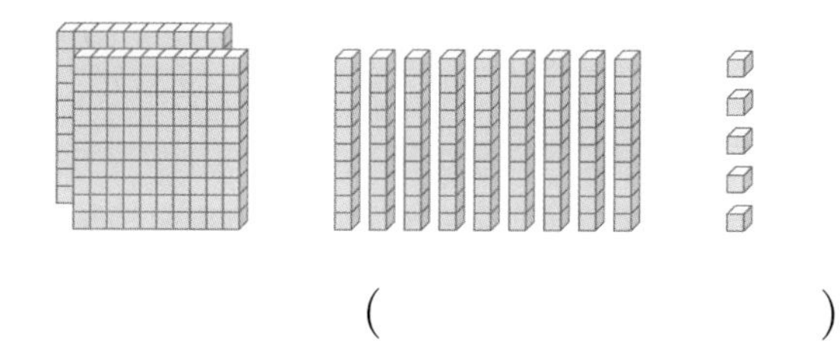

(　　　　　　　　)

241004-0062

07 호영이는 사백오십삼번 버스를 타려고 합니다. 호영이가 타야 하는 버스를 찾아 ○표 하세요.

241004-0063

08 주어진 수만큼 색칠해 보세요.

324

(100) (100) (100) (100) (100) (100) (100)

(10) (10) (10) (10) (10) (10) (10)

(1) (1) (1) (1) (1) (1) (1)

중요 241004-0064

09 나타내는 수를 쓰고 읽어 보세요.

100이 7개, 10이 13개, 1이 4개인 수

쓰기 (　　　　　　　　)

읽기 (　　　　　　　　)

241004-0065

10 □ 안에 알맞은 수를 써넣으세요.

587

- 5는 □ 을/를 나타냅니다.
- 8은 □ 을/를 나타냅니다.
- 7은 □ 을/를 나타냅니다.

중요 241004-0066

11 밑줄 친 숫자는 얼마를 나타내는지 써 보세요.

(1) 2<u>4</u>2 ➡ (   )

(2) 45<u>8</u> ➡ (   )

241004-0067

12 숫자 8이 80을 나타내는 수를 찾아 기호를 써 보세요.

㉠ 198	㉡ 800	㉢ 785

(   )

241004-0068

13 1씩 뛰어 세어 보세요.

780 – 781 – [ ] – [ ] – [ ]

241004-0069

14 수 모형이 나타내는 수에서 100씩 3번 뛰어 센 수는 어느 것일까요? (   )

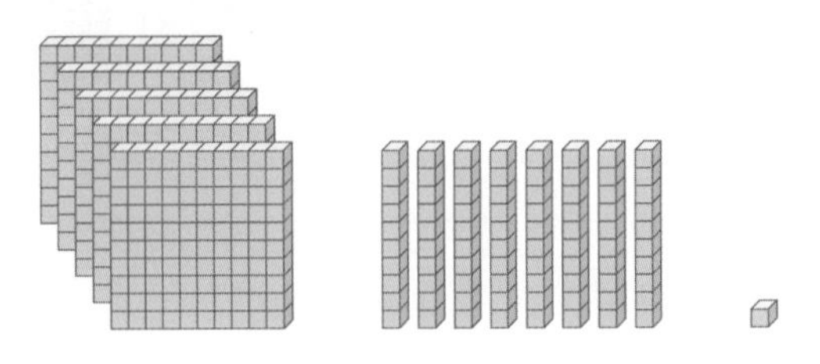

① 611 ② 681 ③ 718
④ 881 ⑤ 981

도전 241004-0070

15 화살표의 규칙에 따라 빈칸에 알맞은 수를 써넣으세요.

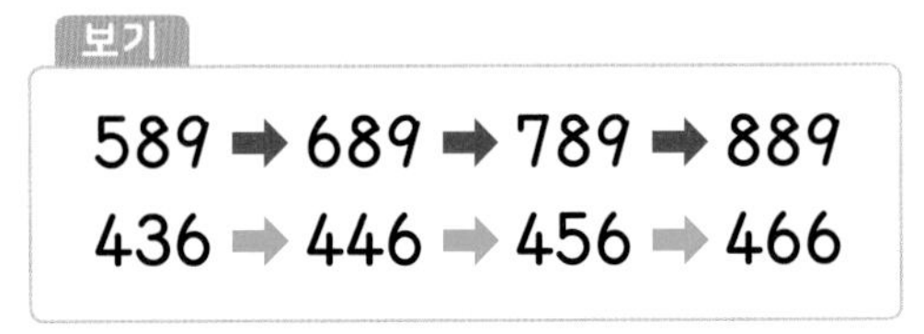

보기
589 ➡ 689 ➡ 789 ➡ 889
436 ➡ 446 ➡ 456 ➡ 466

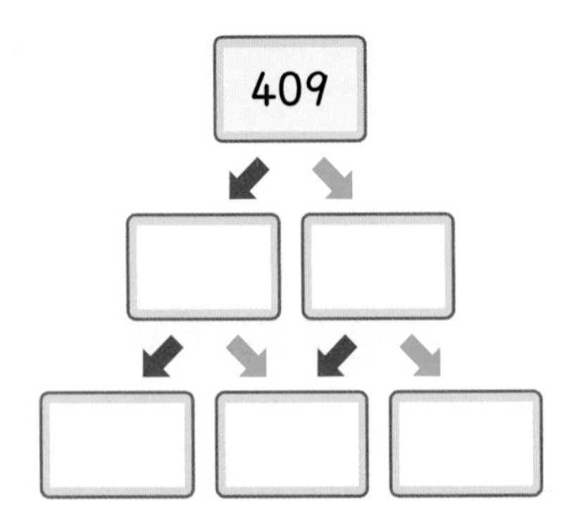

241004-0071

16 253에서 10씩 뛰어 세었을 때 나올 수 없는 수는 어느 것일까요? (　　　　)

① 263　② 283　③ 303
④ 254　⑤ 293

241004-0072

17 두 수의 크기를 비교하여 ○ 안에 >, <를 알맞게 써넣으세요.

(1) 399 ○ 411

(2) 128 ○ 127

241004-0073

18 407보다 크고 410보다 작은 수를 모두 써 보세요.

(　　　　　　　　)

241004-0074

19 가장 작은 수를 찾아 기호를 써 보세요.

㉠ 오백사십칠
㉡ 100이 5개, 10이 4개, 1이 9개인 수
㉢ 100이 5개, 1이 48개인 수

(　　　　　　　　)

서술형

241004-0075

20 검은색 양말은 한 상자에 100켤레씩 4상자와 낱개로 35켤레가 더 있습니다. 노란색 양말은 한 봉지에 10켤레씩 43봉지 있습니다. 어떤 색의 양말이 더 많은지 알아보세요.

풀이

(1) 100켤레씩 4상자에 들어 있는 양말은 모두 (　　　　)켤레이고, 낱개 35켤레가 더 있으므로 검은색 양말은 모두 (　　　　)켤레입니다.

(2) 10켤레씩 43봉지에 들어 있는 노란색 양말은 모두 (　　　　)켤레입니다.

(3) 양말 수를 비교하면 (　　　　)은/는 (　　　　)보다 크므로 더 많은 양말은 (　　　　)색 양말입니다.

답 ________________

2

여러 가지 도형

단원 학습 목표

1. 삼각형, 사각형, 원을 이해하고 그 모양을 그릴 수 있습니다.
2. 삼각형과 사각형에서 꼭짓점과 변을 알고 찾을 수 있습니다.
3. 칠교판 조각을 이용하여 여러 가지 모양을 만들 수 있습니다.
4. 쌓기나무를 이용하여 여러 가지 모양을 만들고 그 모양에 대해 위치나 방향을 설명할 수 있습니다.

단원 진도 체크

회차	학습 내용		진도 체크
1차	교과서 개념 배우기 + 문제 해결하기	**개념 1** △을 알아보고 찾아볼까요 **개념 2** □을 알아보고 찾아볼까요	✓
2차	교과서 개념 배우기 + 문제 해결하기	**개념 3** ○을 알아보고 찾아볼까요 **개념 4** 칠교판으로 모양을 만들어 볼까요	✓
3차	교과서 개념 배우기 + 문제 해결하기	**개념 5** 쌓은 모양을 알아볼까요 **개념 6** 여러 가지 모양으로 쌓아 볼까요	✓
4차	단원평가로 완성하기	확인 평가를 통해 단원 학습 내용을 확인해 보아요	✓

해당 부분을 공부하고 나서 ✓표를 하세요.

지후네 농장에는 여러 동물 가족이 살고 있습니다. '동물들이 같은 종류끼리 모여 있으면 식사 준비가 훨씬 쉬울텐데.... 좋은 방법이 없을까?'하고 지후는 고민했어요. '그렇지, 동물 가족끼리 모여 살 수 있도록 울타리를 만들어 주면 되겠네.' 지후네 가족은 동물 가족끼리 모여살 수 있도록 △, □ 모양의 울타리를 만들어 주었어요. 그리고 동물들이 물을 마실 수 있도록 ○ 모양의 연못도 만들어 주었어요.

이번 2단원에서는 여러 가지 도형에 대해 배울 거예요.

교과서 개념 배우기

개념 1 △을 알아보고 찾아볼까요

• 그림과 같은 모양의 도형을 삼각형이라고 합니다.

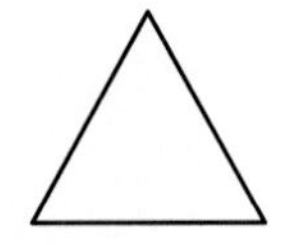 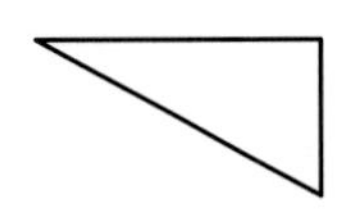 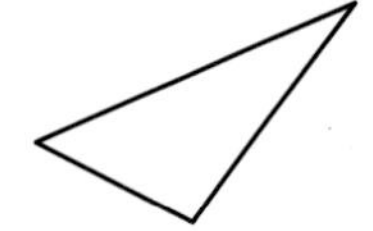

• 삼각형의 곧은 선을 변, 삼각형의 두 곧은 선이 만나는 점을 꼭짓점이라고 합니다.

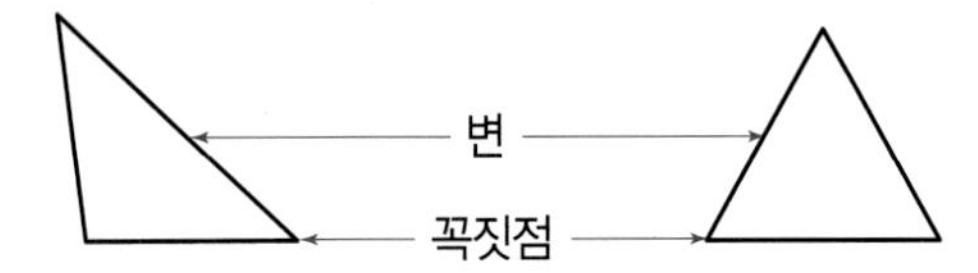

• 삼각형은 변이 3개, 꼭짓점이 3개입니다.

• 주변에서 찾을 수 있는 삼각형 모양

개념 2 □을 알아보고 찾아볼까요

• 그림과 같은 모양의 도형을 사각형이라고 합니다.

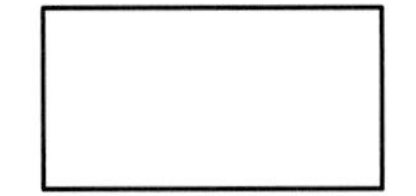 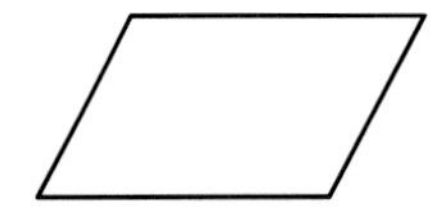 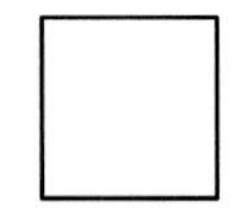

• 사각형의 곧은 선을 변, 사각형의 두 곧은 선이 만나는 점을 꼭짓점이라고 합니다.

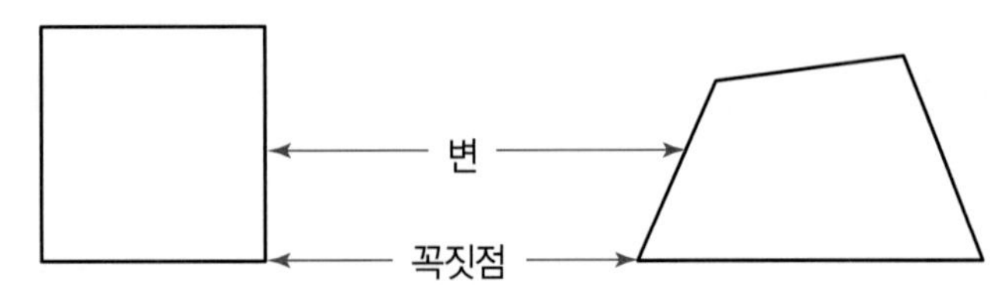

• 사각형은 변이 4개, 꼭짓점이 4개입니다.

• 주변에서 찾을 수 있는 사각형 모양

정답과 풀이 18쪽

문제를 풀며 이해해요

241004-0076

1 □ 안에 알맞은 말을 써넣으세요.

삼각형과 사각형의 모양을 이해했는지 묻는 문제예요.

(1)

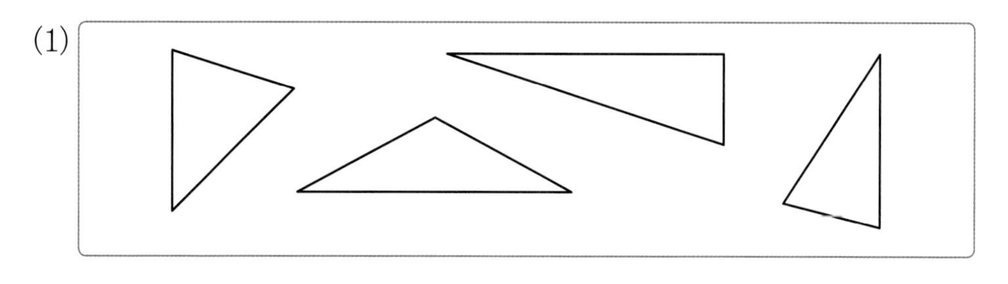

그림과 같은 모양의 도형을 □ 이라고 합니다.

(2)

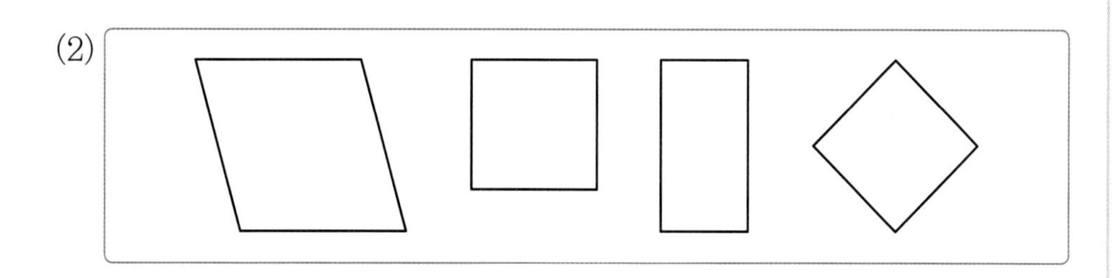

그림과 같은 모양의 도형을 □ 이라고 합니다.

241004-0077

2 □ 안에 알맞은 말을 써넣으세요.

곧은 선과 곧은 선이 만나는 뾰족한 부분의 이름을 알아봐요.

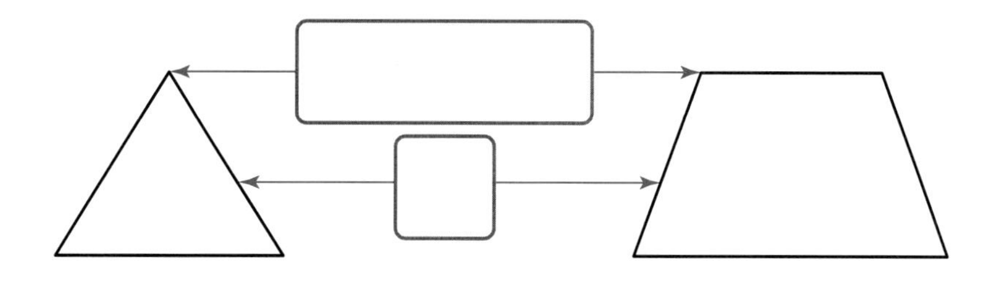

교과서 문제 해결하기

241004-0078

01 삼각형을 찾아 ○표 하세요.

(　　　) (　　　) (　　　)

241004-0079

02 삼각형에 대한 설명이 맞으면 ○표, 틀리면 ×표 하세요.

(1) 변이 3개입니다. (　　　)

(2) 굽은 선이 있습니다. (　　　)

중요 241004-0080

03 설명을 보고 도형의 이름을 써 보세요.

- 변이 4개이고 꼭짓점이 4개입니다.
- 곧은 선으로 둘러싸여 있습니다.

(　　　　　)

241004-0081

04 다음은 몰디브 국기입니다. 이 국기에는 사각형이 모두 몇 개인가요? (　　　)

① 0개 ② 2개
③ 4개 ④ 5개
⑤ 6개

241004-0082

05 사각형을 모두 찾아 기호를 써 보세요.

㉠ ㉡ ㉢ ㉣ ㉤ ㉥

(　　　　　)

241004-0083

06 삼각형의 변의 수와 사각형의 꼭짓점의 수의 합은 얼마일까요?

(　　　　　)

241004-0084

07 주어진 선을 한 변으로 하는 삼각형을 그려 보세요.

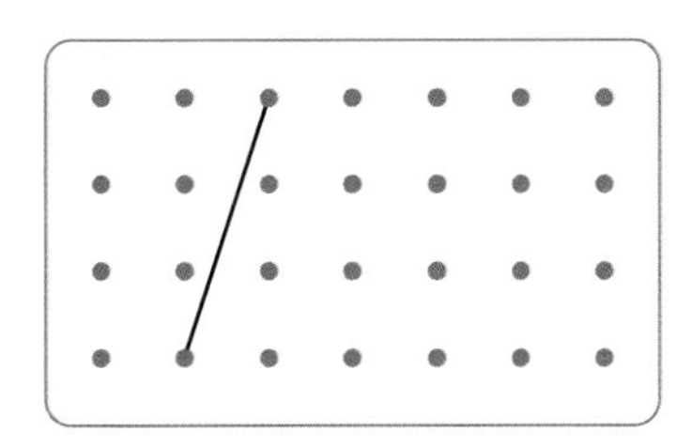

241004-0085

08 주변에서 사각형 모양의 물건을 찾아 2가지 써 보세요.

( )

중요 241004-0086

09 삼각형과 사각형의 같은 점을 모두 고르세요. ( )

① 변과 꼭짓점이 있습니다.

② 곧은 선으로 둘러싸여 있습니다.

③ 둥근 부분이 있습니다.

④ 3개의 변과 3개의 꼭짓점이 있습니다.

⑤ 4개의 변과 4개의 꼭짓점이 있습니다.

도전 241004-0087

10 색종이를 반으로 접어 점선을 따라 색종이를 잘랐을 때 만들어지는 삼각형은 모두 몇 개일까요?

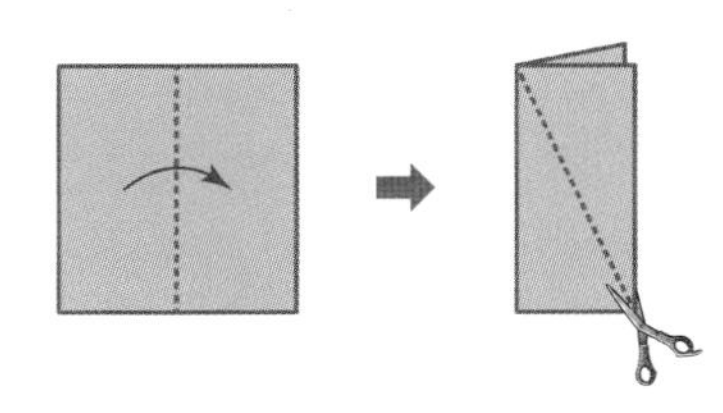

( )

도움말 종이를 이용하여 확인해 봅니다.

241004-0088

11 도영이가 미술 시간에 색깔 빨대로 만든 작품입니다. 그림 속에 있는 삼각형에는 노란색, 사각형에는 파란색을 칠해 보세요.

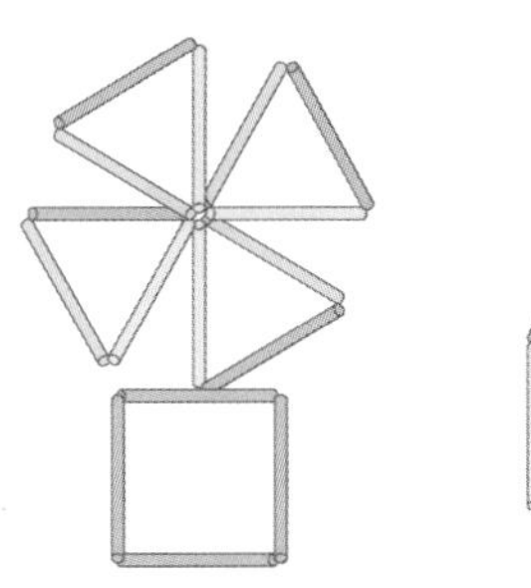

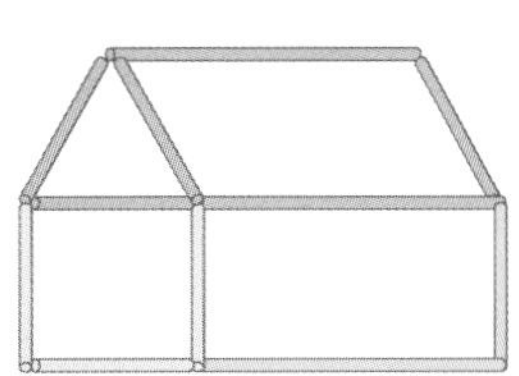

교과서 개념 배우기

개념 3 ○을 알아보고 찾아볼까요

• 그림과 같은 모양의 도형을 원이라고 합니다.

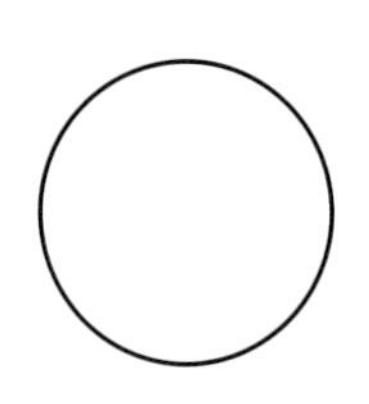
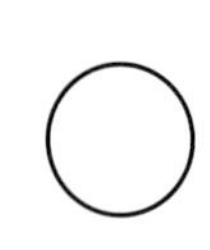
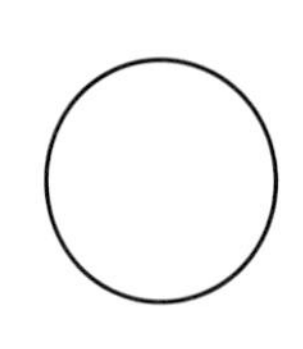
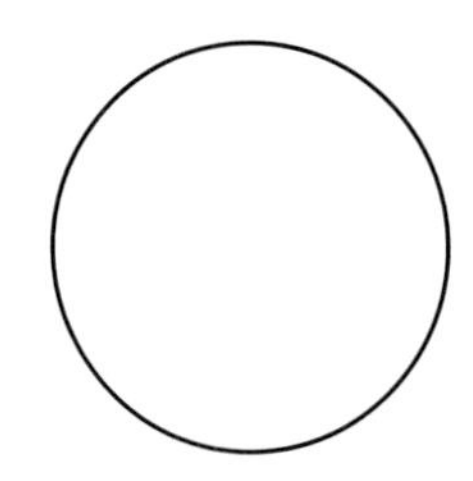

• 원의 특징 알아보기

① 뾰족한 부분이 없습니다.

② 곧은 선이 없고, 굽은 선으로 이어져 있습니다.

③ 길쭉하거나 찌그러진 곳 없이 어느 쪽에서 보아도 똑같이 동그란 모양입니다.

④ 크기는 다르지만 생긴 모양이 서로 같습니다.

• 주변에서 찾을 수 있는 원 모양

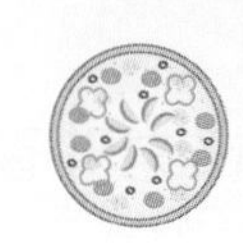

개념 4 칠교판으로 모양을 만들어 볼까요

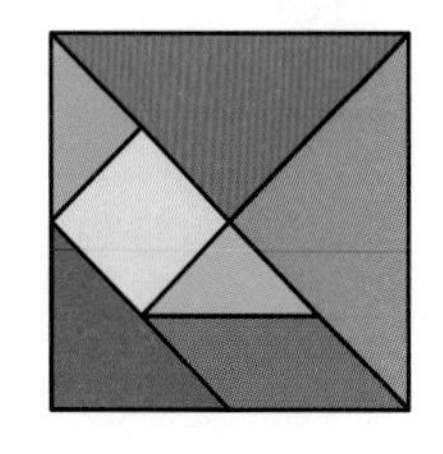

• 칠교판에는 삼각형 모양 조각이 5개, 사각형 모양 조각이 2개 있습니다.

• 두 조각으로 삼각형, 사각형 만들기

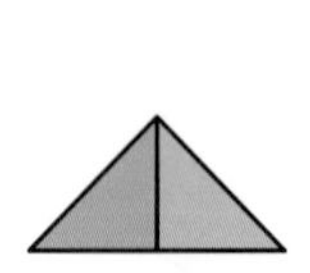
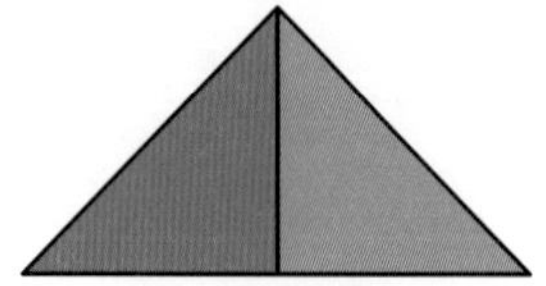
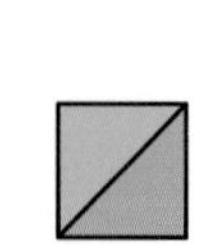
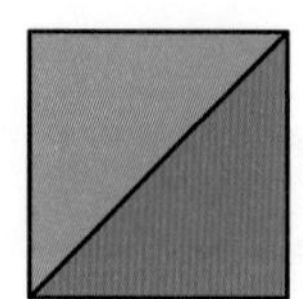

• 세 조각으로 삼각형, 사각형 만들기

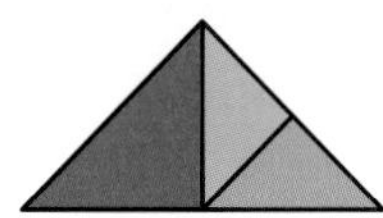
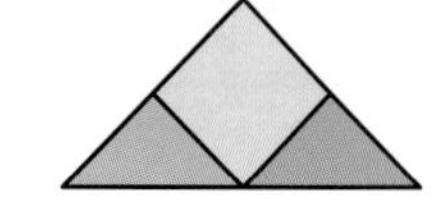
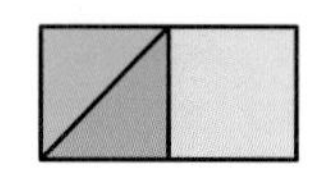
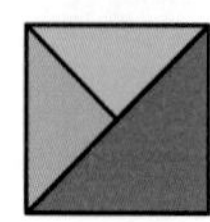

• 칠교판 조각으로 재미있는 모양 만들기

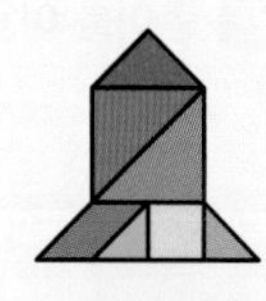
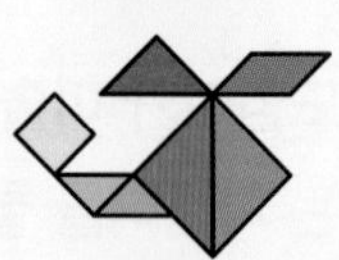

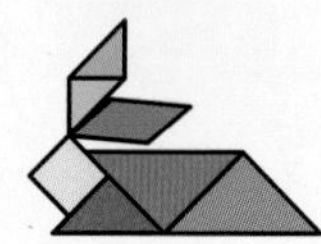

문제를 풀며 이해해요

241004-0089

1 그림과 같은 도형을 무엇이라고 하나요?

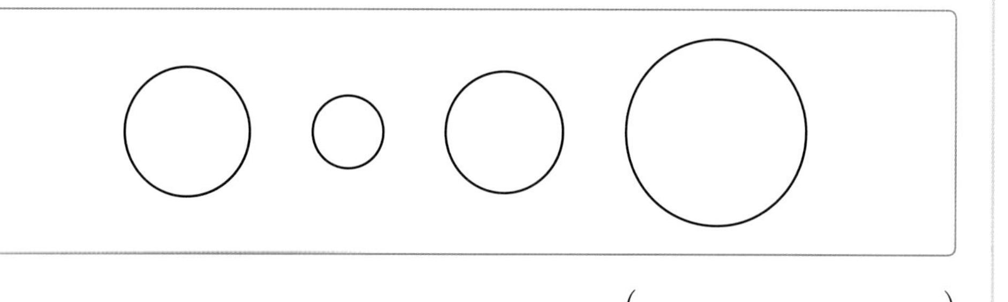

( )

원을 이해했는지 묻는 문제예요.

241004-0090

2 알맞은 말에 ○표 하세요.

원의 성질을 생각해 보아요.

원은 곧은 선과 뾰족한 부분이 없고, (굽은 , 곧은) 선으로 이루어져 있습니다.
원은 (모양 , 크기)은/는 다르지만 생긴 (모양 , 크기)이/가 서로 같습니다.

241004-0091

3 칠교판을 보고 □ 안에 알맞은 수를 써넣으세요.

칠교판은 7개의 도형으로 이루어져 있어요.

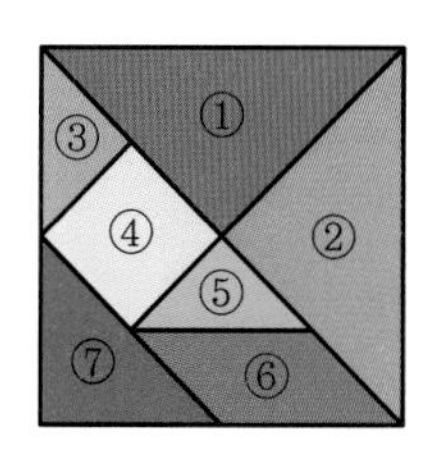

(1) 칠교판에서 다음 도형을 찾아 번호를 써 보세요.

삼각형	사각형

(2) 칠교판에는 삼각형 모양 조각이 □개, 사각형 모양 조각이 □개 있습니다.

교과서 문제 해결하기

241004-0092

01 다음 물건에서 찾을 수 있는 도형은 무엇인가요?

(　　　　　　　　)

241004-0093

02 종이에 대고 본을 떠 원을 그릴 수 있는 물건이 아닌 것은 어느 것인가요? (　　　　)

① ② ③ ④ ⑤

241004-0094

03 원에 대한 설명으로 옳은 것에 ○표, 틀린 것에 ×표 하세요.

(1) 원은 뾰족한 부분이 있습니다. (　　　)

(2) 원은 크기는 다르지만 모양은 모두 같습니다. (　　　)

241004-0095

04 원이 있는 국기를 모두 찾아보세요. (　　　　)

① ② ③ ④ ⑤

241004-0096

05 원은 모두 몇 개인가요?

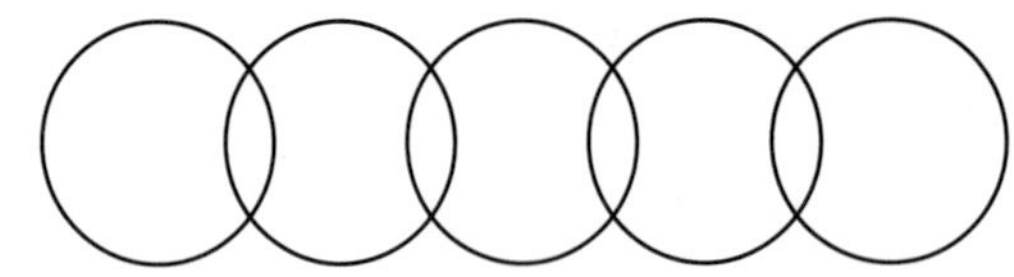

(　　　　　　　　)

241004-0097

06 원을 찾아 원 안에 있는 수들의 합을 구해 보세요.

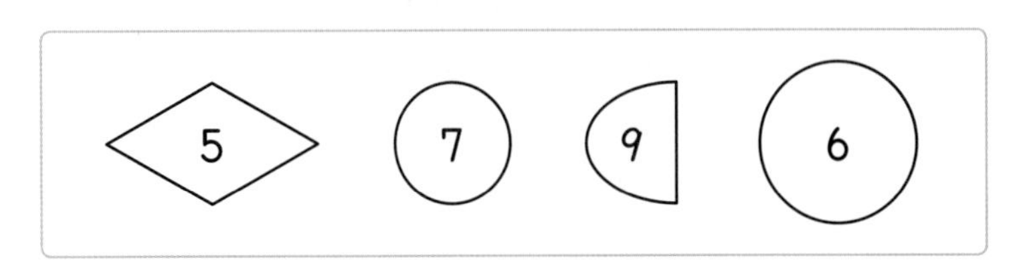

(　　　　　　　　)

[07~09] 오른쪽 칠교판을 보고 물음에 답하세요.

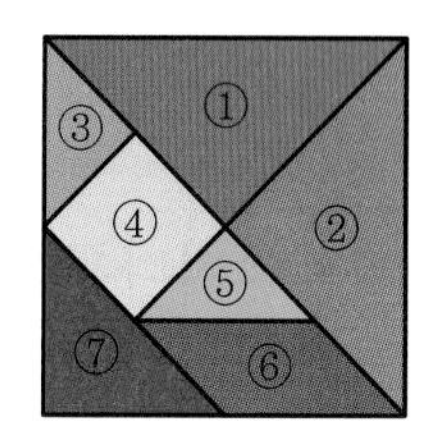

241004-0098

07 칠교판에는 사각형 모양 조각은 몇 개인가요?

( )

241004-0099

08 ③, ⑤, ⑥의 모양 조각을 사용하여 주어진 사각형을 만들어 보세요.

중요 241004-0100

09 다음 모양을 만드는 데 삼각형 조각 ㉠개와 사각형 조각 1개를 사용하였습니다. ㉠에 알맞은 수는 얼마인가요?

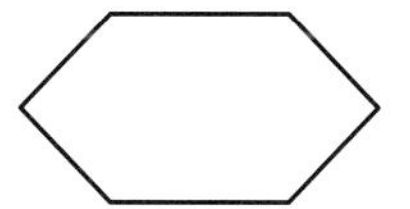

( )

도전 241004-0101

10 칠교판의 7조각을 모두 한 번씩 사용하여 모양을 만들어 보세요.

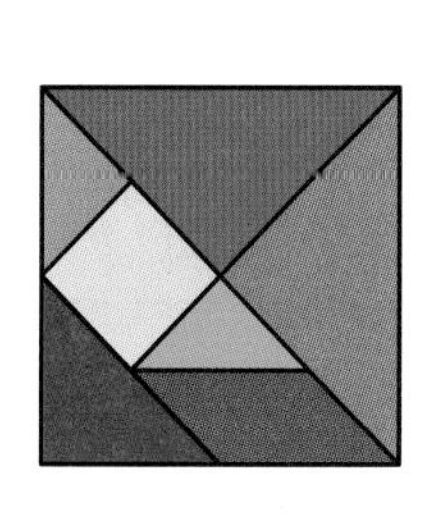

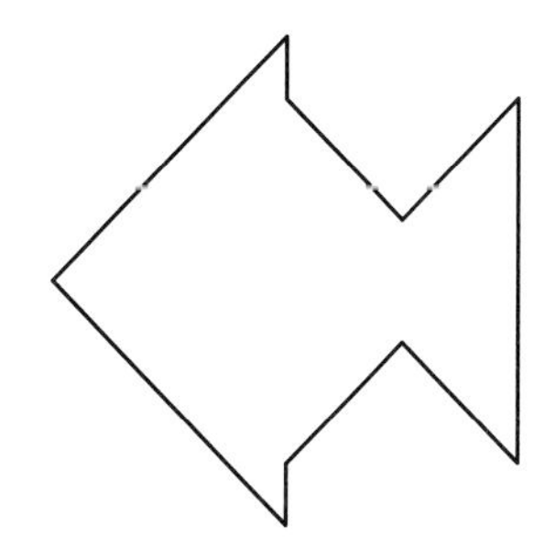

도움말 주어진 그림에서 칠교판의 가장 큰 삼각형 조각부터 채우고 차례대로 칠교판 조각을 채웁니다.

실생활 활용 문제 241004-0102

11 지후는 수학 시간에 칠교판으로 창의적인 작품을 만들었습니다. 칠교판으로 지후가 만든 작품과 똑같이 만들어 보고 이야기를 꾸며 보세요.

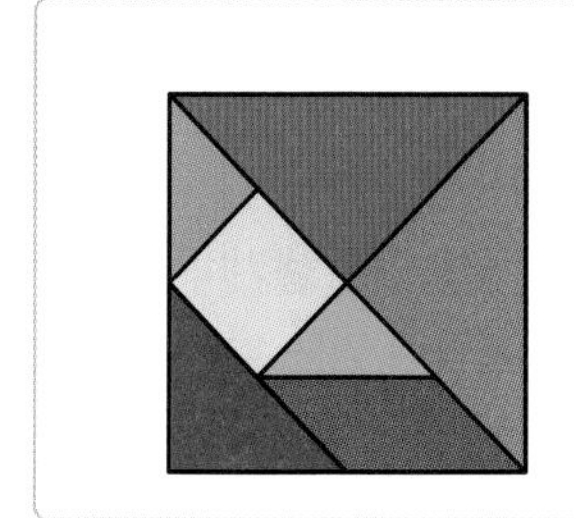

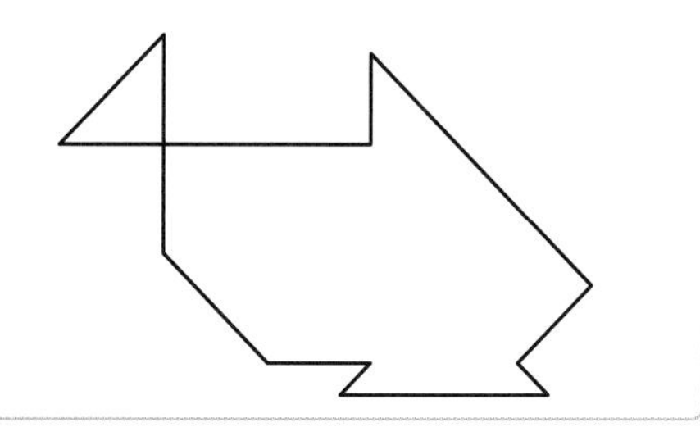

작품 제목: ____________________

이야기: ____________________

____

____

____

개념 5 쌓은 모양을 알아볼까요

• 쌓기나무를 이용하여 그림과 같이 쌓아 봅시다.

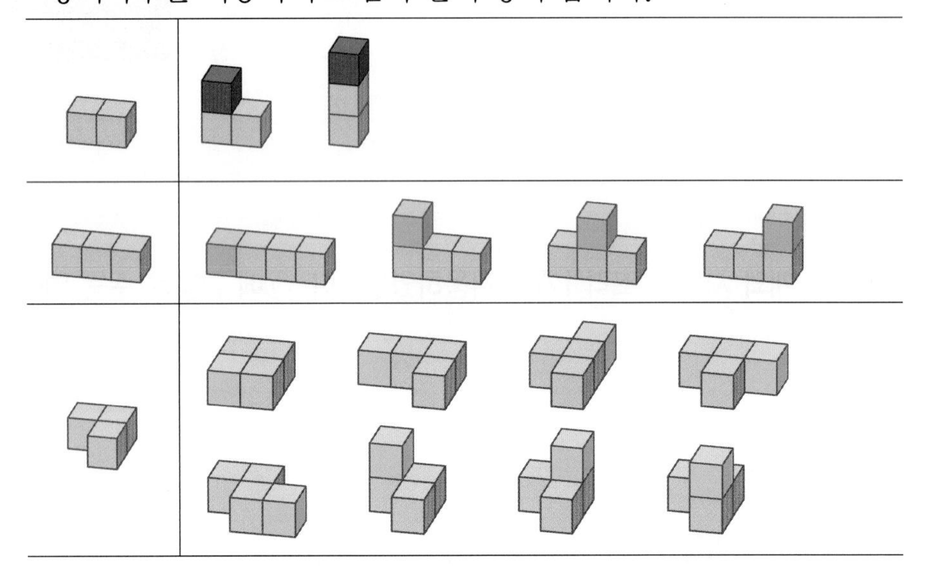

• 똑같은 모양으로 쌓으려면 쌓기나무가 몇 개 필요한지 알아봅시다.

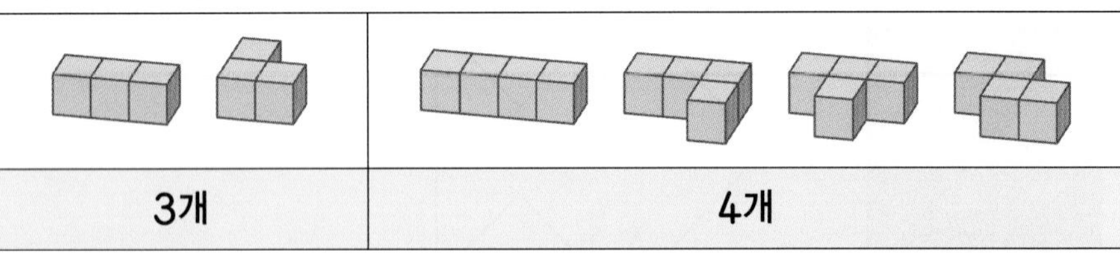

3개	4개

• 쌓기나무 5개로 쌓을 수 있는 모양

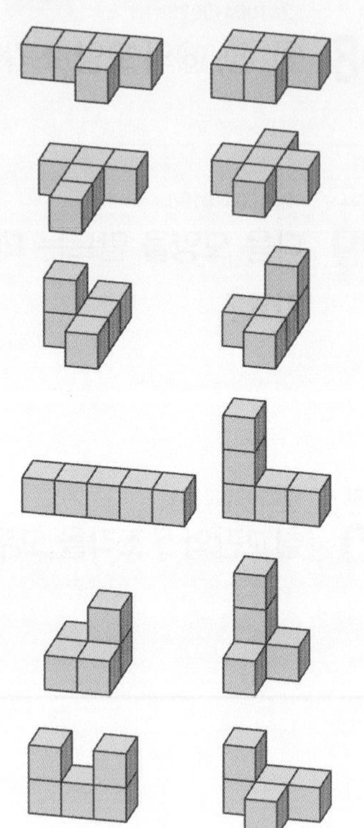

개념 6 여러 가지 모양으로 쌓아 볼까요

• 쌓기나무를 쌓은 방법을 알아봅시다.

➡ 쌓기나무 2개가 옆으로 나란히 있고, 왼쪽 쌓기나무 위에 쌓기나무가 1개 있습니다.

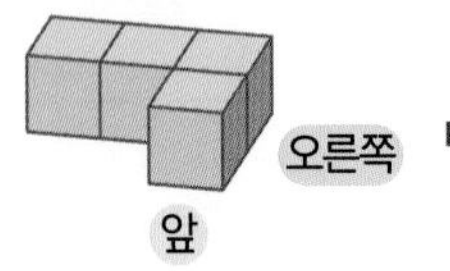

➡ 쌓기나무 3개가 옆으로 나란히 있고, 가장 오른쪽에 있는 쌓기나무 앞에 쌓기나무가 1개 있습니다.

• 쌓은 모양 위치 알아보기

빨간색 쌓기나무
- 왼쪽에 있는 쌓기나무: ㉡
- 오른쪽에 있는 쌓기나무: ㉢
- 위에 있는 쌓기나무: ㉠
- 뒤에 있는 쌓기나무: ㉣

문제를 풀며 이해해요

241004-0103

1 그림과 같이 쌓으려면 필요한 쌓기나무는 몇 개인가요?

(1) 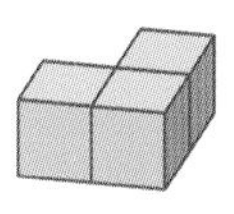

(   )

(2) 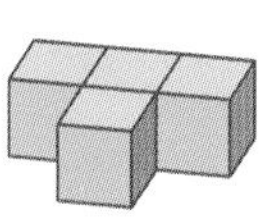

(   )

쌓기나무의 수를 바르게 세고, 위치를 설명할 수 있는지 묻는 문제예요.

241004-0104

2 쌓기나무로 쌓은 모양을 바르게 나타내도록 보기 에서 □ 안에 알맞은 말을 골라 써넣으세요.

보기의 단어를 이용하여 쌓은 모양을 설명해 보아요.

보기

위, 앞, 뒤, 오른쪽, 왼쪽

(1) 오른쪽 / 앞 ➡ 쌓기나무 2개가 옆으로 나란히 있고, 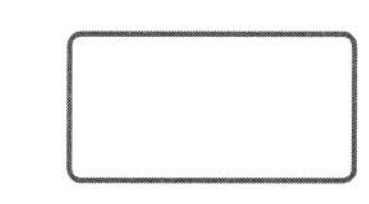 □ 쌓기나무 □에 쌓기나무가 1개 있습니다.

(2) 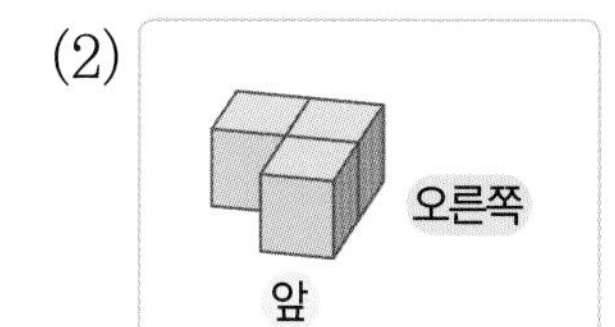

➡ 쌓기나무 2개가 옆으로 나란히 있고,  □ 쌓기나무 □에 쌓기나무가 1개 있습니다.

(3) 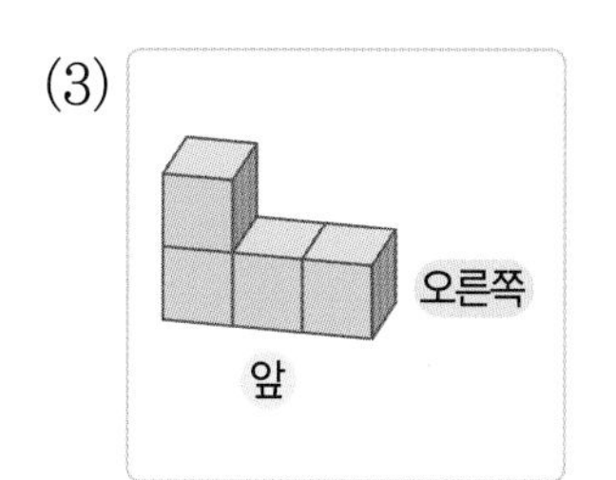

➡ 쌓기나무 3개가 옆으로 나란히 있고, 가장 □에 있는 쌓기나무 □에 쌓기나무가 1개 있습니다.

교과서 문제 해결하기

241004-0105

01 쌓기나무 4개로 만들 수 있는 모양이 아닌 것은 어느 것인가요? (   )

① ② ③ ④ ⑤

[02~03] 그림과 똑같은 모양으로 쌓으려면 필요한 쌓기나무는 모두 몇 개인지 구해 보세요.

241004-0106

02 (   )

241004-0107

03 (   )

241004-0108

04 빨간색 쌓기나무 위에 있는 쌓기나무를 찾아 ○표 하세요.

오른쪽

앞

241004-0109

05 빨간색 쌓기나무 앞에 있는 쌓기나무를 찾아 ○표 하세요.

오른쪽

앞

[06~07] 쌓기나무로 쌓은 모양을 보고 설명을 하였습니다. □ 안에 알맞은 수나 말을 써넣으세요.

241004-0110

06

오른쪽

앞

쌓기나무 □개를 옆으로 나란히 놓고, 왼쪽에 있는 쌓기나무 위에 쌓기나무를 □개 놓고, 오른쪽에 있는 쌓기나무 □에 쌓기나무를 □개 놓았습니다.

중요

241004-0111

07

오른쪽

앞

쌓기나무 □개를 옆으로 나란히 놓고, 가장 오른쪽에 있는 쌓기나무 앞과 □에 각각 쌓기나무를 □개씩 놓았습니다.

241004-0112

08 왼쪽 모양을 오른쪽 모양과 똑같이 만들려고 합니다. 더 필요한 쌓기나무는 몇 개인가요?

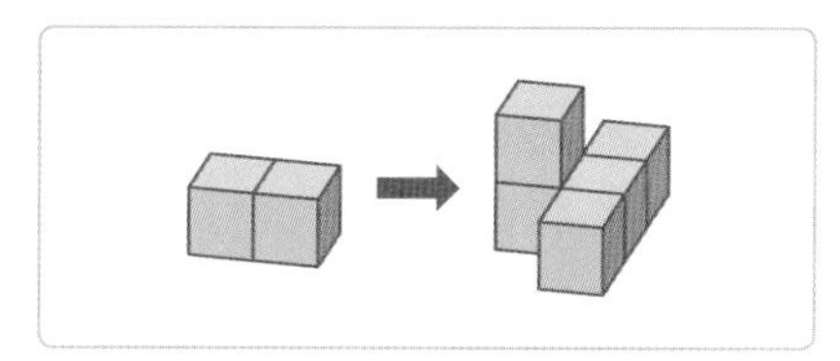

( )

중요 241004-0113

09 설명에 맞게 쌓은 모양에 모두 ○표 하세요.

쌓기나무 4개를 1층에 놓고, 2층에 쌓기나무 1개를 더 놓습니다.

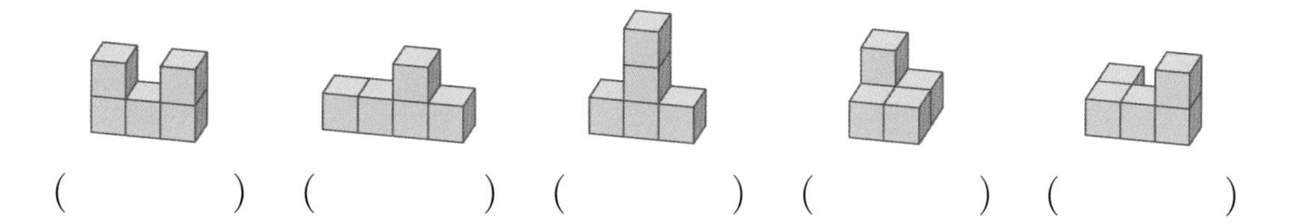

( ) ( ) ( ) ( ) ( )

도전 241004-0114

10 가와 나 모양을 모두 만들 때 필요한 쌓기나무는 몇 개인가요?

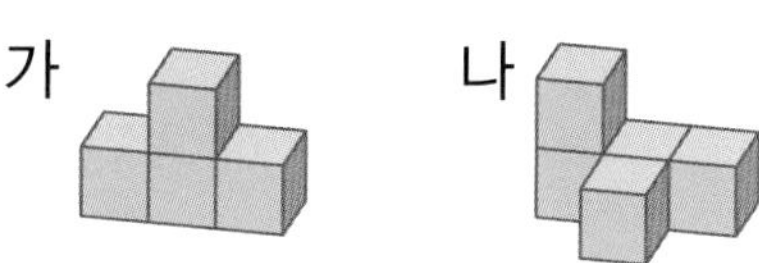

( )

도움말 각 모양을 만드는 데 필요한 쌓기나무 개수를 알아봅니다.

241004-0115

11 사랑이가 쌓기나무로 쌓은 모양을 설명해 보세요.

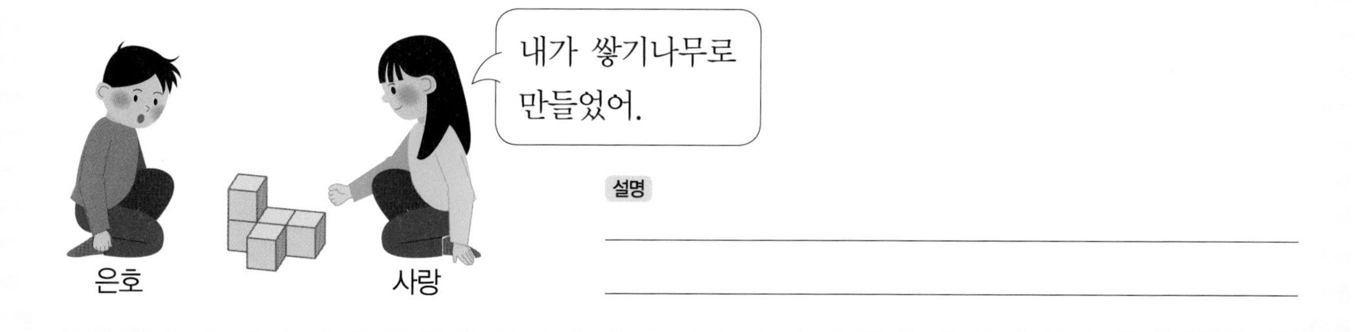

설명

241004-0116

01 다음 중 삼각형을 찾을 수 있는 표지판에 ○표 하세요.

(　　　) (　　　) (　　　)

241004-0117

02 설명을 보고 도형의 이름을 써 보세요.

- 변이 3개이고 꼭짓점이 3개입니다.
- 곧은 선으로 둘러싸여 있습니다.

(　　　　　　)

241004-0118

03 점선을 따라 자르면 어떤 도형을 몇 개 만들 수 있는지 알아보려고 합니다. □ 안에 알맞은 수나 말을 써넣으세요.

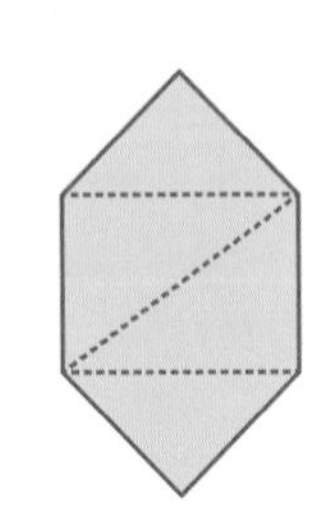

□을 □개 만들 수 있습니다.

중요 241004-0119

04 그림에서 삼각형과 사각형을 각각 찾아 개수를 써 보세요.

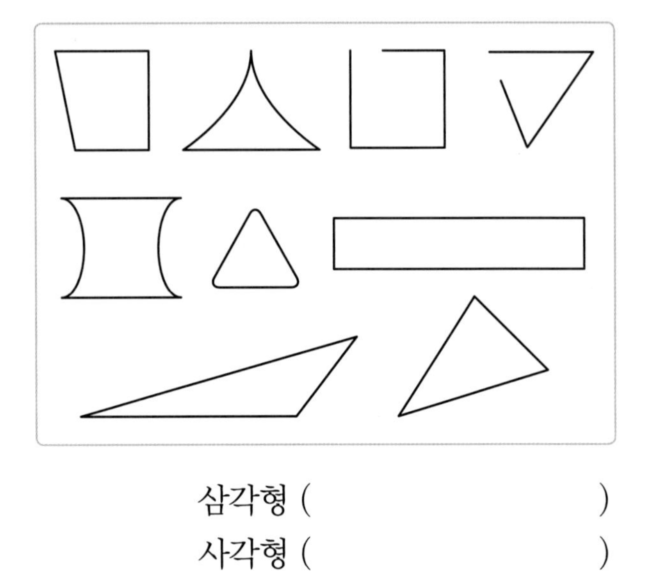

삼각형 (　　　　　　)

사각형 (　　　　　　)

241004-0120

05 □ 안에 알맞은 말을 써넣으세요.

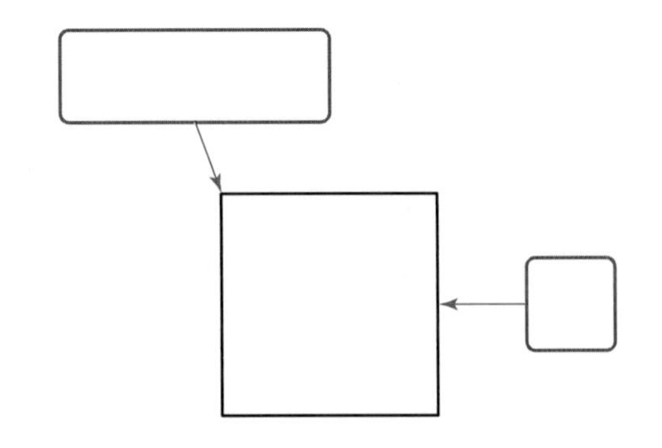

241004-0121

06 점선을 따라 잘랐을 때 만들어지는 도형은 무엇인가요?

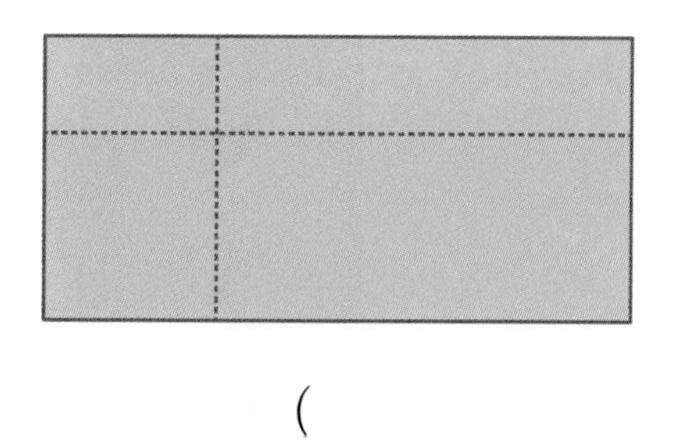

(　　　　　　　　　　)

241004-0122

07 □ 안에 알맞은 수를 써넣으세요.

사각형은 변이 □개, 꼭짓점이 □개입니다.

241004-0123

08 사각형을 그려 보세요.

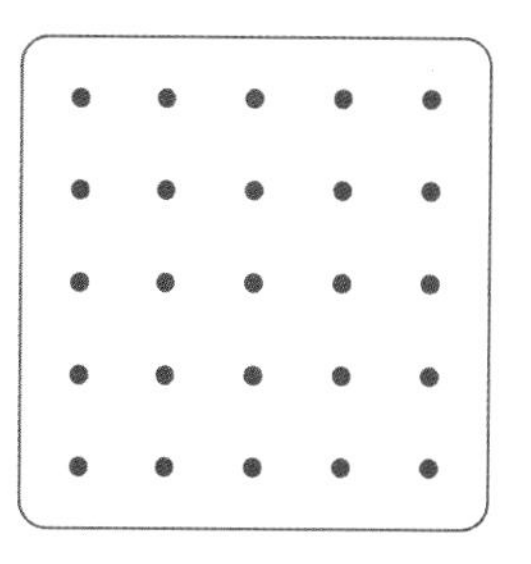

241004-0124

09 삼각형의 꼭짓점의 수와 사각형의 변의 수의 합은 얼마인가요?

(　　　　　　　　　　)

도전 241004-0125

10 그림에서 찾을 수 있는 크고 작은 삼각형은 모두 몇 개일까요?

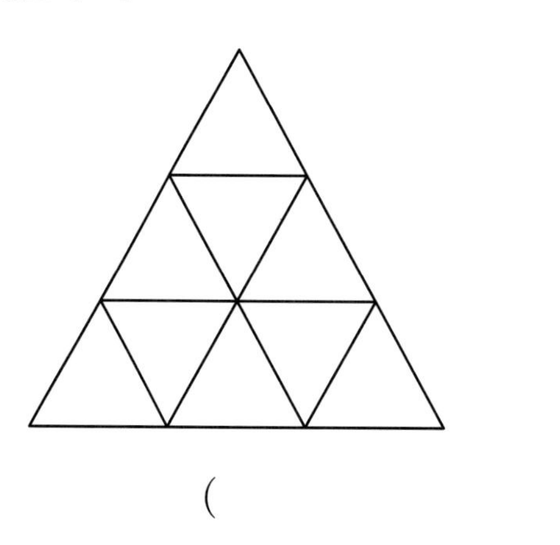

(　　　　　　　　　　)

241004-0126

11 다음을 본떠서 그릴 수 있는 도형의 이름을 써 보세요.

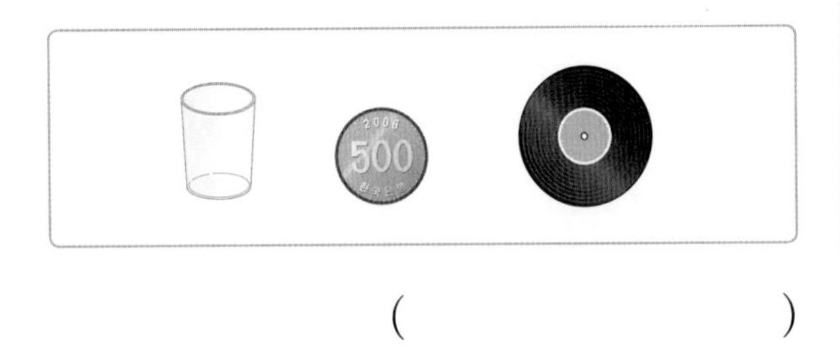

(　　　　　　　　　　　)

중요

241004-0127

12 원에 대한 설명으로 옳은 것은 어느 것인가요? (　　　　)

① 뾰족한 부분이 있습니다.
② 곧은 선으로 되어 있습니다.
③ 모든 원은 모양과 크기가 같습니다.
④ 어느 쪽에서 보아도 똑같은 모양입니다.
⑤ 길쭉한 부분은 없지만 찌그러진 곳이 있습니다.

241004-0128

13 원은 모두 몇 개인가요? (　　　　)

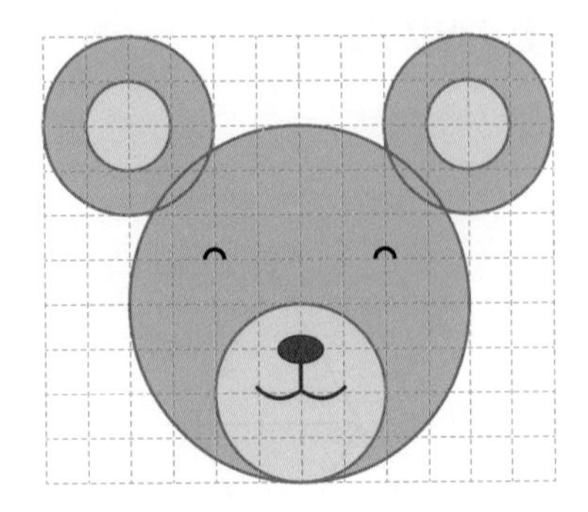

① 5개　② 6개　③ 7개
④ 8개　⑤ 9개

241004-0129

14 칠교판에 있는 삼각형 모양 조각은 모두 몇 개인가요? (　　　　)

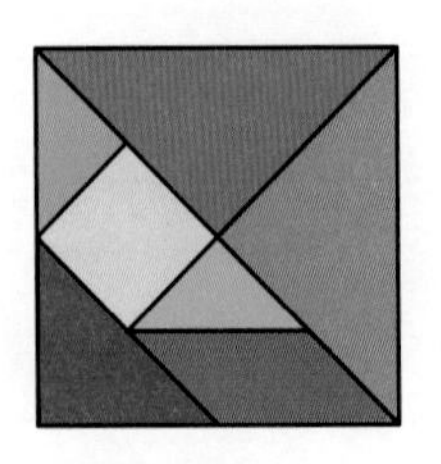

① 2개　② 3개　③ 4개
④ 5개　⑤ 6개

241004-0130

15 칠교판의 조각 중 다음 세 조각을 사용하여 사각형을 만들어 보세요.

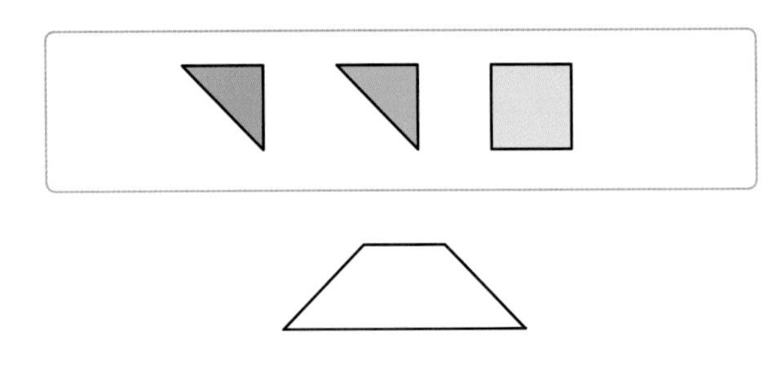

241004-0131

16 칠교판 조각을 모두 한 번씩 사용하여 집 모양을 완성해 보세요.

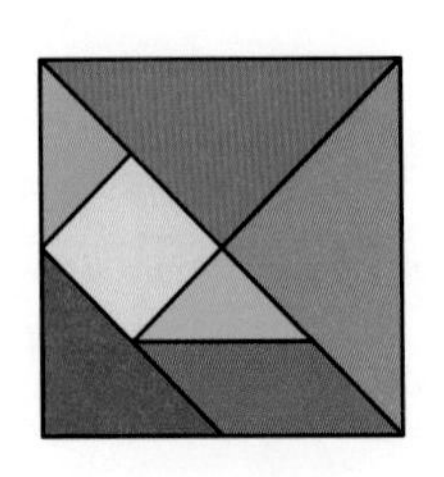

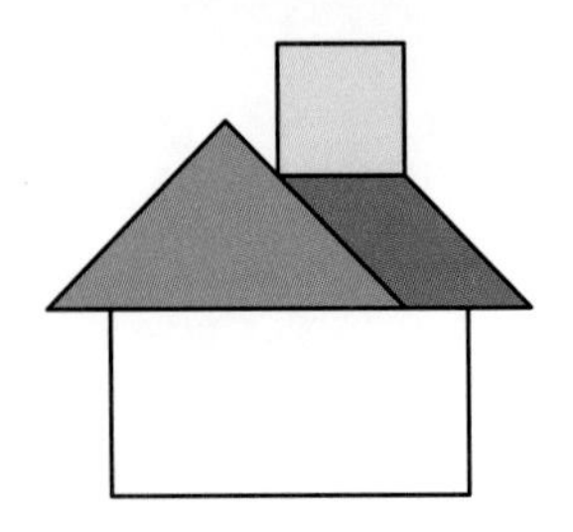

241004-0132

17 설명에 맞게 쌓은 모양은 어느 것인가요?

( )

1층에 쌓기나무 3개를 나란히 놓고, 가장 오른쪽에 있는 쌓기나무 위에 빨간색 쌓기나무 1개를 쌓았습니다.

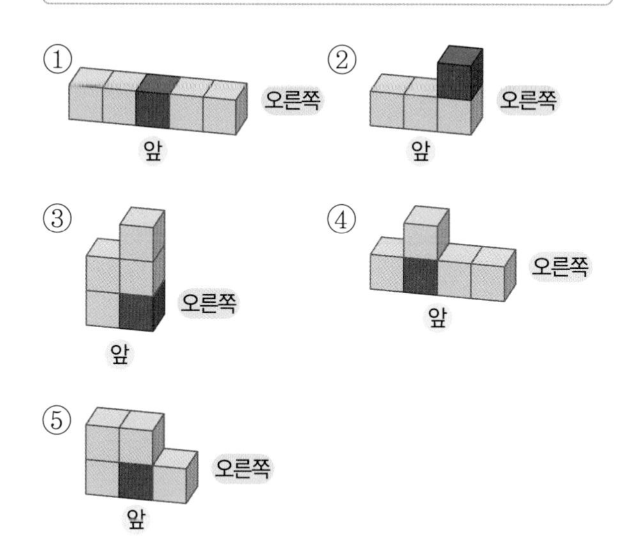

241004-0133

18 쌓기나무 6개로 만든 모양을 찾아 기호를 써 보세요.

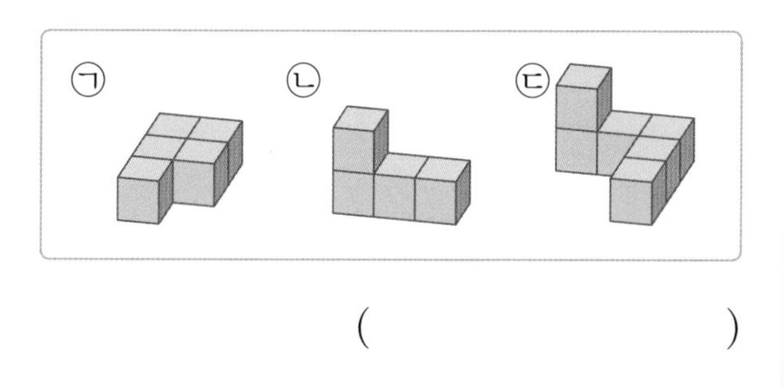

( )

서술형

241004-0134

19 쌓기나무로 그림과 같이 쌓았습니다. 쌓은 모양을 설명해 보세요.

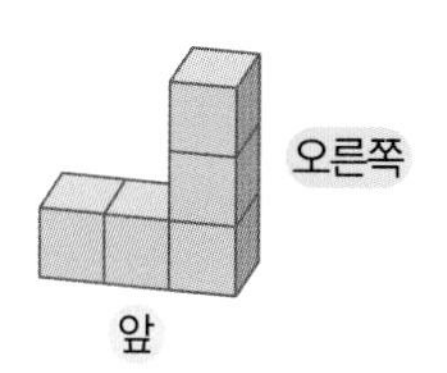

설명 쌓기나무 ( )개를 ( )으로 나란히 놓고, 가장 ( )에 있는 쌓기나무 ( )에 쌓기나무 ( )개를 놓습니다.

241004-0135

20 쌓기나무의 수가 가장 많은 것은 어느 것인가요? ( )

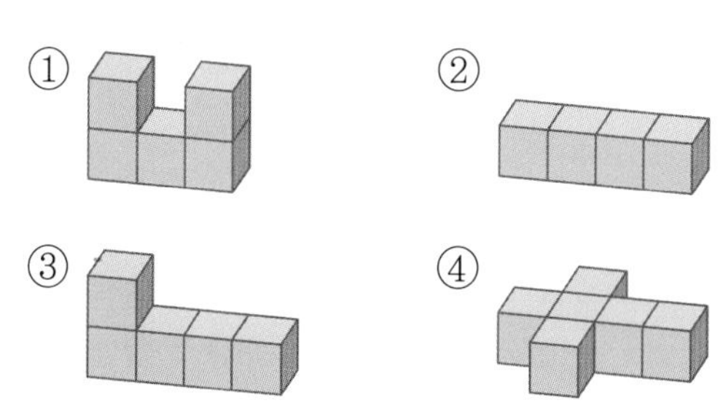

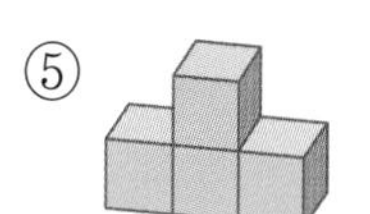

3

덧셈과 뺄셈

단원 학습 목표

1. 받아올림이 있는 덧셈, 받아내림이 있는 뺄셈을 할 수 있습니다.
2. 세 수의 덧셈과 뺄셈을 할 수 있습니다.
3. 덧셈과 뺄셈의 관계를 이해할 수 있습니다.
4. □가 사용된 덧셈식과 뺄셈식을 만들고 □의 값을 구할 수 있습니다.

단원 진도 체크

회차	학습 내용		진도 체크
1차	교과서 개념 배우기 + 문제 해결하기	**개념 1** 덧셈을 하는 여러 가지 방법을 알아볼까요(1) **개념 2** 덧셈을 하는 여러 가지 방법을 알아볼까요(2)	✓
2차	교과서 개념 배우기 + 문제 해결하기	**개념 3** 덧셈을 해 볼까요	✓
3차	교과서 개념 배우기 + 문제 해결하기	**개념 4** 뺄셈을 하는 여러 가지 방법을 알아볼까요(1) **개념 5** 뺄셈을 하는 여러 가지 방법을 알아볼까요(2)	✓
4차	교과서 개념 배우기 + 문제 해결하기	**개념 6** 뺄셈을 해 볼까요	✓
5차	교과서 개념 배우기 + 문제 해결하기	**개념 7** 세 수의 계산을 해 볼까요	✓
6차	교과서 개념 배우기 + 문제 해결하기	**개념 8** 덧셈과 뺄셈의 관계를 식으로 나타내 볼까요(1) **개념 9** 덧셈과 뺄셈의 관계를 식으로 나타내 볼까요(2)	✓
7차	교과서 개념 배우기 + 문제 해결하기	**개념 10** □가 사용된 덧셈식을 만들고 □의 값을 구해 볼까요 **개념 11** □가 사용된 뺄셈식을 만들고 □의 값을 구해 볼까요	✓
8차	단원평가로 완성하기	확인 평가를 통해 단원 학습 내용을 확인해 보아요	✓

해당 부분을 공부하고 나서 ✓표를 하세요.

우리 학교 2학년 친구들 93명이 모두 모여 수학 대회를 하기로 했어요. 4번 문제까지 풀고 나니 29명의 친구가 탈락했어요. 남은 친구는 몇 명일까요? 5번 문제는 패자부활전이어서 13명의 친구를 부활시킨다고 해요. 5번 문제를 풀 수 있는 친구는 모두 몇 명일까요?

이번 3단원에서는 여러 가지 덧셈과 뺄셈 문제를 계산해 보는 방법에 대해 배울 거예요.

개념 1 덧셈을 하는 여러 가지 방법을 알아볼까요(1)

• $13+9$의 계산을 해 봅시다.

십 모형	일 모형

➡

십 모형	일 모형

➡

십 모형	일 모형

• 일 모형 3개와 일 모형 9개를 더하면 일 모형 12개가 됩니다.

• 일 모형 12개 중 10개를 십 모형 1개로 바꿉니다.

• 십 모형 2개와 일 모형 2개가 됩니다.

➡ $13+9=22$

• $13+9$ **구하기**

(1) 그림을 그려 구하기

13만큼 ○을, 9만큼 △을 그립니다.

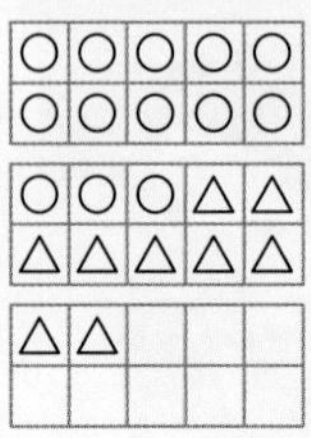

(2) 세로셈으로 구하기

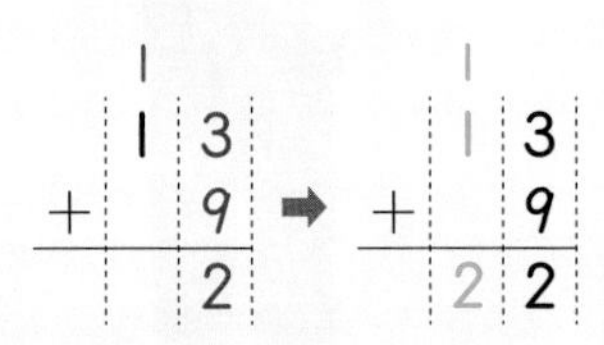

개념 2 덧셈을 하는 여러 가지 방법을 알아볼까요(2)

• $37+14$의 계산을 해 봅시다.

십 모형	일 모형

➡

십 모형	일 모형

➡

십 모형	일 모형

• 일 모형 7개와 일 모형 4개를 더하면 일 모형 11개가 됩니다.

• 일 모형 11개 중 10개를 십 모형 1개로 바꿉니다.

• 십 모형 5개와 일 모형 1개가 됩니다.

➡ $37+14=51$

• $37+14$ **구하기**

(1) 37을 40으로 바꾸어 구하기

14에서 3을 옮겨 37을 40으로 만들 수 있습니다.

$37+14=40+11=51$

(2) 세로셈으로 구하기

$$\begin{array}{r} {}^{1} \\ 3\,7 \\ +\,1\,4 \\ \hline 1 \end{array} \Rightarrow \begin{array}{r} {}^{1} \\ 3\,7 \\ +\,1\,4 \\ \hline 5\,1 \end{array}$$

문제를 풀며 이해해요

241004-0136

1 그림을 보고 □ 안에 알맞은 수를 써넣으세요.

십 모형 | 일 모형

(1) 일 모형 5개와 9개를 더한 것을 십 모형 1개, 일 모형 □개로 나타낼 수 있습니다.

(2) 35+19=□

일의 자리에서 받아올림이 있는 (두 자리 수)+(한 자리 수) 또는 (두 자리 수)+(두 자리 수)를 계산할 수 있는지 묻는 문제예요.

일 모형 10개는 십 모형 1개와 같아요.

241004-0137

2 □ 안에 알맞은 수를 써넣으세요.

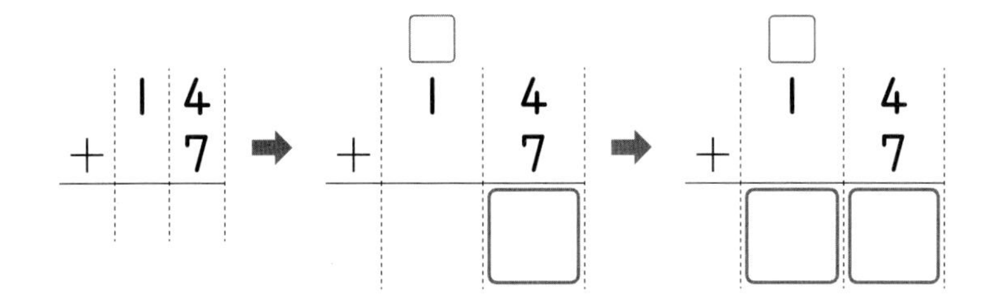

일의 자리에서 받아올림한 수와 십의 자리 수를 더해 보아요.

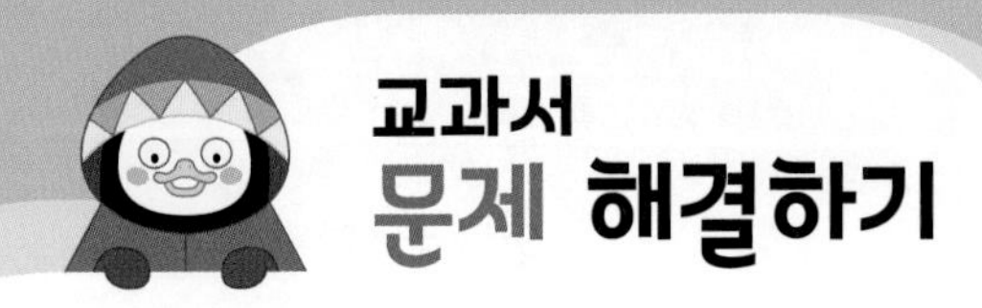

241004-0138

01 그림을 보고 □ 안에 알맞은 수를 써넣으세요.

$26+7=$ □

241004-0139

02 6만큼 △을 그려 구해 보세요.

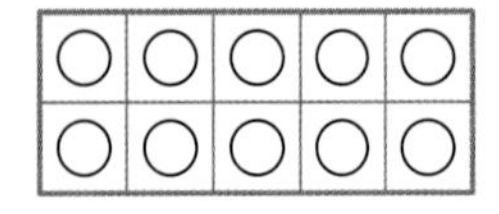
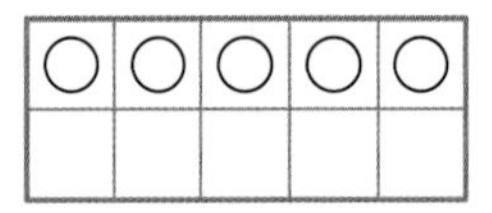
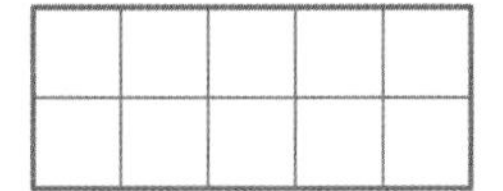

$15+6=$ □

241004-0140

03 47을 50으로 바꾸어 47＋26을 구해 보세요.

$47+26=50+$ □ $=$ □

241004-0141

04 이어 세기로 58＋5를 구해 보세요.

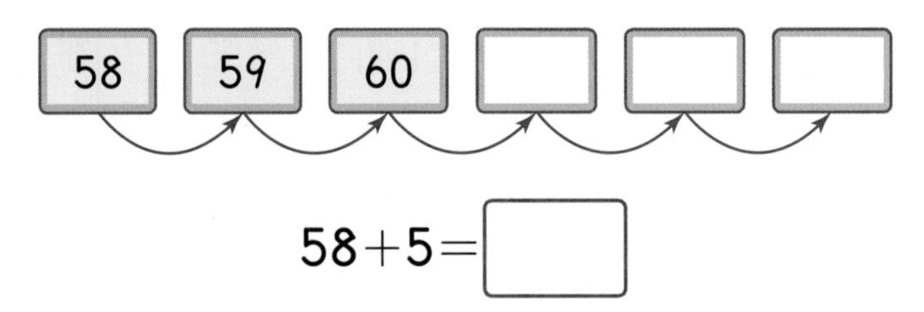

$58+5=$ □

[05~06] 두 수의 합을 빈 곳에 써넣으세요.

241004-0142

05

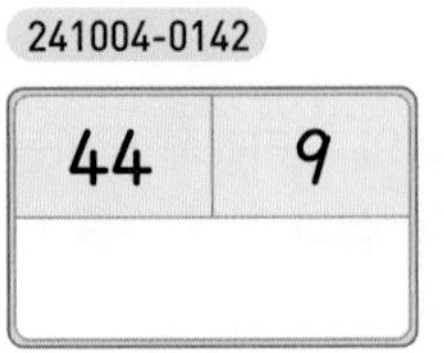

241004-0143

06

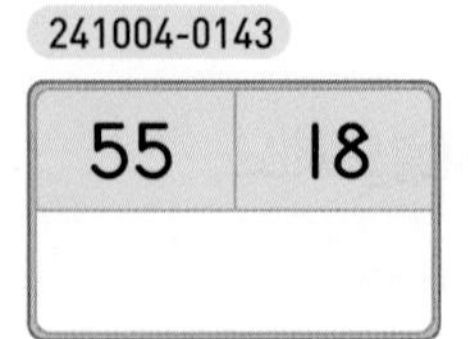

중요 241004-0144

07 계산 결과가 다른 하나를 찾아 ○표 하세요.

$18+27$ $16+19$ $36+9$

중요 241004-0145

08 귤이 15개, 사과가 29개 있습니다. 귤과 사과는 모두 몇 개일까요?

( )

241004-0146

09 계산에서 잘못된 곳을 찾아 바르게 계산해 보세요.

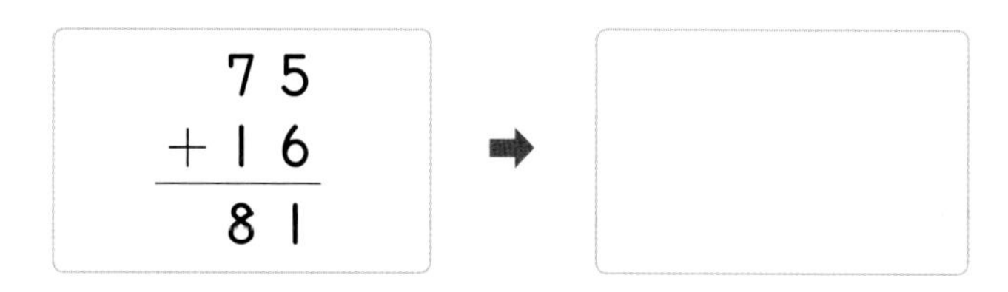

도전 241004-0147

10 합이 42가 되는 두 수를 골라 식을 만들어 보세요.

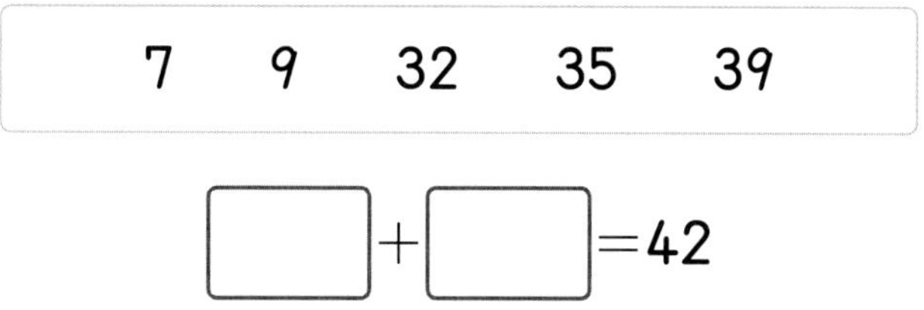

도움말 계산 결과의 일의 자리 숫자가 2가 되는 두 수를 찾아봅니다.

실생활 활용 문제 241004-0148

11 지은이와 현경이가 가지고 온 색연필과 사인펜은 모두 몇 자루인지 덧셈식으로 나타내 보세요.

선생님: 오늘 미술 시간에는 봄에 피는 꽃을 그려 볼게요.

지은: 재밌겠다. 나는 색연필 24자루를 가지고 왔어.

현경: 나는 사인펜 18자루를 가지고 왔어.

지은: 색연필과 사인펜을 같이 쓰면 꽃을 다양하게 그릴 수 있을 거야.

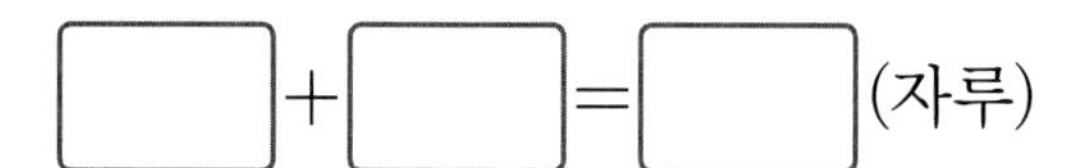

교과서 개념 배우기

개념 3 덧셈을 해 볼까요

• 82+34의 계산을 해 봅시다.

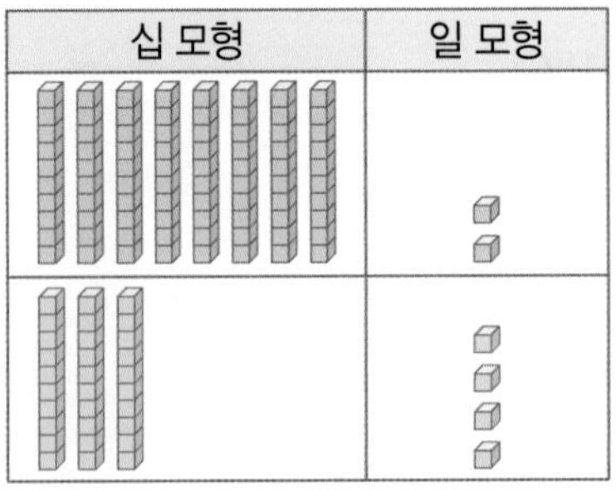

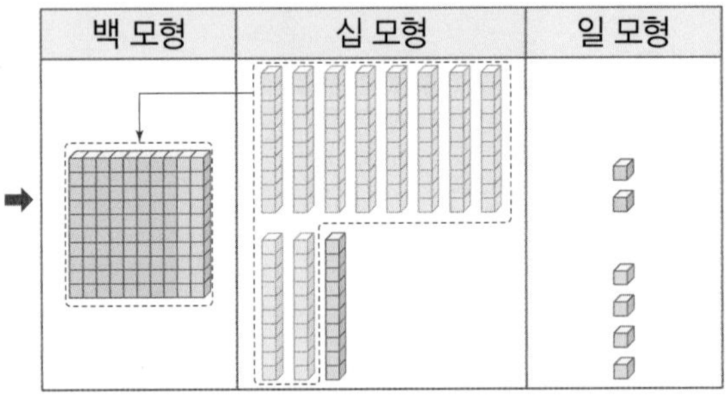

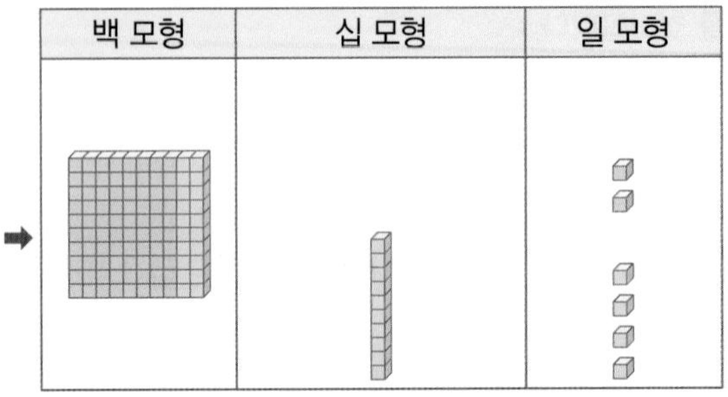

• 일 모형 2개와 일 모형 4개를 더하면 일 모형 6개가 됩니다.

• 십 모형 8개와 십 모형 3개를 더하면 십 모형 11개가 됩니다.
십 모형 11개 중 10개를 백 모형 1개로 바꿉니다.

• 백 모형 1개, 십 모형 1개, 일 모형 6개가 됩니다.

➡ 82+34=116

• 계산 방법

① 일의 자리 수끼리 더하여 10이거나 10보다 크면 10을 십의 자리로 받아올림합니다.

② 십의 자리 수끼리 더하여 100이거나 100보다 크면 100을 백의 자리로 받아올림합니다.

③ 백의 자리로 받아올림한 1은 그대로 내려 씁니다.

$$\begin{array}{r} 82 \\ +\ 34 \\ \hline 6 \end{array} \Rightarrow \begin{array}{r} {}^{1} \\ 82 \\ +\ 34 \\ \hline 16 \end{array} \Rightarrow \begin{array}{r} {}^{1} \\ 82 \\ +\ 34 \\ \hline 116 \end{array}$$

문제를 풀며 이해해요

241004-0149

1 그림을 보고 □ 안에 알맞은 수를 써넣으세요.

백 모형	십 모형	일 모형

십의 자리에서 받아올림이 있는 (두 자리 수)+(두 자리 수)를 계산할 수 있는지 묻는 문제예요.

(1) 십 모형 5개와 8개를 더하면 백 모형 1개, 십 모형 □개로 나타낼 수 있습니다.

십 모형 10개는 백 모형 1개와 같아요.

(2) 55+84=□

241004-0150

2 □ 안에 알맞은 수를 써넣으세요.

일의 자리에서 받아올림한 수를 십의 자리 수와 더합니다.

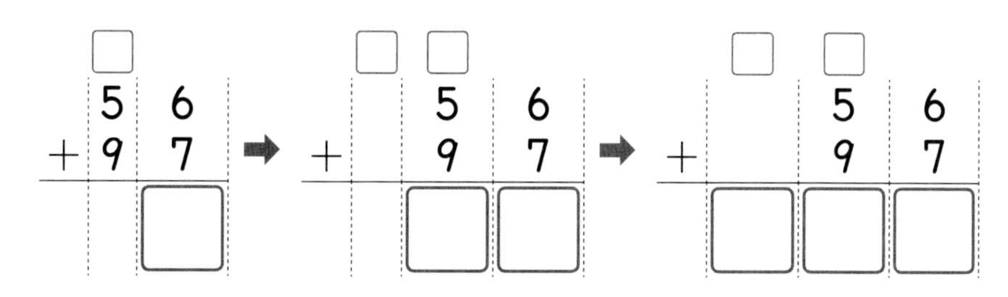

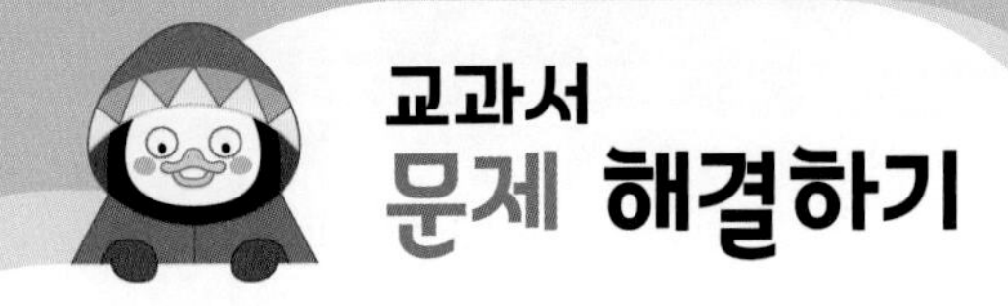

241004-0151

01 76+41을 구해 보세요.

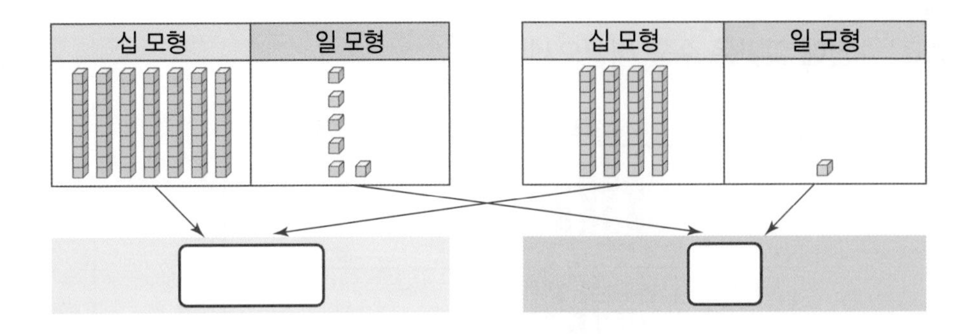

76+41=□

241004-0152

02 36을 40으로 바꾸어 36+95를 구해 보세요.

36+95=40+□=□

[03~04] 덧셈해 보세요.

241004-0153

03 63+64

241004-0154

04 76+59

중요 241004-0155

05 □ 안의 수 1이 실제로 나타내는 수는 얼마일까요?

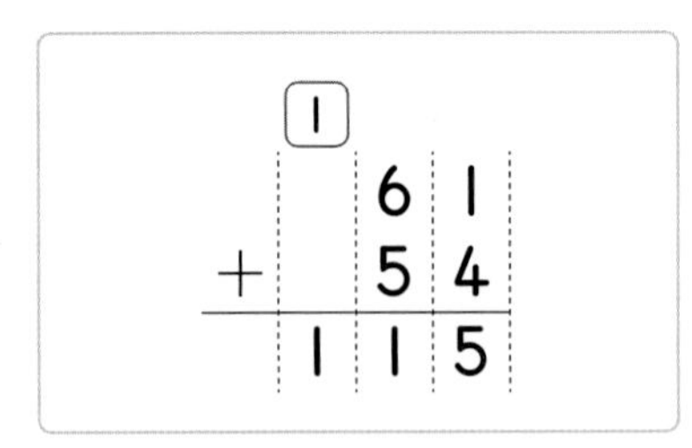

(　　　　　　)

241004-0156

06 계산 결과를 비교하여 ○ 안에 >, =, <를 알맞게 써넣으세요.

78+53 ○ 35+93

241004-0157

07 □ 안에 들어갈 수 있는 덧셈식을 오른쪽에서 ○표 하세요.

□>48+71

(63+54 , 83+45 , 24+91)

241004-0158

08 □ 안에 들어갈 수의 합을 구해 보세요.

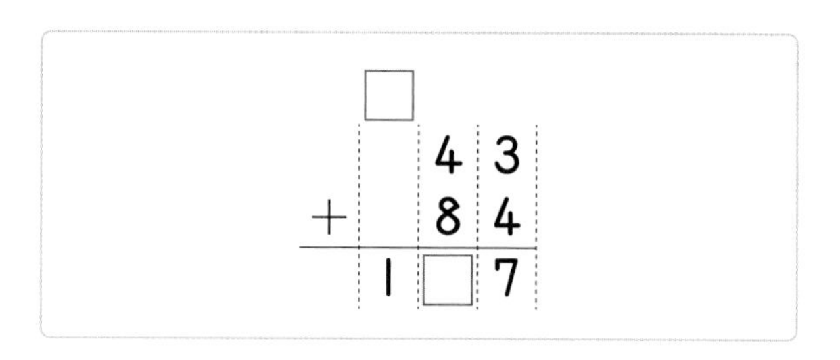

(　　　　　　)

중요 241004-0159

09 마트에 초콜릿이 87상자 있고, 사탕이 34상자 있습니다. 초콜릿과 사탕은 모두 몇 상자일까요?

(　　　　　　)

도전 241004-0160

10 수 카드 2장을 골라 두 자리 수를 만들어 92와 더하려고 합니다. 계산 결과가 가장 작은 수가 되는 덧셈식을 만들고 계산해 보세요.

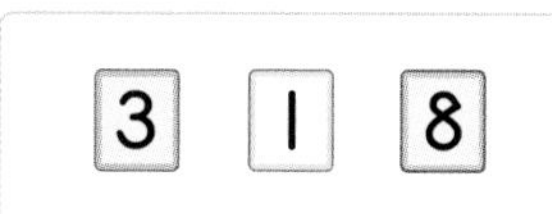

92+□=□

도움말 덧셈의 결과가 가장 작으려면 수 카드 2장으로 만들 수 있는 가장 작은 두 자리 수를 만들어야 합니다.

실생활 활용 문제 241004-0161

11 영양사 선생님의 이야기를 보고 1학년 학생과 2학년 학생이 모두 앉으려면 의자가 몇 개 필요한지 덧셈식으로 나타내고 계산해 보세요.

1학년 학생이 74명이고 2학년 학생이 65명이구나. 1학년 학생과 2학년 학생이 함께 급식하려면 의자가 몇 개 있어야 하지?

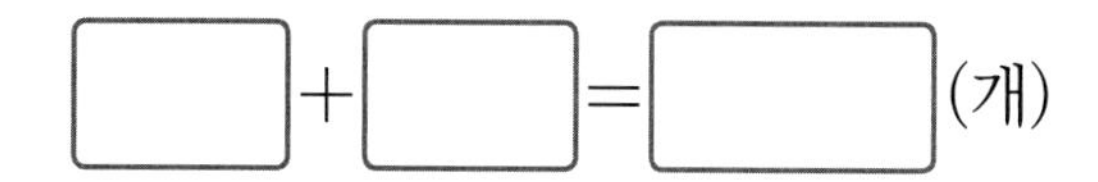

□+□=□(개)

교과서 개념 배우기

개념 4 뺄셈을 하는 여러 가지 방법을 알아볼까요(1)

• 42−6의 계산을 해 봅시다.

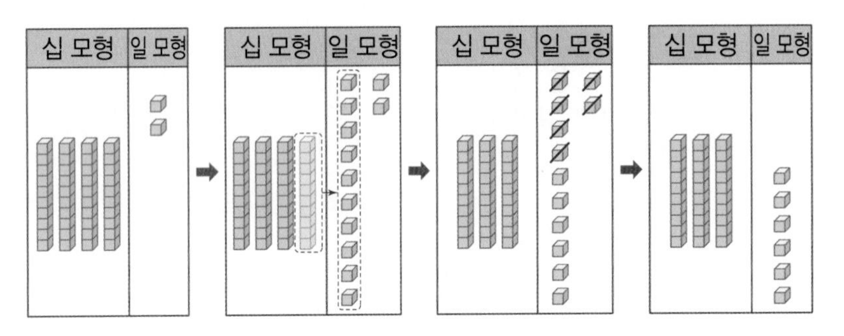

• 십 모형 1개를 일 모형 10개로 바꿉니다.
• 일 모형 12개에서 일 모형 6개를 뺍니다.
• 십 모형 3개와 일 모형 6개가 남습니다.
➡ 42−6=36

• 42−6 **구하기**

(1) 그림을 그려 구하기
42만큼 ○을 그리고, 6만큼 /으로 지워 구합니다.

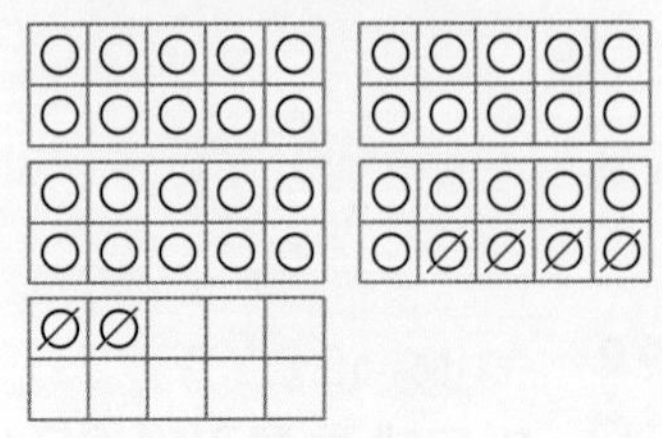

(2) 세로셈으로 구하기

$$\begin{array}{r} \scriptstyle 3\ 10 \\ \not{4}\ 2 \\ -\quad 6 \\ \hline 6 \end{array} \Rightarrow \begin{array}{r} \scriptstyle 3\ 10 \\ \not{4}\ 2 \\ -\quad 6 \\ \hline 3\ 6 \end{array}$$

개념 5 뺄셈을 하는 여러 가지 방법을 알아볼까요(2)

• 50−13의 계산을 해 봅시다.

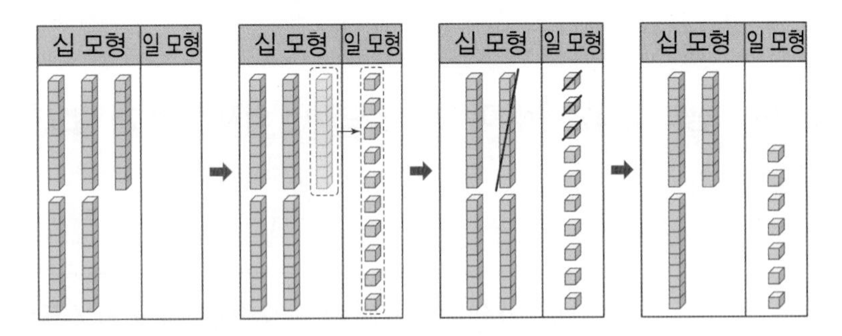

• 십 모형 1개를 일 모형 10개로 바꿉니다.
• 일 모형 10개에서 일 모형 3개를 빼고, 십 모형 4개에서 십 모형 1개를 뺍니다.
• 십 모형 3개와 일 모형 7개가 남습니다.
➡ 50−13=37

• 50−13 **구하기**

(1) 13을 가르기 하여 구하기

50−13 (13 → 10, 3) ➡ 50−10−3
=40−3
=37

(2) 세로셈으로 구하기

$$\begin{array}{r} \scriptstyle 4\ 10 \\ \not{5}\ 0 \\ -\ 1\ 3 \\ \hline 7 \end{array} \Rightarrow \begin{array}{r} \scriptstyle 4\ 10 \\ \not{5}\ 0 \\ -\ 1\ 3 \\ \hline 3\ 7 \end{array}$$

문제를 풀며 이해해요

241004-0162

1 그림을 보고 □ 안에 알맞은 수를 써넣으세요.

십 모형	일 모형

(1) 십 모형 1개를 일 모형 □개로 바꾼 후 일 모형 □개에서 8개를 빼면 일 모형 □개가 남습니다.

(2) 십 모형 6개에서 2개를 빼면 십 모형 □개가 남습니다.

(3) $70-28=$ □

십의 자리에서 받아내림이 있는 (두 자리 수)−(한 자리 수) 또는 (몇십)−(두 자리 수)를 계산할 수 있는지 묻는 문제예요.

십 모형 1개를 일 모형 10개로 바꿀 수 있어요.

241004-0163

2 □ 안에 알맞은 수를 써넣으세요.

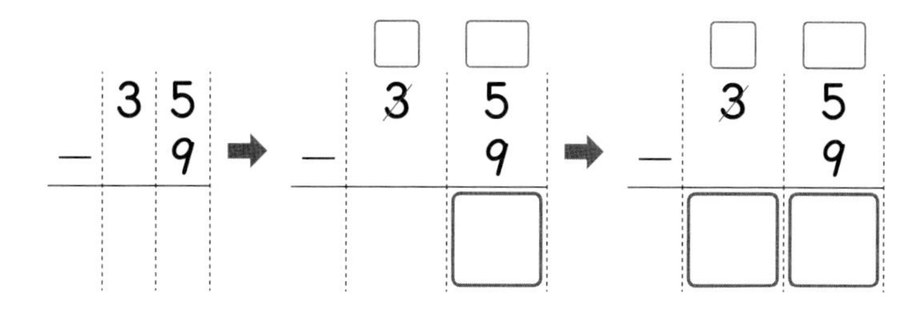

일의 자리 수끼리 뺄 수 없으므로 십의 자리에서 10을 받아내림해서 계산해 보아요.

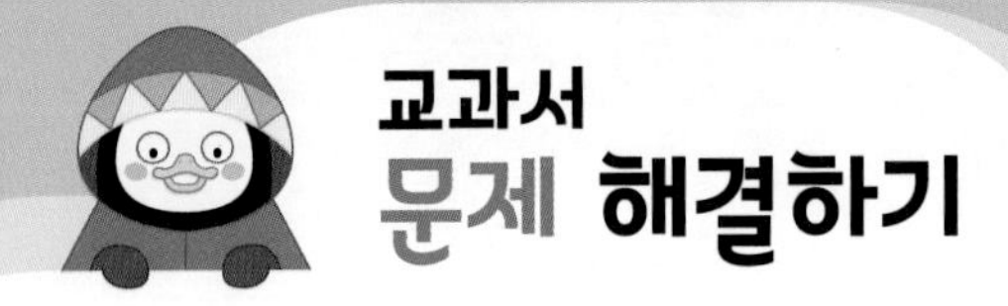

241004-0164

01 8만큼 /로 지워 구해 보세요.

○	○	○	○	○
○	○	○	○	○

○	○	○	○	○
○	○	○	○	○

○	○	○	○	○
○	○	○	○	○

○	○	○	○	○

$35-8=\square$

241004-0165

02 27을 20과 7로 가르기 하여 구해 보세요.

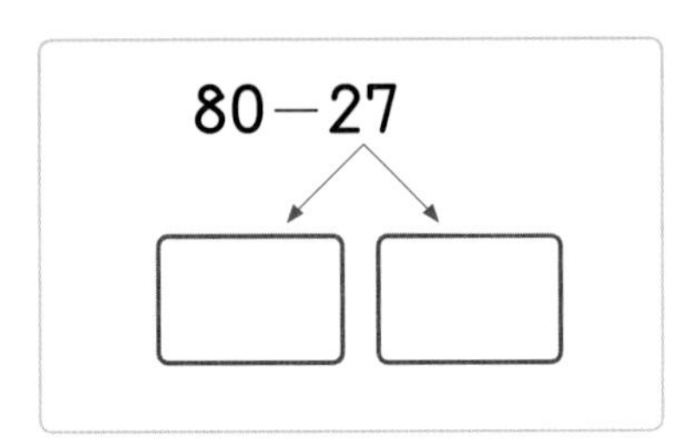

$80-20-\square$

$=\square-\square=\square$

[03~04] 두 수의 차를 빈칸에 써넣으세요.

241004-0166

03

34	7

241004-0167

04

50	18

중요 241004-0168

05 □ 안의 수 7이 실제로 나타내는 수는 얼마일까요?

	7	10
	~~8~~	3
−		8
	7	5

(   )

241004-0169

06 계산 결과를 비교하여 ○ 안에 >, =, <를 알맞게 써넣으세요.

$21-3$ ○ $40-19$

중요 241004-0170

07 정아는 연필을 30자루 가지고 있었습니다. 정아가 친구에게 연필을 12자루 주었다면 정아에게 남은 연필은 몇 자루일까요?

(   )

241004-0171

08 계산에서 잘못된 곳을 찾아 옳게 고쳐 계산해 보세요.

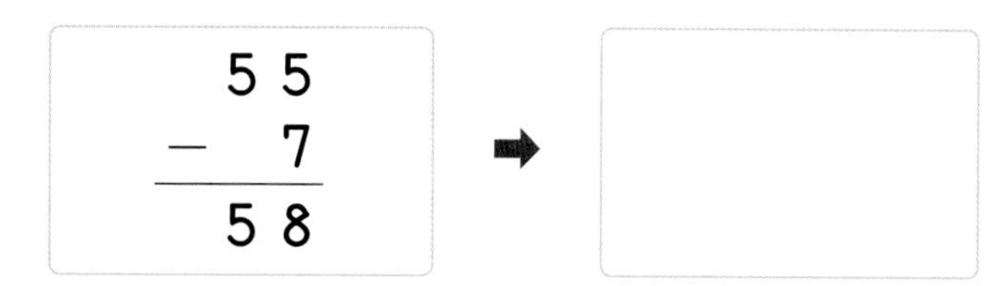
55
− 7
58

241004-0172

09 1부터 9까지의 수 중에서 □ 안에 들어갈 수 있는 수를 모두 구해 보세요.

41−□<50−15

(　　　　　　　　)

도전 241004-0173

10 ■−▲는 얼마일까요?

44−8=■, 50−41=▲

(　　　　　　　　)

도움말 ■와 ▲의 값을 각각 먼저 구합니다.

실생활 활용 문제

241004-0174

11 빈이의 일기를 읽고 강아지 간식이 몇 개 남았는지 뺄셈식으로 나타내 보세요.

20○○년 ○월 ○일
날씨:
강아지 간식이 한 봉지에 50개 들어 있었다. 강아지에게 간식을 12개 줬다. 강아지 간식은 몇 개 남았을까?

□−□=□(개)

교과서 개념 배우기

개념 6 뺄셈을 해 볼까요

• 44－26의 계산을 해 봅시다.

십 모형	일 모형

• 십 모형 1개를 일 모형 10개로 바꾸면 일 모형 14개가 됩니다.
• 일 모형 14개에서 일 모형 6개를 빼면 일 모형 8개가 남습니다.
• 십 모형 3개에서 십 모형 2개를 빼면 십 모형 1개가 남습니다.
• 십 모형 1개, 일 모형 8개가 남으므로 18이 됩니다.

➡ $44-26=18$

$$\begin{array}{r} 44 \\ -\ 26 \\ \hline \end{array} \Rightarrow \begin{array}{r} {}^{3}\ {}^{10} \\ \not{4}\ 4 \\ -\ 2\ 6 \\ \hline \end{array} \Rightarrow \begin{array}{r} {}^{3}\ {}^{10} \\ \not{4}\ 4 \\ -\ 2\ 6 \\ \hline 8 \end{array} \Rightarrow \begin{array}{r} {}^{3}\ {}^{10} \\ \not{4}\ 4 \\ -\ 2\ 6 \\ \hline 1\ 8 \end{array}$$

받아내림을 할 때는 십의 자리 수를 지우고 1 작은 수를 십의 자리 위에 작게 써요.

• **계산 방법**

① 일의 자리 수끼리 뺄셈을 할 수 없으면 십의 자리에서 10을 일의 자리로 받아내림합니다.
② 일의 자리 수끼리 뺍니다.
③ 남은 십의 자리 수끼리 뺄셈을 하여 십의 자리에 씁니다.

문제를 풀며 이해해요

241004-0175

1 **그림을 보고 □ 안에 알맞은 수를 써넣으세요.**

십 모형	일 모형

> 십의 자리에서 받아내림이 있는 (두 자리 수)-(두 자리 수)를 계산할 수 있는지 묻는 문제예요.

(1) 십 모형 1개를 일 모형 □개로 바꾼 후 일 모형 12개에서 6개를 빼면 일 모형 □개가 남습니다.

> 십 모형 1개는 일 모형 10개로 바꿀 수 있어요.

(2) 십 모형 2개에서 1개를 빼면 십 모형 □개가 남습니다.

(3) $32-16=$ □

241004-0176

2 **□ 안에 알맞은 수를 써넣으세요.**

> 가로셈이 어려우면 세로셈으로 바꾸어 계산할 수 있어요.

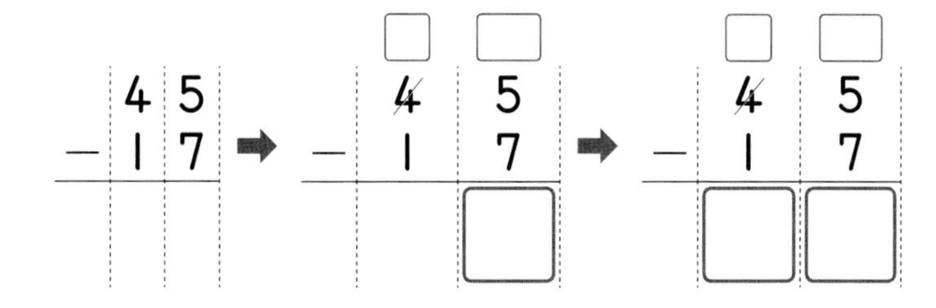

교과서 문제 해결하기

241004-0177

01 그림을 보고 □ 안에 알맞은 수를 써넣으세요.

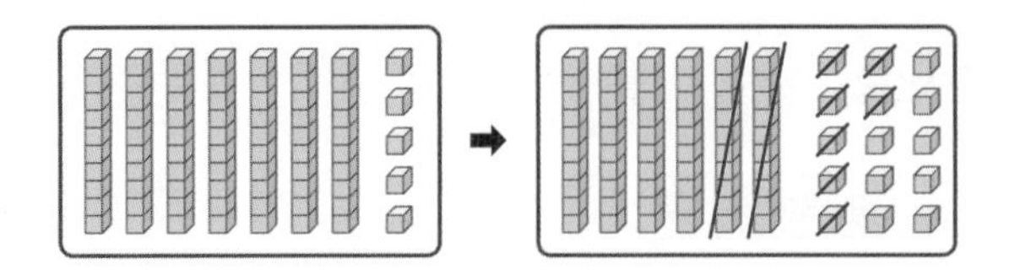

$75-27=$ □

[02~03] 뺄셈해 보세요.

241004-0178

02 $42-15$

241004-0179

03 $24-19$

241004-0180

04 두 수의 차를 빈칸에 써넣으세요.

97	59

중요 241004-0181

05 계산 결과를 찾아 선으로 이어 보세요.

$42-29$ •		• 38
$23-16$ •		• 13
$55-17$ •		• 7

241004-0182

06 사각형 안에 있는 두 수의 차를 구해 보세요.

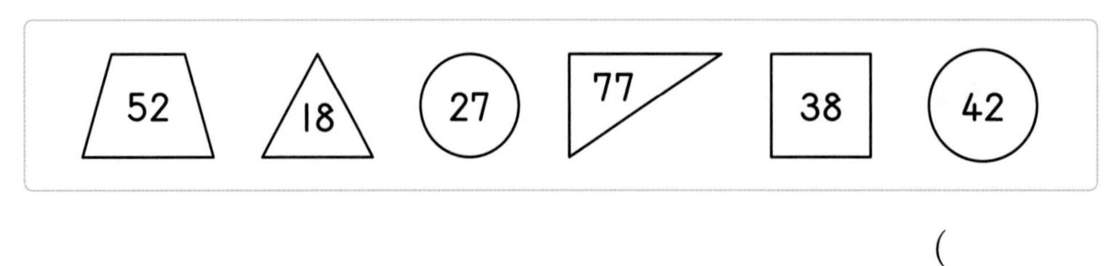

(　　　　　　)

중요 241004-0183

07 명섭이 할아버지의 나이는 71세이고 아버지의 나이는 43세입니다. 할아버지는 아버지보다 몇 세 더 많을까요?

(　　　　　　)

241004-0184

08 계산 결과가 작은 것부터 순서대로 1, 2, 3을 써넣으세요.

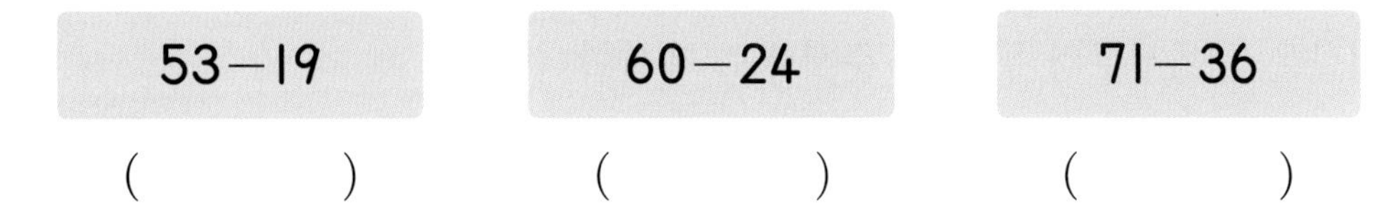

( ) ( ) ( )

241004-0185

09 빈칸에 알맞은 수를 써넣으세요.

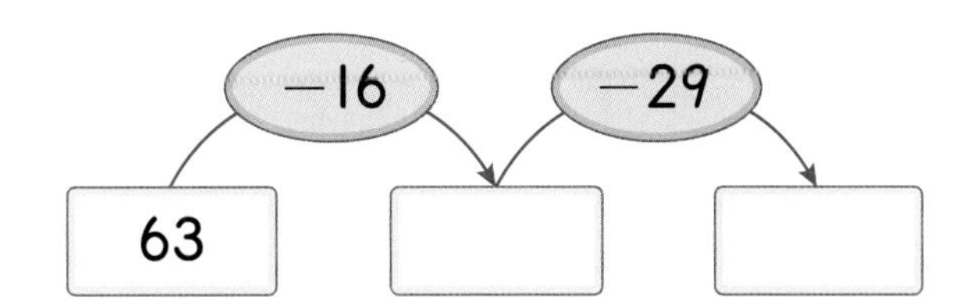

도전 241004-0186

10 수 카드 2장을 골라 두 자리 수를 만들어 63에서 빼려고 합니다. 계산 결과가 가장 큰 수가 되는 뺄셈식을 쓰고 계산해 보세요.

5 3 4

63−☐=☐

도움말 뺄셈의 결과가 가장 큰 수가 되려면 수 카드 2장으로 만들 수 있는 수 중 가장 작은 두 자리 수를 만들어야 합니다.

241004-0187

11 동물의 건강에 대한 수업을 들었습니다. 1분 동안 호랑이는 말보다 심장이 몇 회 더 많이 뛰는지 뺄셈식으로 나타내 보세요.

 동물의 건강 상태를 어떻게 확인할 수 있나요?

 1분 동안 심장이 뛰는 횟수를 세어서 확인할 때도 있어요.

 동물에 따라 심장이 뛰는 횟수가 다른가요?

 네, 달라요. 심장이 1분 동안 말은 28회, 호랑이는 56회 뛴답니다.

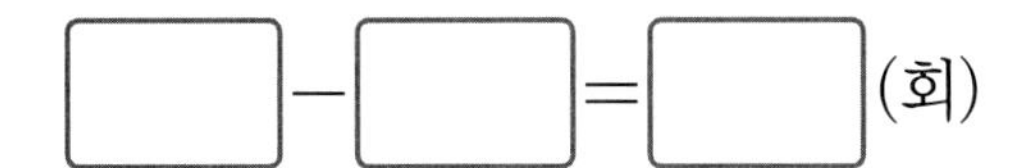

개념 7 세 수의 계산을 해 볼까요

• 세 수의 계산은 앞에서부터 두 수씩 순서대로 계산합니다.

• 24+17+23 계산하기

➡ 24+17을 계산한 값에 23을 더합니다.

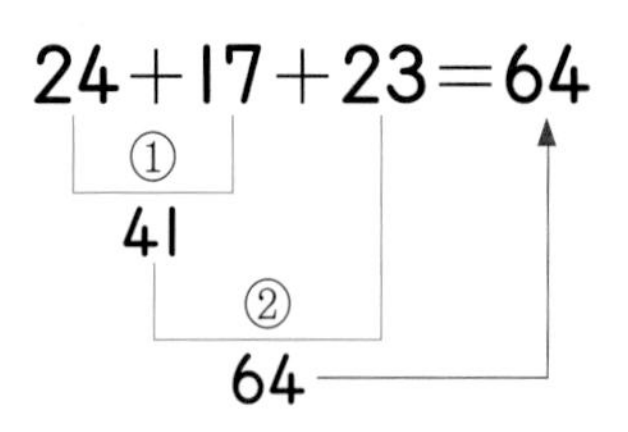

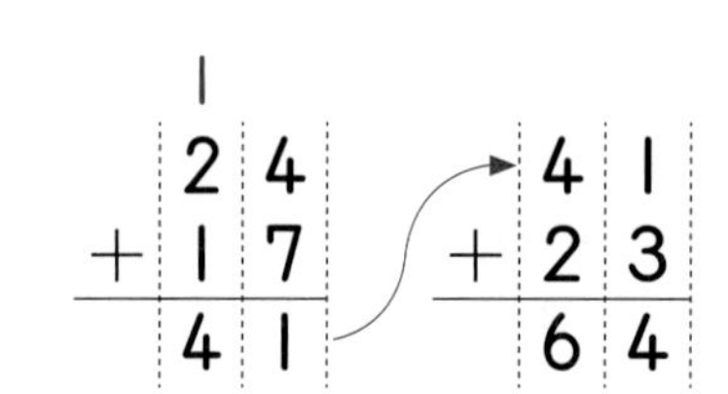

• 56−27−13 계산하기

➡ 56−27을 계산한 값에서 13을 뺍니다.

56−27−13=16
①
29
②
16

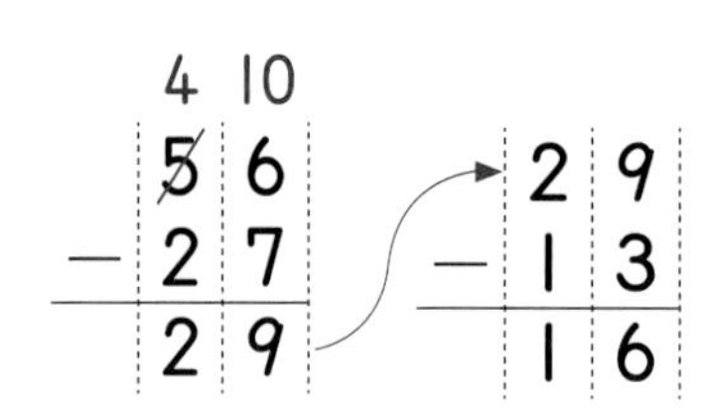

• 16+25−17 계산하기

➡ 16+25를 계산한 값에서 17을 뺍니다.

16+25−17=24
①
41
②
24

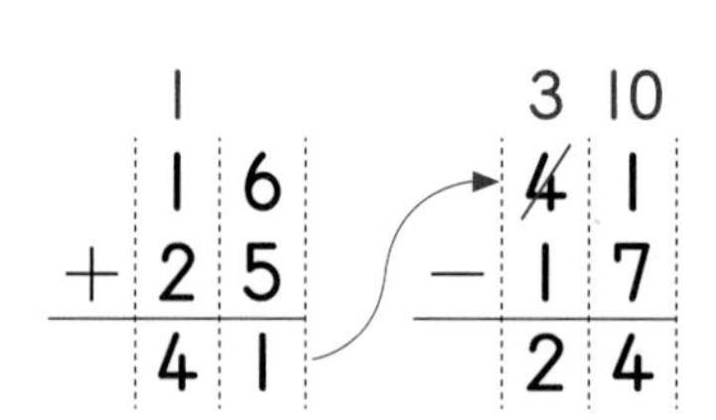

• 55−26+18 계산하기

➡ 55−26을 계산한 값에 18을 더합니다.

55−26+18=47
①
29
②
47

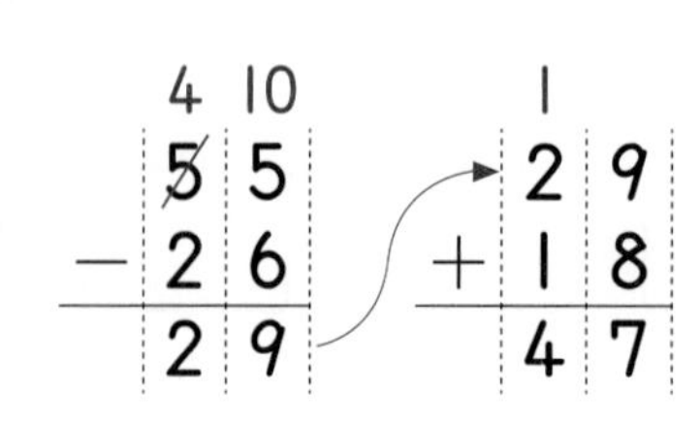

• 세 수의 덧셈은 순서를 바꾸어 계산해도 계산 결과가 같습니다.

24+17+23=64 (○)
①
40
②
64

• 세 수의 뺄셈은 순서를 바꾸어 계산하면 계산 결과가 달라집니다.

56−27−13=42 (×)
①
14
②
42

문제를 풀며 이해해요

241004-0188

1 65－28＋16을 계산하려고 합니다. □ 안에 알맞은 수를 써넣으세요.

세 수의 계산을 할 수 있는지 묻는 문제예요.

(1) $65-28+16=\square$

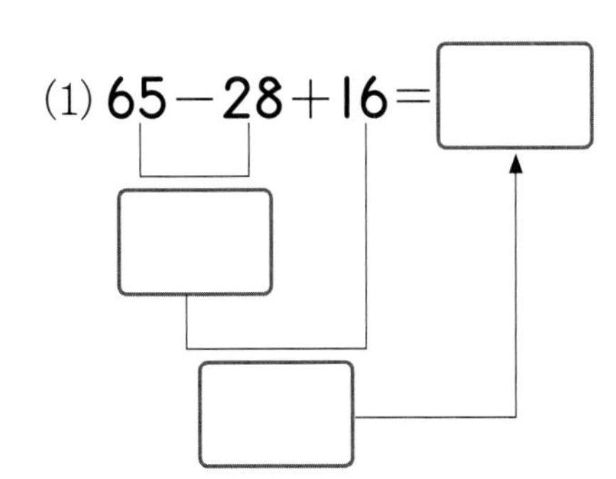

(2) $65-28=\square$, $\square+16=\square$

241004-0189

2 □ 안에 알맞은 수를 써넣으세요.

세 수의 계산은 앞에서부터 두 수씩 순서대로 계산해요.

(1) $13+28+31=\square$

(2) $67-19-29=\square$

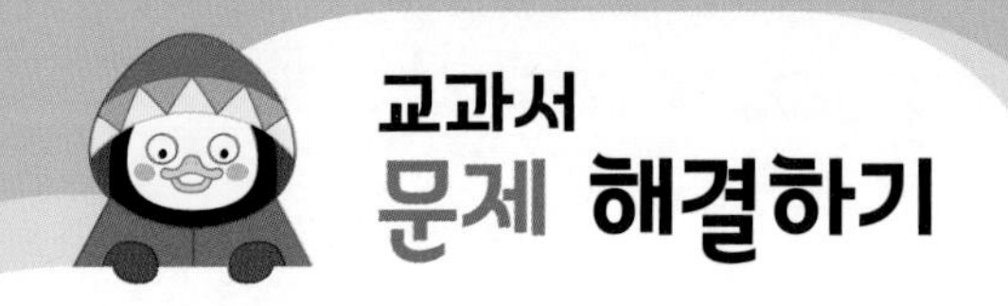

241004-0190

01 $54-17-18$을 계산하려고 합니다. □ 안에 알맞은 수를 써넣으세요.

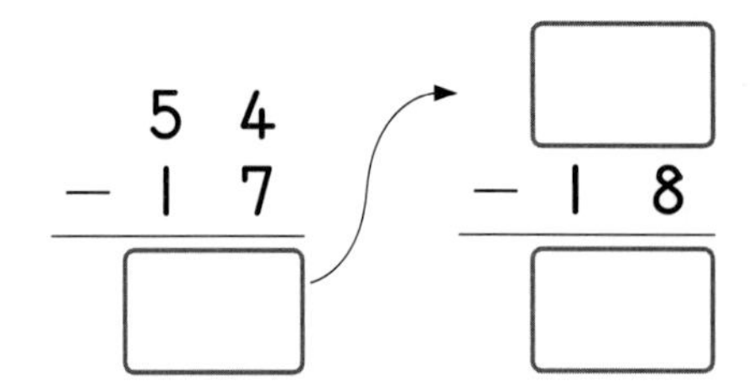

중요 241004-0191

02 보기 와 같이 계산해 보세요.

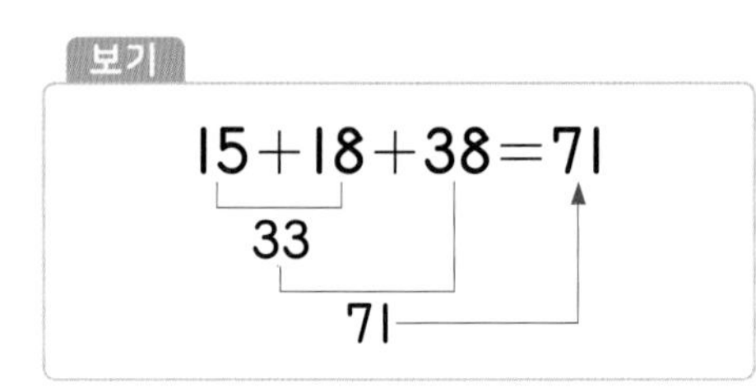

$32-16+27$

[03~04] 계산해 보세요.

241004-0192

03 $82-43+12$

241004-0193

04 $15+29+17$

241004-0194

05 빈칸에 알맞은 수를 써넣으세요.

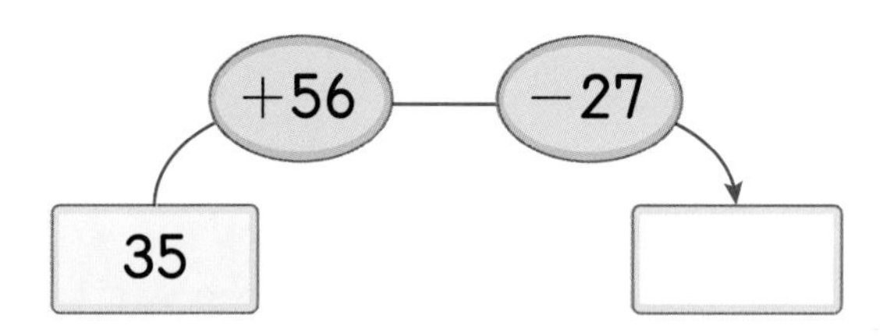

241004-0195

06 계산이 바른 식을 골라 ○표 하세요.

$66-18-9=66-9=57$ ( )

$32+19-8=51-8=43$ ( )

241004-0196

07 계산 결과를 비교하여 ○ 안에 $>$, $=$, $<$를 알맞게 써넣으세요.

$73-19+28$ ○ $56+16+22$

241004-0197

08 계산 결과가 가장 큰 것부터 순서대로 기호를 써 보세요.

㉠ $95-36-11$
㉡ $23+19-7$
㉢ $66-17+3$

(　　　　　　　　)

중요 241004-0198

09 동물원에 흰색 토끼 25마리와 회색 토끼 17마리가 있었습니다. 오늘 검은색 토끼 27마리가 들어왔습니다. 동물원에 있는 토끼는 모두 몇 마리일까요?

(　　　　　　　　)

도전 241004-0199

10 □ 안에 들어갈 수 있는 수를 모두 구해 보세요.

$35+15-18<\square<60-16-8$

(　　　　　　　　)

도움말 $35+15-18$과 $60-16-8$을 먼저 계산해 봅니다.

실생활 활용 문제 241004-0200

11 가족과 자동차 극장에 왔습니다. 자동차 극장에 남아 있는 자동차는 몇 대인지 구해 보세요.

 아빠, 자동차 극장에 자동차가 벌써 27대나 와 있어요.

 우리 차까지 하면 28대가 있구나.

 화장실 다녀온 사이에 자동차 13대가 더 들어왔어요.

 자동차 5대가 극장에서 나가는구나. 잘못 왔나 봐.

(　　　　　　　　)

개념 8 덧셈과 뺄셈의 관계를 식으로 나타내 볼까요(1)

• 덧셈식 $3+7=10$을 뺄셈식으로 나타내 봅시다.

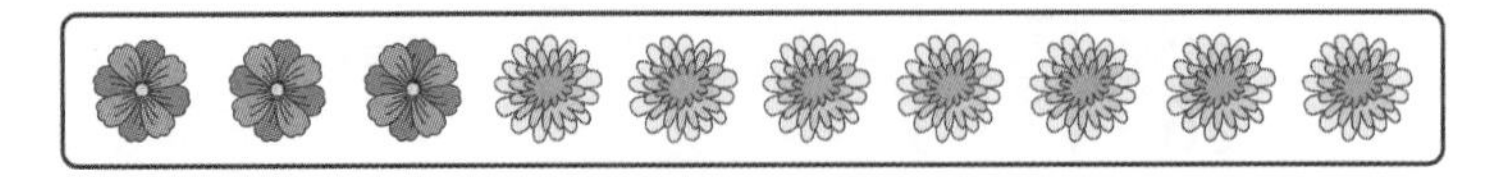

• 전체 꽃의 수: $3+7=10$(송이)
• 노란 꽃의 수: $10-3=7$(송이)
• 빨간 꽃의 수: $10-7=3$(송이)

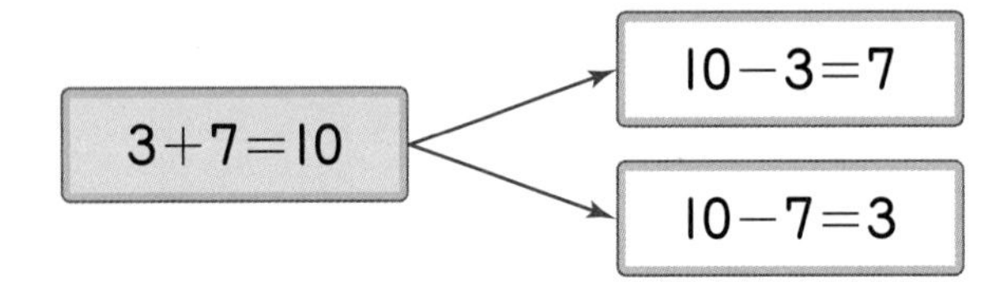

➡ 덧셈식 '$3+7=10$'은 뺄셈식 '$10-3=7$'과 '$10-7=3$'으로 나타낼 수 있습니다.

• 덧셈식을 뺄셈식으로 나타내기

5 8
13

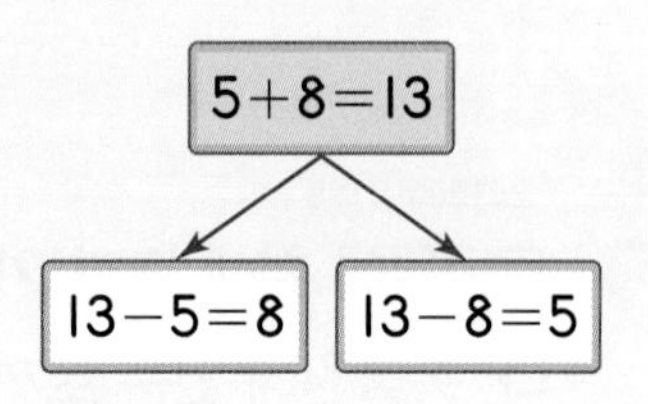

개념 9 덧셈과 뺄셈의 관계를 식으로 나타내 볼까요(2)

• 뺄셈식 $9-4=5$를 덧셈식으로 나타내 봅시다.

• 남은 초콜릿의 개수: $9-4=5$(개)
• 처음에 있던 초콜릿의 개수: $5+4=9$(개), $4+5=9$(개)

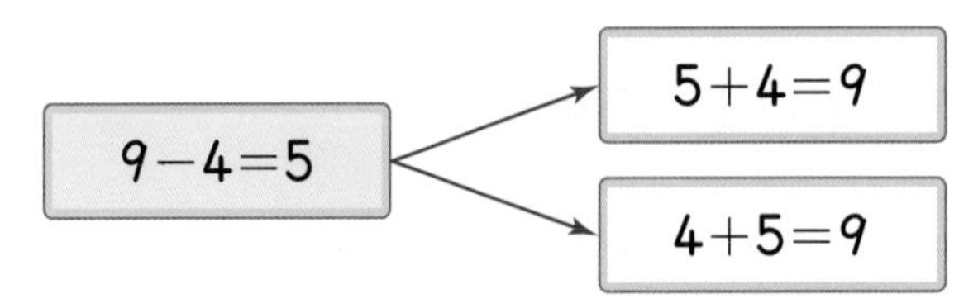

➡ 뺄셈식 '$9-4=5$'는 덧셈식 '$5+4=9$'와 '$4+5=9$'로 나타낼 수 있습니다.

• 뺄셈식을 덧셈식으로 나타내기

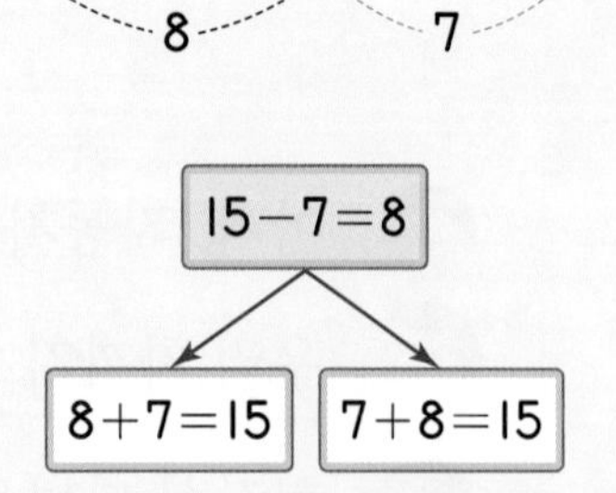

문제를 풀며 이해해요

241004-0201

1 덧셈식을 뺄셈식으로 나타내려고 합니다. □ 안에 알맞은 수를 써넣으세요.

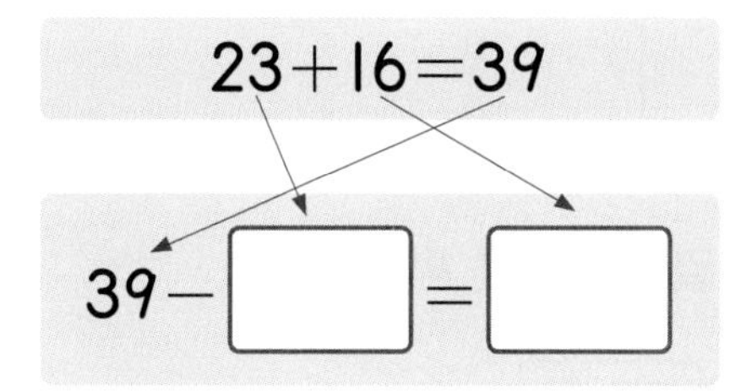

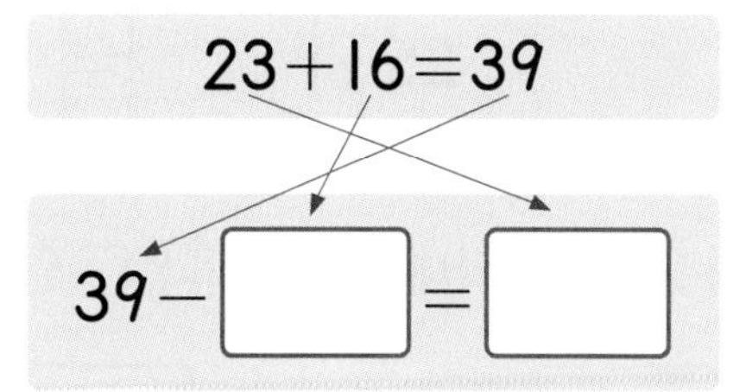

덧셈과 뺄셈의 관계를 알고 있는지 묻는 문제예요.

241004-0202

2 □ 안에 알맞은 수를 써넣으세요.

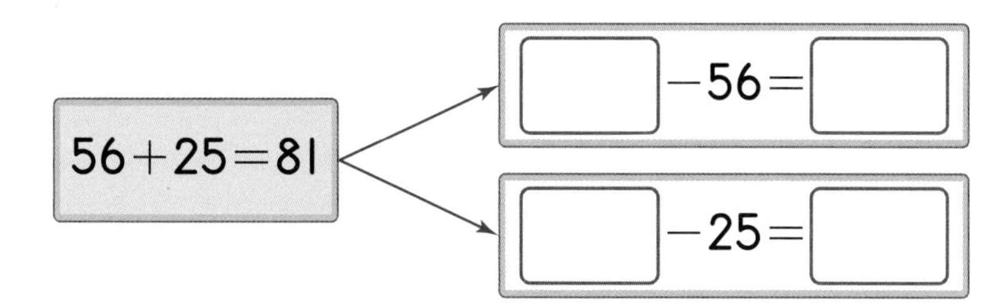

덧셈식을 보고 2개의 뺄셈식으로 나타내 보세요.

241004-0203

3 뺄셈식을 덧셈식으로 나타내려고 합니다. □ 안에 알맞은 수를 써넣으세요.

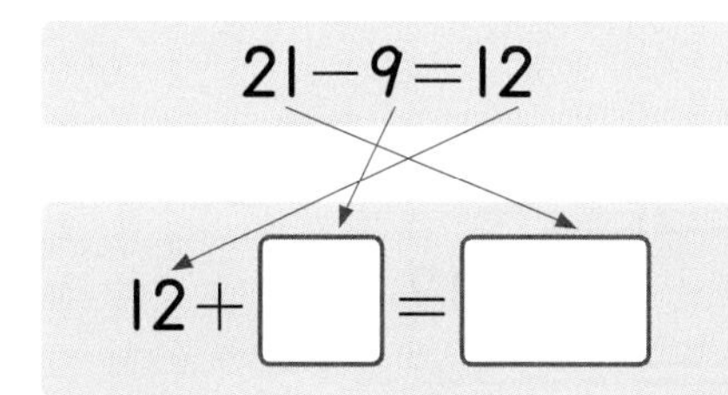

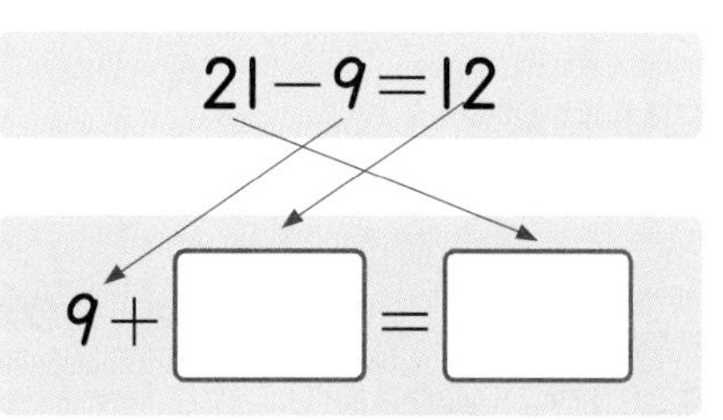

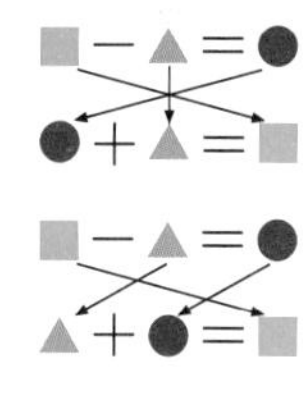

241004-0204

4 □ 안에 알맞은 수를 써넣으세요.

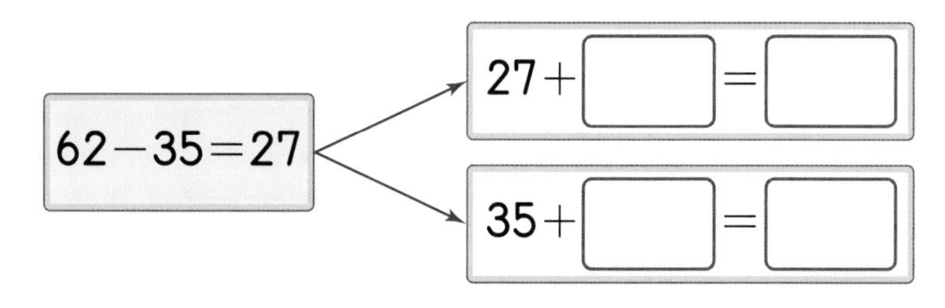

뺄셈식을 보고 2개의 덧셈식으로 나타내 보세요.

[01~02] 규진이는 빨간 구슬 25개와 파란 구슬 39개를 가지고 있습니다. 물음에 답하세요.

241004-0205

01 규진이가 가지고 있는 전체 구슬 수를 덧셈식으로 나타내려고 합니다. □ 안에 알맞은 수를 써넣으세요.

$$25+\square=\square$$

241004-0206

02 01의 덧셈식을 보고 뺄셈식 2개로 나타내려고 합니다. □ 안에 알맞은 수를 써넣으세요.

$$\square-25=39,\quad \square-\square=25$$

[03~04] 형주는 사탕 22개 중에서 10개를 친구에게 주었습니다. 물음에 답하세요.

241004-0207

03 형주가 친구에게 주고 남은 사탕 수를 뺄셈식으로 나타내려고 합니다. □ 안에 알맞은 수를 써넣으세요.

$$22-\square=\square$$

241004-0208

04 03의 뺄셈식을 보고 덧셈식 2개로 나타내려고 합니다. □ 안에 알맞은 수를 써넣으세요.

$$\square+10=22,\quad \square+12=\square$$

중요 241004-0209

05 덧셈식을 뺄셈식 2개로 나타내 보세요.

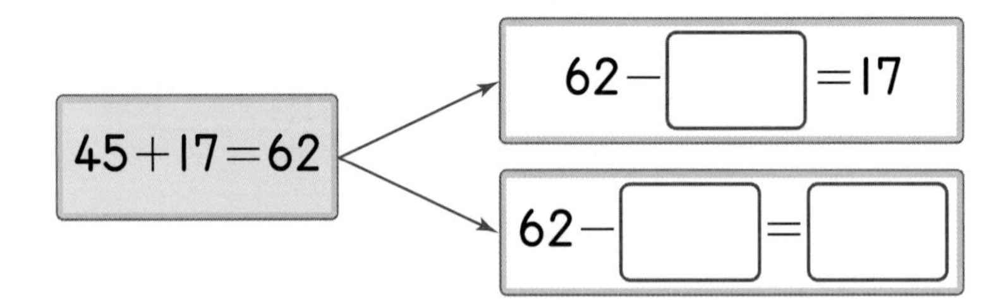

중요 241004-0210

06 뺄셈식을 덧셈식 2개로 나타내 보세요.

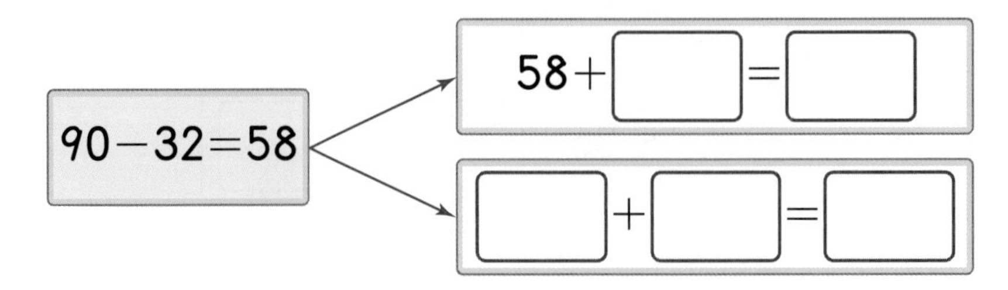

241004-0211

07 덧셈식 $39+16=55$를 뺄셈식으로 바르게 나타낸 것에 ○표 하세요.

$39-16=23$ ( )

$55-16=39$ ( )

[08~09] □ 안에 알맞은 수를 써넣으세요.

241004-0212

08 $82-46=\square$

$46+\square=82$

241004-0213

09 $77+16=\square$

$93-\square=77$

도전 241004-0214

10 수 카드를 한 번씩만 사용하여 덧셈식과 뺄셈식을 만들어 보세요.

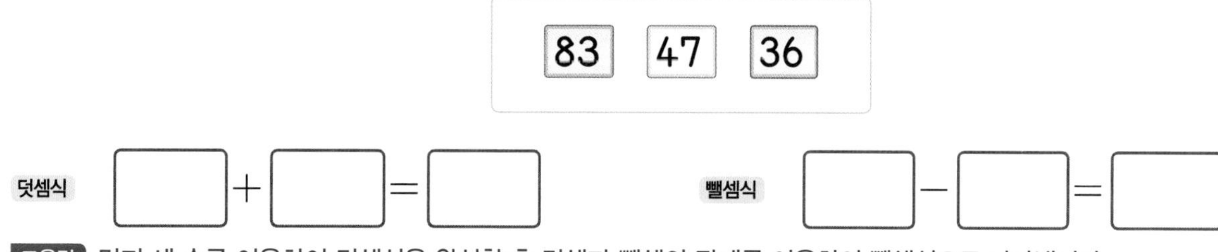

덧셈식 $\square+\square=\square$ 뺄셈식 $\square-\square=\square$

도움말 먼저 세 수를 이용하여 덧셈식을 완성한 후 덧셈과 뺄셈의 관계를 이용하여 뺄셈식으로 나타냅니다.

실생활 활용 문제 241004-0215

11 지아가 학교에 색종이를 가지고 왔습니다. 물음에 답하세요.

꽃무늬 색종이가 24장, 단색 색종이가 17장 있어. 내가 가진 색종이는 모두 몇 장일까?

(1) 지아가 가진 색종이는 모두 몇 장인지 덧셈식으로 나타내 보세요.

$\square+\square=\square$ (장)

(2) (1)의 덧셈식을 뺄셈식으로 나타내 보세요.

$\square-\square=\square$

교과서 개념 배우기

개념 10 □가 사용된 덧셈식을 만들고 □의 값을 구해 볼까요

구슬 4개가 있었는데 몇 개를 받았더니 구슬이 모두 7개가 되었습니다. 받은 구슬은 몇 개인지 구해 봅시다.

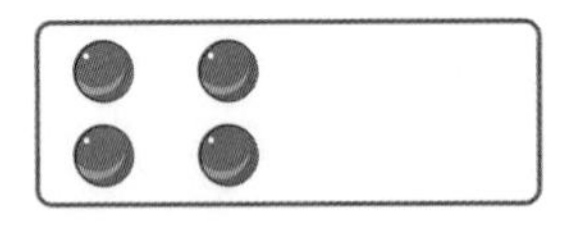 ➡ 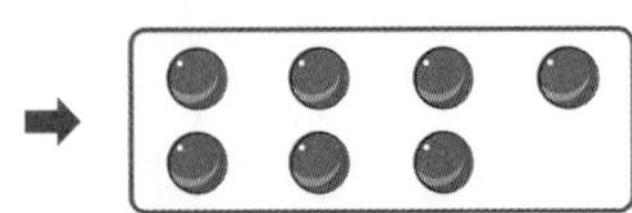

- 받은 구슬 수를 □를 사용하여 덧셈식으로 나타냅니다.

➡ $4+\square=7$

- 그림을 그려 □의 값을 알아봅니다.

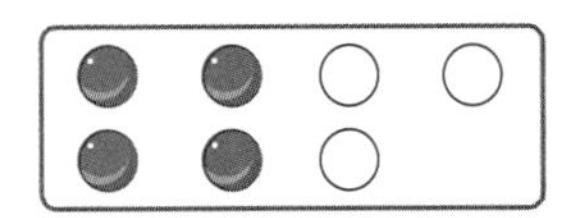 ➡ 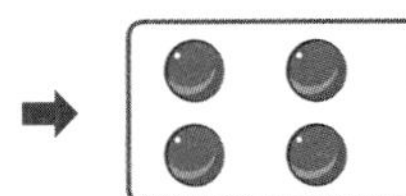

구슬을 3개 더 그리면 구슬 수가 같아집니다. ➡ $\square=3$

- 덧셈과 뺄셈의 관계를 이용하여 □의 값 구하기

$5+\square=11$

➡ $11-5=\square$

➡ $\square=6$

개념 11 □가 사용된 뺄셈식을 만들고 □의 값을 구해 볼까요

구슬 13개 중에서 몇 개를 동생에게 주었더니 구슬이 8개가 되었습니다. 동생에게 준 구슬은 몇 개인지 구해 봅시다.

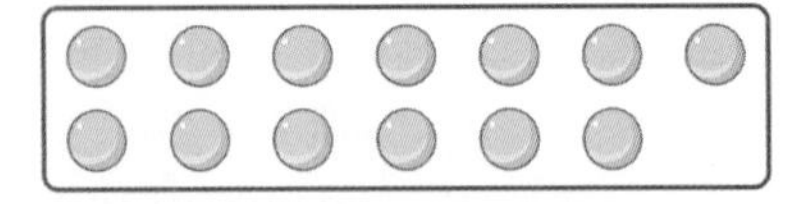 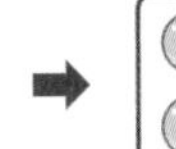 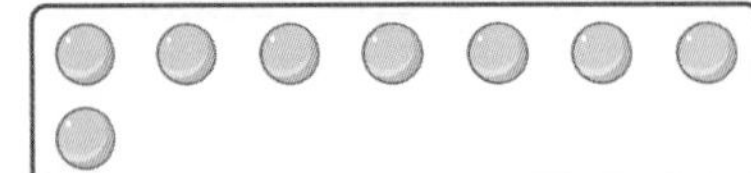

- 동생에게 준 구슬 수를 □를 사용하여 뺄셈식으로 나타냅니다.

➡ $13-\square=8$

- 그림을 그려 □의 값을 알아봅니다.

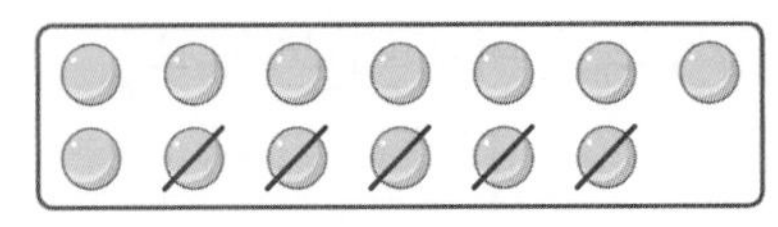  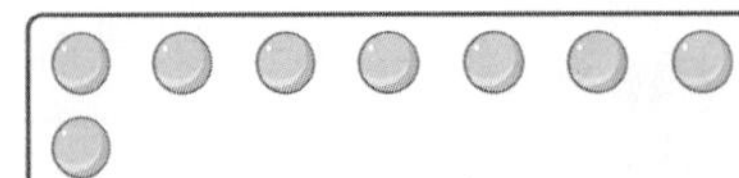

구슬을 5개 지우면 구슬 수가 같아집니다. ➡ $\square=5$

- 덧셈과 뺄셈의 관계를 이용하여 □의 값 구하기

$\square-9=5$

➡ $9+5=\square$

➡ $\square=14$

문제를 풀며 이해해요

241004-0216

1 빈 곳에 알맞은 수만큼 ○을 그리고, □ 안에 알맞은 수를 써넣으세요.

어떤 수를 □로 나타내고 □의 값을 구할 수 있는지 묻는 문제예요.

(1)

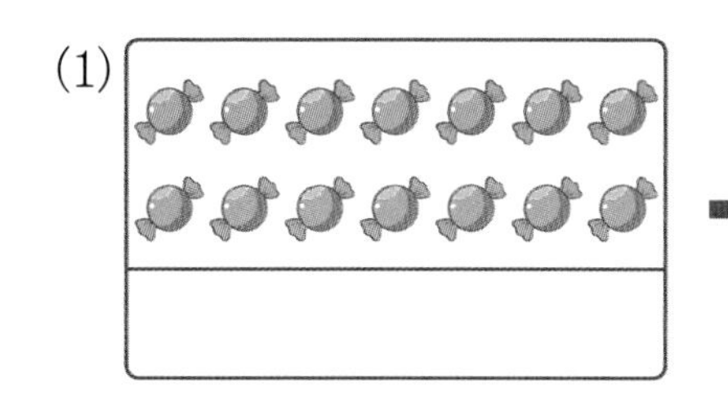

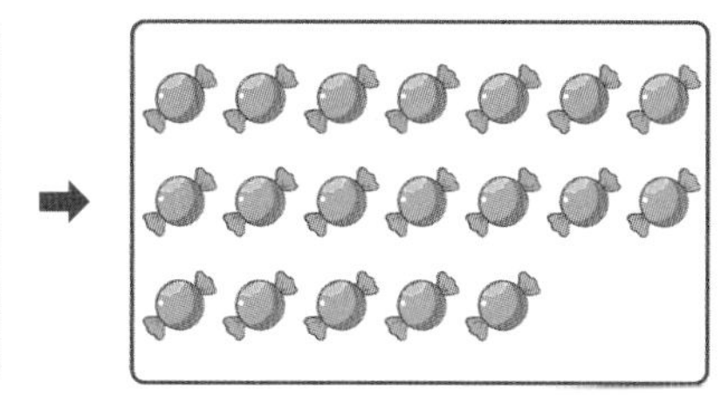

14+□=19

(2)

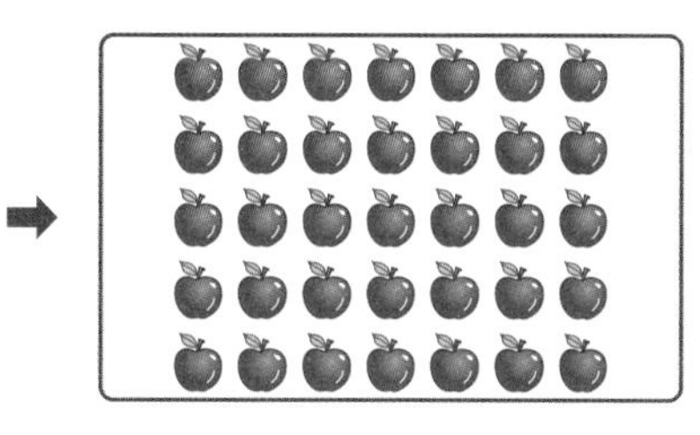

사과 21개에 ■개를 더했더니 35개가 되었어요.

21+□=35

241004-0217

2 왼쪽 그림에 알맞은 수만큼 /를 그리고, □ 안에 알맞은 수를 써넣으세요.

(1)

☆ ☆ ☆ ☆ ☆
☆ ☆ ☆ ☆ ☆
☆ ☆ ☆ ☆ ☆

➡

☆ ☆ ☆ ☆ ☆
☆ ☆ ☆ ☆

별 15개에서 ●개를 뺐더니 9개가 되었어요.

15−□=9

(2)

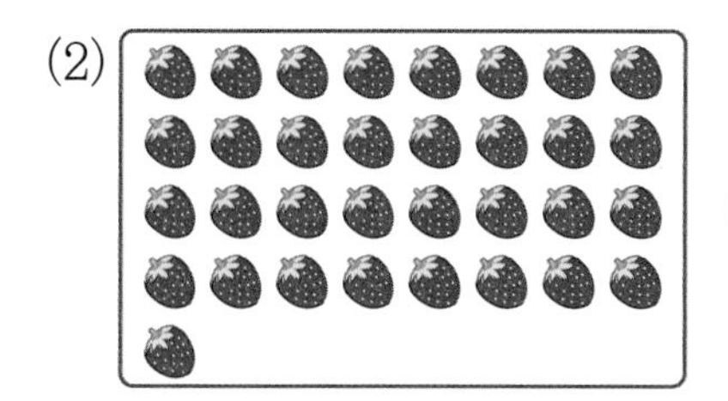

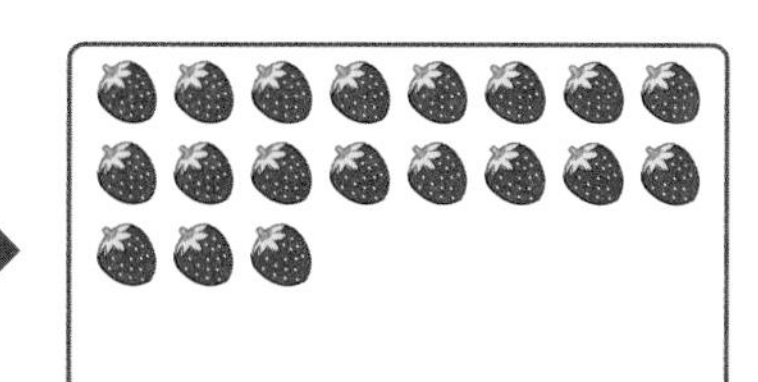

33−□=19

교과서 문제 해결하기

241004-0218

01 꽃밭에 벌이 23마리 있었습니다. 몇 마리 더 날아와서 30마리가 되었습니다. 날아온 벌의 수를 □로 하여 바르게 나타낸 식에 ○표 하세요.

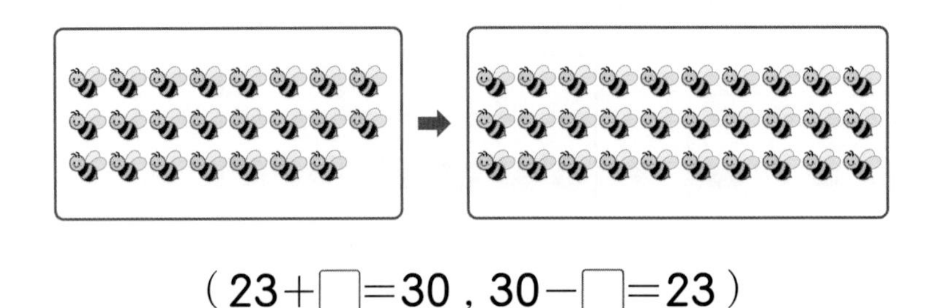

(23+□=30 , 30−□=23)

241004-0219

02 잠자리가 16마리 있었습니다. 몇 마리 날아가서 5마리가 남았습니다. 날아간 잠자리의 수를 □로 하여 바르게 나타낸 식에 ○표 하세요.

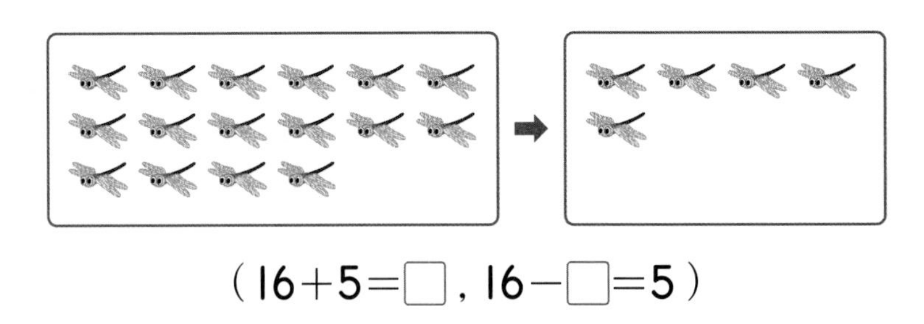

(16+5=□ , 16−□=5)

241004-0220

03 그림을 보고 □를 사용하여 알맞은 덧셈식으로 나타내 보세요.

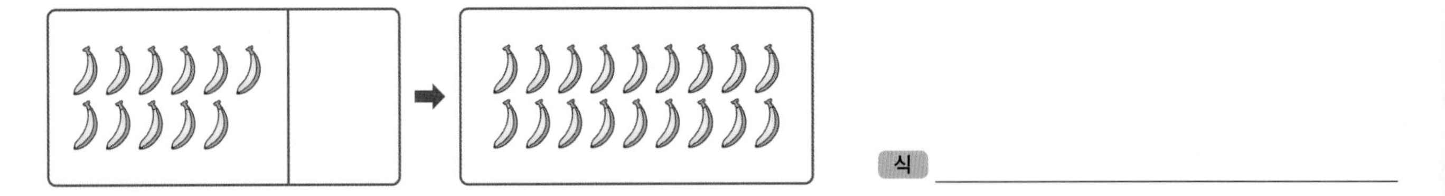

식 ______________________

[04~05] □를 사용하여 알맞은 식으로 나타내고 □ 안에 알맞은 수를 구해 보세요.

241004-0221

04

26, □, 45

덧셈식 ______________________

답 ______________________

241004-0222

05

□, 19, 13

뺄셈식 ______________________

답 ______________________

정답과 풀이 27쪽

[06~07] □ 안에 알맞은 수를 써넣으세요.

241004-0223

06 $29+\square=41$

241004-0224

07 $\square-55=28$

중요 241004-0225

08 57과 어떤 수의 합은 85입니다. 어떤 수를 □로 하여 알맞은 식으로 나타내고 어떤 수를 구해 보세요.

식 ______________ 답 ______________

중요 241004-0226

09 사탕이 50개 있었습니다. 재원이가 몇 개를 먹었더니 31개 남았습니다. 재원이가 먹은 사탕 수를 □로 하여 뺄셈식으로 나타내고 재원이가 먹은 사탕은 몇 개인지 구해 보세요.

식 ______________ 답 ______________

도전 241004-0227

10 ㉠과 ㉡의 합을 구해 보세요.

㉠$-45=15$ $45+$㉡$=63$

(   )

도움말 ㉠과 ㉡의 값을 먼저 구해 봅니다.

실생활 활용 문제 241004-0228

11 지호의 일기를 읽고 물음에 답하세요.

20××년 ×월 ×일 날씨 맑음

미국 여행을 다녀오면서 친구들에게 줄 기념품 33개를 샀다. 오늘 기념품 몇 개를 친구들에게 주었더니 7개가 남았다. 친구들이 좋아해서 나도 기분이 좋았다.

(1) 친구들에게 준 기념품을 □로 하여 알맞은 식으로 나타내 보세요.

식 ______________

(2) 친구들에게 준 기념품은 몇 개일까요?

(   )

241004-0229

01 그림을 보고 □ 안에 알맞은 수를 써넣으세요.

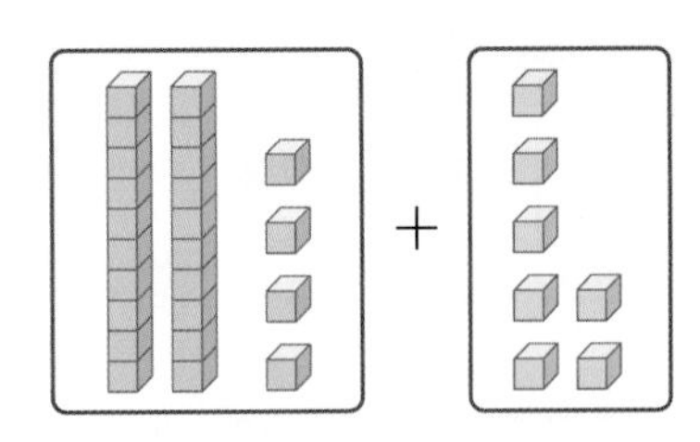

$24+7=\square$

241004-0230

02 이어 세기로 67+6을 구해 보세요.

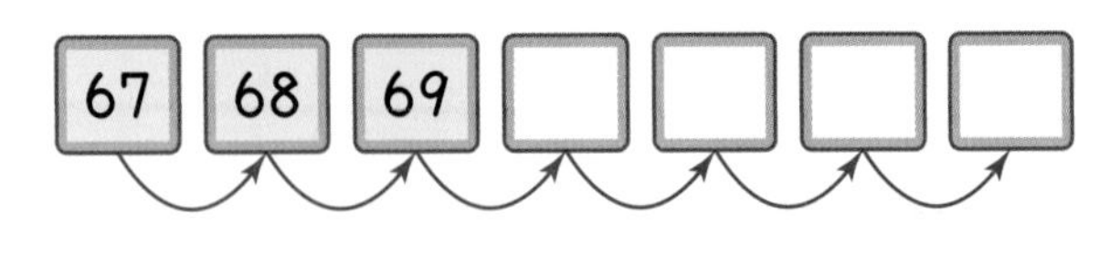

$67+6=\square$

241004-0231

03 8만큼 △을 그려 구해 보세요.

○	○	○	○	○
○	○	○	○	○

○	○	○	○	○
○	○	○	○	○

○	○	○	○	○
○	○	○	○	

$29+8=\square$

241004-0232

04 빈칸에 알맞은 수를 써넣으세요.

(→ +, ↓ +)

34	27	
8	19	

241004-0233

05 가장 큰 수와 가장 작은 수의 합을 구해 보세요.

8 47 11 35

(　　　　　　)

241004-0234

06 14만큼 /로 지워 구해 보세요.

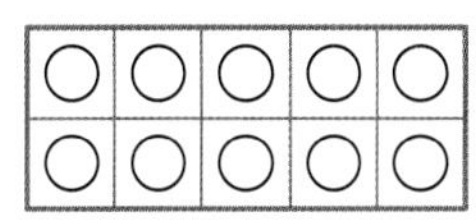

$32-14=\square$

241004-0235

07 17을 10과 7로 가르기 하여 구해 보세요.

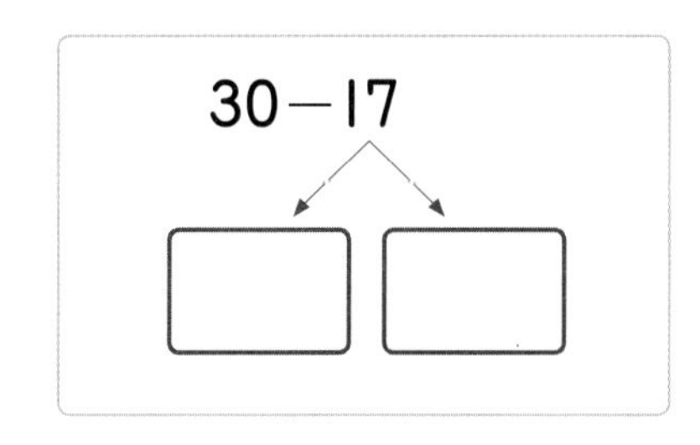

$30-\square-\square$

$=\square-\square=\square$

241004-0236

08 계산 결과가 다른 하나를 찾아 기호를 써 보세요.

㉠ $23-8$	㉡ $62-47$
㉢ $32-14$	㉣ $20-5$

(　　　　　　　)

241004-0237

09 계산 결과를 비교하여 ○ 안에 >, =, <를 알맞게 써넣으세요.

$25-8 \bigcirc 30-14$

중요

241004-0238

10 사과나무에 사과가 60개 달려 있었는데 오늘 이 나무에서 사과를 36개 땄습니다. 나무에 남은 사과는 몇 개일까요?

(　　　　　　　)

241004-0239

11 13+39−25를 계산하려고 합니다. □ 안에 알맞은 수를 써넣으세요.

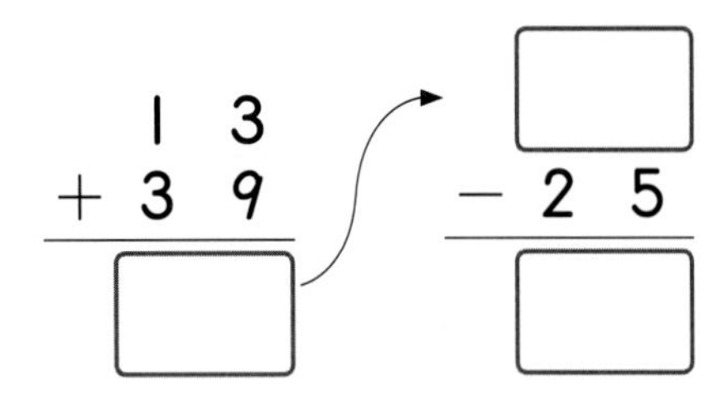

241004-0240

12 빈 곳에 알맞은 수를 써넣으세요.

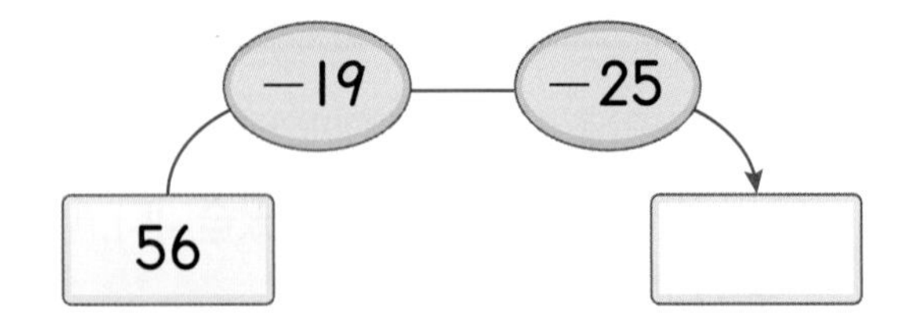

241004-0241

13 계산 결과가 큰 것부터 순서대로 기호를 써 보세요.

㉠ 22+19+35
㉡ 78−59+38
㉢ 35+48−12

(   )

241004-0242

14 덧셈식을 뺄셈식 2개로 나타내 보세요.

54+28=82

□−54=□

□−28=□

241004-0243

15 관계 있는 것끼리 선으로 이어 보세요.

17−9=8 •	• 9+8=17
65+28=93 •	• 19+17=36
36−19=17 •	• 93−28=65

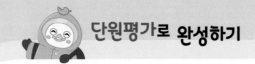

241004-0244

16 왼쪽 그림에 알맞은 수만큼 /를 그리고 □ 안에 알맞은 수를 써넣으세요.

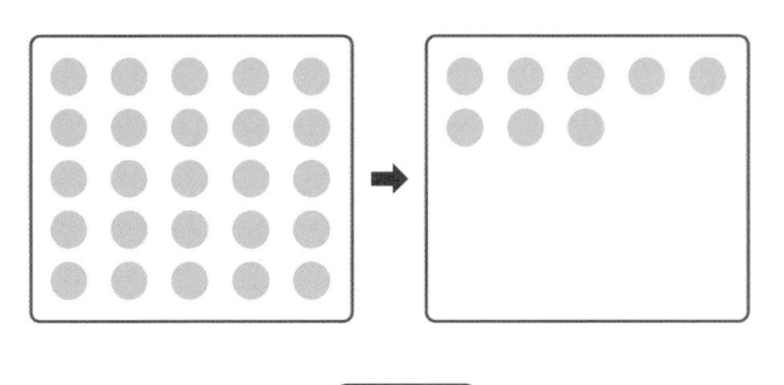

25－□＝8

241004-0245

17 □ 안에 들어갈 수가 다른 하나를 찾아 기호를 써 보세요.

㉠ □－33＝7
㉡ 47＋□＝76
㉢ 36＋□＝65
㉣ 84－□＝55

(　　　　　　)

중요 241004-0246

18 78과 어떤 수의 합은 93입니다. 어떤 수를 □로 하여 알맞은 식으로 나타내고 어떤 수를 구해 보세요.

식 ____________________

답 ____________________

서술형 241004-0247

19 자두 32개 중 동생에게 몇 개를 주었더니 15개가 남았습니다. 동생에게 준 자두는 몇 개인지 구해 보세요.

풀이

(1) 동생에게 준 자두 수를 □로 하여 식으로 나타내면 (　　　　　　　　)입니다.

(2) 덧셈과 뺄셈의 관계를 이용하여 구하면 □＝(　　　　)입니다.

(3) 동생에게 준 자두는 (　　　　)개입니다.

답 ____________________

도전 241004-0248

20 3장의 수 카드를 한 번씩 사용하여 주어진 계산 결과가 나오도록 식을 완성해 보세요.

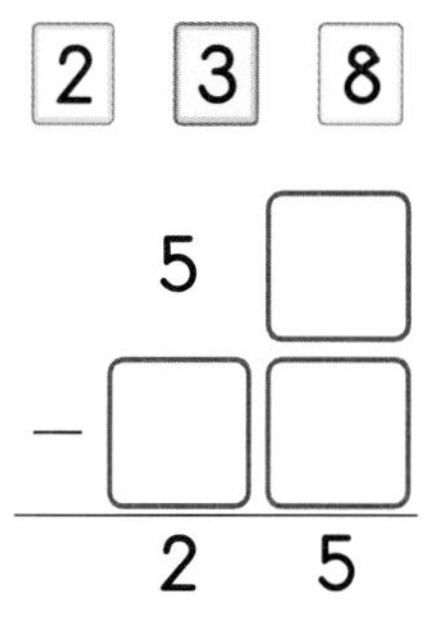

4

길이 재기

단원 학습 목표

1. 직접 맞대어 길이를 비교하기 어려울 때 구체물을 이용하여 길이를 비교할 수 있습니다.
2. 여러 가지 단위를 이용하여 물건의 길이를 잴 수 있습니다.
3. 1 cm 단위를 이용해 자로 길이를 잴 수 있습니다.
4. 물건의 길이가 자의 눈금 사이에 있을 때 길이를 '약 몇 cm'로 나타낼 수 있습니다.
5. 물건의 길이를 어림하여 '약 몇 cm'로 나타내고 자로 재어 확인할 수 있습니다.

단원 진도 체크

회차	학습 내용		진도 체크
1차	교과서 개념 배우기 + 문제 해결하기	**개념 1** 길이를 비교하는 방법을 알아볼까요 **개념 2** 여러 가지 단위로 길이를 재어 볼까요	✓
2차	교과서 개념 배우기 + 문제 해결하기	**개념 3** 1 cm를 알아볼까요 **개념 4** 자로 길이를 재는 방법을 알아볼까요	✓
3차	교과서 개념 배우기 + 문제 해결하기	**개념 5** 자로 길이를 재어 볼까요 **개념 6** 길이를 어림하고 어떻게 어림했는지 말해 볼까요	✓
4차	단원평가로 완성하기	확인 평가를 통해 단원 학습 내용을 확인해 보아요	✓

해당 부분을 공부하고 나서 ✓표를 하세요.

세정이는 엄마와 함께 인터넷으로 신발을 사려고 하는데 어떤 신발 사이즈를 주문해야 할지 고민이에요. 신발 사이즈가 무엇일까요? 신발의 바닥이나 뒤쪽을 살펴보면 200, 210, 220과 같은 수가 적혀 있는데 그 수의 크기가 신발 사이즈예요! 신발 사이즈를 알려면 먼저 발의 길이를 알아야 해요. 길이는 어떻게 재는 걸까요? '발 길이가 20 cm'라는 말은 무슨 뜻일까요?

이번 4단원에서는 여러 가지 단위로 길이를 재어 보고, 1 cm 단위를 이용해 자로 길이를 재어 볼 거예요. 길이를 어림하는 방법도 배울 거예요.

교과서 개념 배우기

개념 1 길이를 비교하는 방법을 알아볼까요

- 직접 맞대어 길이를 비교하기 어려울 때는 종이띠를 이용해 길이를 비교할 수 있습니다.

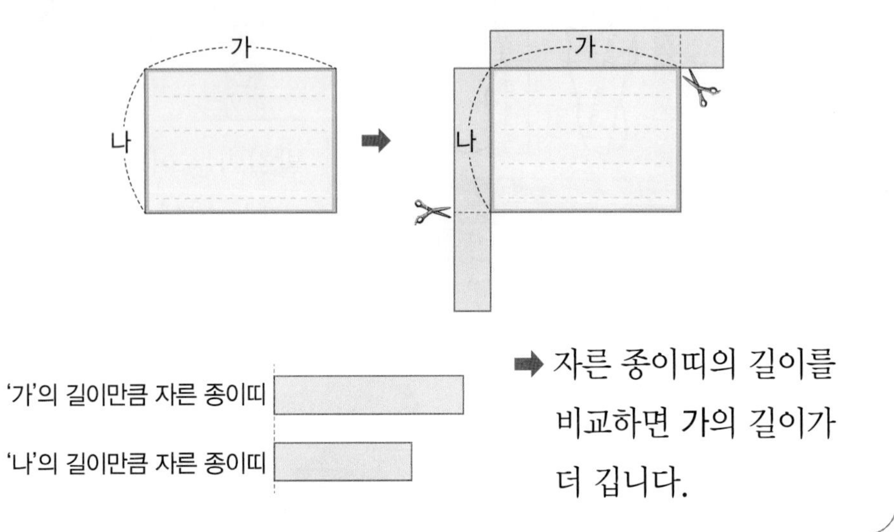

➡ 자른 종이띠의 길이를 비교하면 가의 길이가 더 깁니다.

- 종이띠 대신 끈, 리본, 막대기 등을 이용해서 길이를 비교할 수도 있습니다.

개념 2 여러 가지 단위로 길이를 재어 볼까요

- 색연필의 길이를 지우개로 잴 수 있습니다. 이때 지우개를 단위라고 합니다.

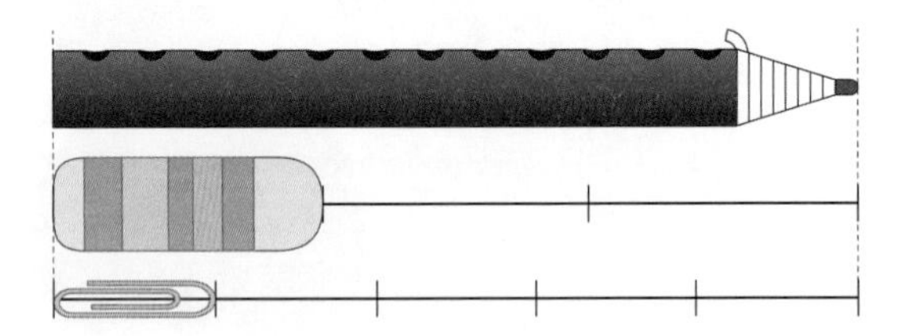

색연필의 길이는 지우개로 3번입니다.
색연필의 길이는 클립으로 5번입니다.

- 길이를 잴 때 사용할 수 있는 단위에는 여러 가지가 있습니다.

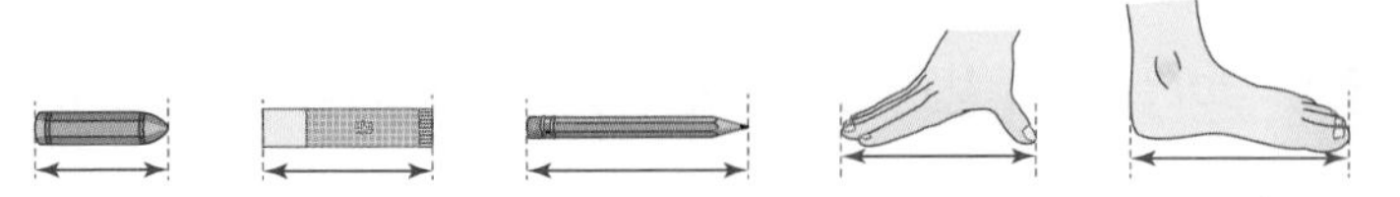

• 뼘 알아보기

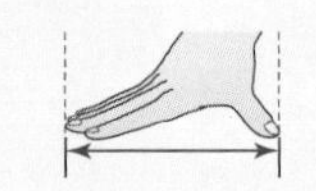

- 손가락을 한껏 벌린 길이를 뼘이라고 합니다.

• 단위길이

- 어떤 길이를 재는 데 기준이 되는 길이를 단위길이라고 합니다.
- 단위길이가 길수록 길이를 잰 횟수는 적습니다.
- 단위길이가 짧을수록 길이를 잰 횟수는 많습니다.

문제를 풀며 이해해요

241004-0249

1 지우와 경수는 나뭇가지를 하나씩 찾아 나뭇가지의 길이만큼 리본을 잘랐더니 다음과 같았습니다. 더 짧은 나뭇가지를 찾은 사람의 이름을 써 보세요.

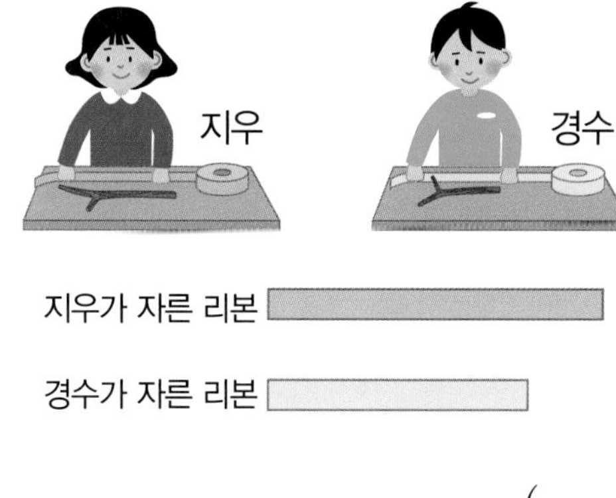

지우가 자른 리본

경수가 자른 리본

( )

길이를 비교하는 방법을 알고 있는지 묻는 문제예요.

241004-0250

2 그림을 보고 □ 안에 알맞은 수를 써넣으세요.

(1)

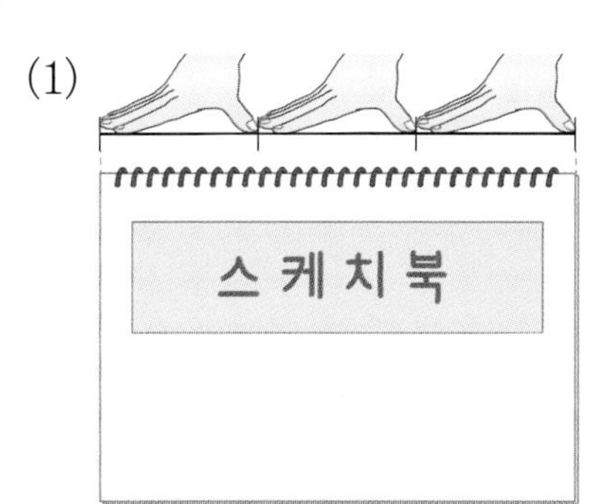

스케치북의 긴 쪽의 길이는 □뼘입니다.

(2)

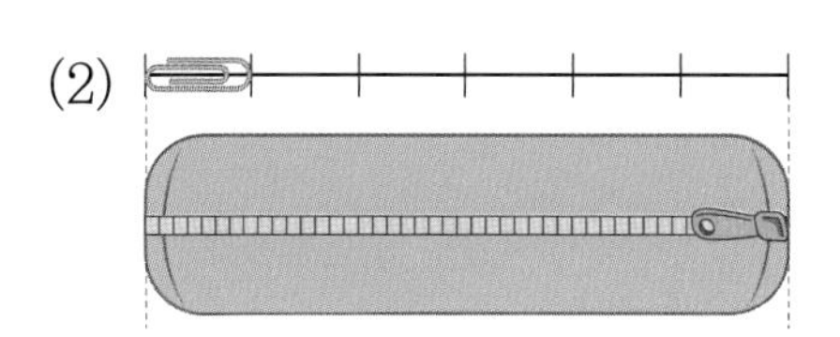

필통의 길이는 클립으로 □번입니다.

여러 가지 단위로 길이를 재어 수로 나타낼 수 있는지 묻는 문제예요.

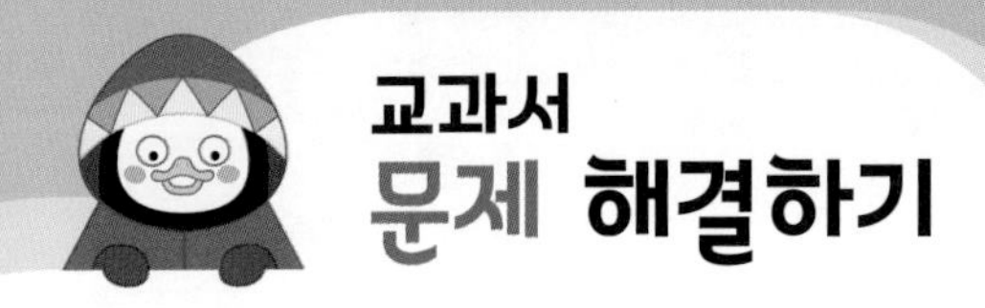
교과서
문제 해결하기

241004-0251

01 주변의 물건을 이용하여 '가'와 '나'의 길이를 비교해 보세요. 더 짧은 것은 어느 것인가요?

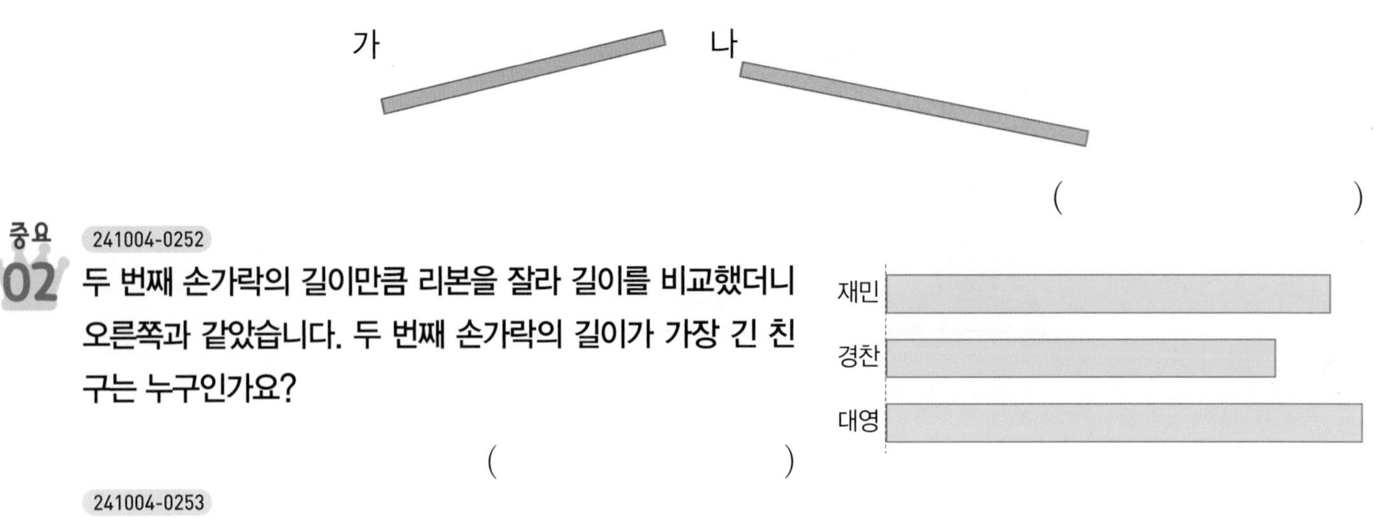
가
나
재민
경찬
대영

(　　　　　　　　)

중요 241004-0252

02 두 번째 손가락의 길이만큼 리본을 잘라 길이를 비교했더니 오른쪽과 같았습니다. 두 번째 손가락의 길이가 가장 긴 친구는 누구인가요?

(　　　　　　　　)

241004-0253

03 머리핀과 풀 중 더 긴 것은 어느 것인가요?

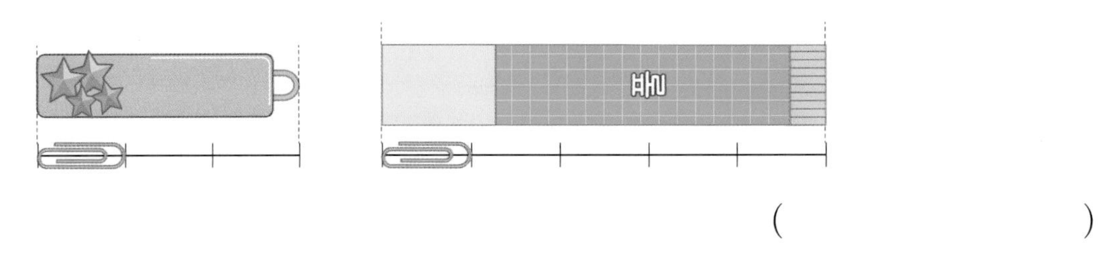
풀

(　　　　　　　　)

[04~06] 책상의 긴 쪽의 길이를 크레파스와 연필로 각각 재었습니다. 물음에 답하세요.

241004-0254

04 □ 안에 알맞은 수를 써넣으세요.

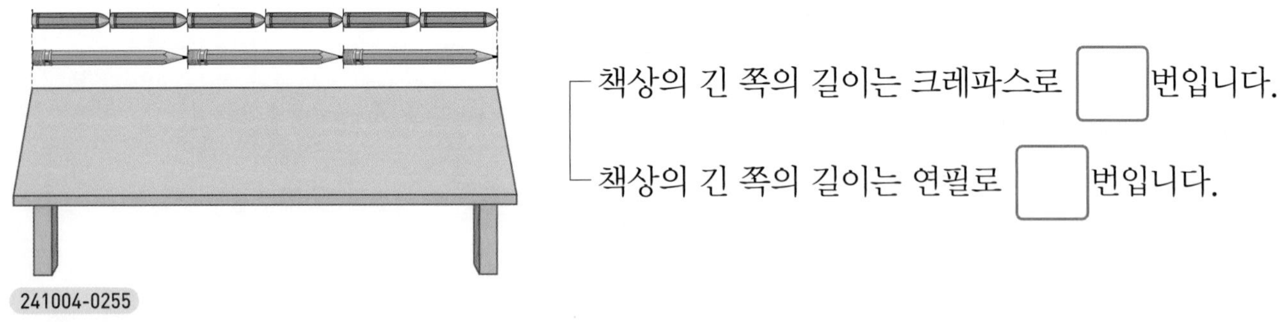
책상의 긴 쪽의 길이는 크레파스로 □번입니다.
책상의 긴 쪽의 길이는 연필로 □번입니다.

241004-0255

05 크레파스와 연필 중 단위길이가 더 긴 것은 어느 것인가요?

(　　　　　　　　)

241004-0256

06 알맞은 말에 ○표 하세요.

단위길이가 길수록 길이를 잰 횟수는 (많습니다 , 적습니다).

중요 241004-0257

07 텔레비전의 길이를 뼘으로 재었습니다. □ 안에 알맞은 수를 써넣으세요.

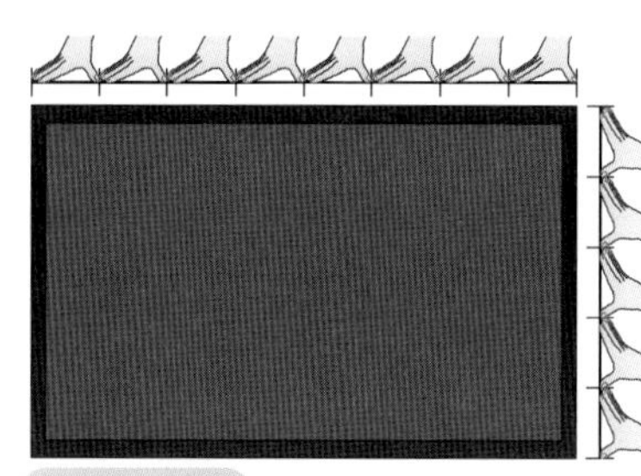

텔레비전의 긴 쪽의 길이는 □ 뼘이고,

짧은 쪽의 길이는 □ 뼘입니다.

241004-0258

08 지원이의 발로 길이를 재었더니 잰 횟수가 다음과 같았습니다. 길이가 가장 긴 것의 기호를 써 보세요.

㉠ 방문의 짧은 쪽: 6번쯤 ㉡ 책장의 짧은 쪽: 11번쯤 ㉢ 침대의 짧은 쪽: 9번쯤

( )

241004-0259

09 길이를 재는 단위로 사용하기에 좋지 않은 것은 어느 것인가요? ( )

① 지우개 ② 고무줄 ③ 바둑돌 ④ 머리핀 ⑤ 열쇠

도전 241004-0260

10 냉장고의 짧은 쪽의 길이를 뼘으로 재어 나타낸 것입니다. 한 뼘의 길이가 가장 짧은 친구는 누구일까요?

송주	지민	윤서
9뼘쯤	11뼘쯤	8뼘쯤

( )

도움말 단위길이가 짧을수록 길이를 잰 횟수가 많습니다.

실생활 활용 문제

241004-0261

11 유주는 새로 산 서랍장이 침대와 책상 사이의 공간인 ㉮에 들어가는지 알고 싶습니다. 서랍장의 길이를 연필로 재었더니 다음과 같았습니다. ㉮의 길이가 어떻게 되어야 서랍장이 들어가는지 □ 안에 알맞은 수를 써넣으세요.

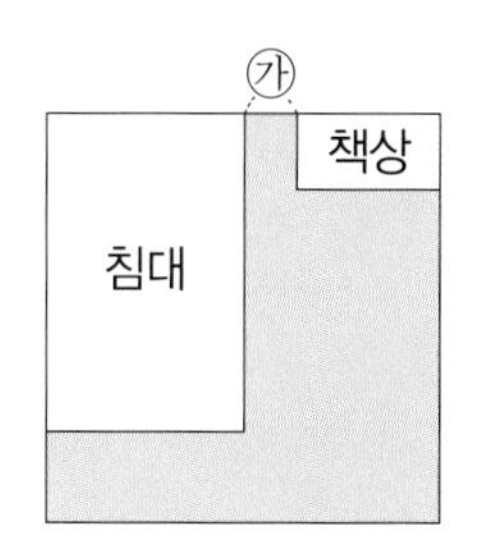

서랍장이 들어가려면 ㉮의 길이는

연필로 재었을 때 □ 번보다 길어야 합니다.

개념 3 1 cm를 알아볼까요

• 같은 길이를 재는 데 단위가 사람마다 다르면 정확한 길이를 알 수 없으므로 길이를 똑같이 나타낼 수 있는 단위가 필요합니다.

▭의 길이를 1 cm라 쓰고 1 센티미터라고 읽습니다.

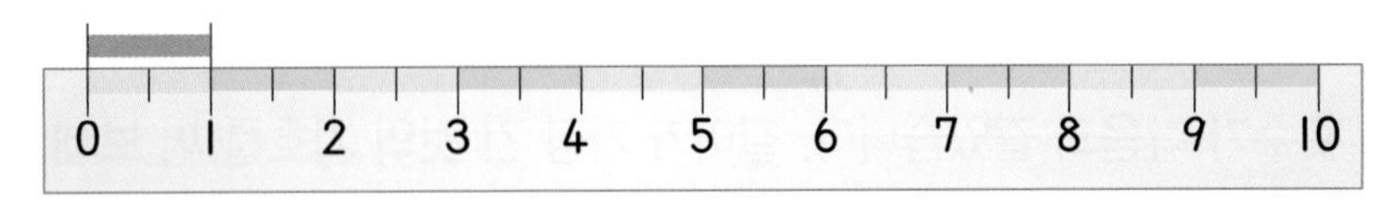

• 초록색 막대의 길이는 1 cm(▭)가 2번이므로 2 cm입니다.

• 1 cm는 세계에서 공통으로 사용하는 길이 단위 중 하나입니다.

• **1 cm가 ■번인 길이**
쓰기 ■ cm
읽기 ■센티미터

개념 4 자로 길이를 재는 방법을 알아볼까요

• 자를 이용하여 길이 재는 방법 (1)

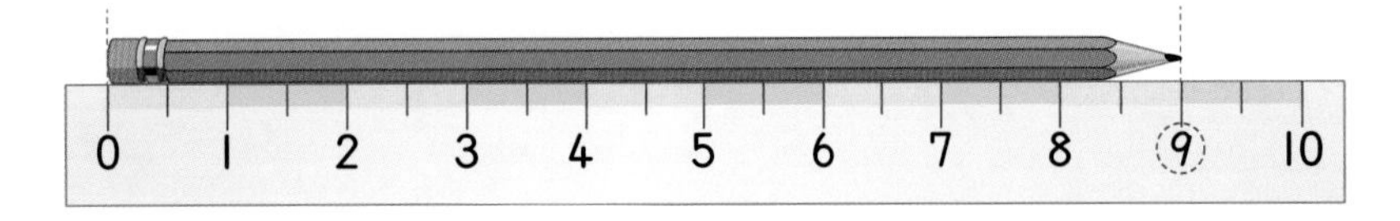

① 연필의 한쪽 끝을 자의 눈금 0에 맞춥니다.
② 연필의 다른 쪽 끝에 있는 자의 눈금을 읽습니다.
➡ 연필의 길이는 9 cm입니다.

• 자를 이용하여 길이 재는 방법 (2)

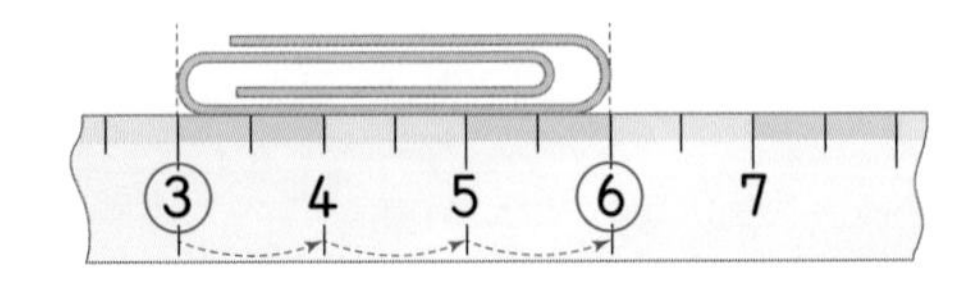

물건의 한쪽 끝이 0에 놓여 있지 않을 때, 한쪽 끝에서 다른 쪽 끝까지 1 cm가 몇 번 들어가는지 셉니다.
➡ 클립의 길이는 3 cm입니다.

• **자의 잘못된 사용**

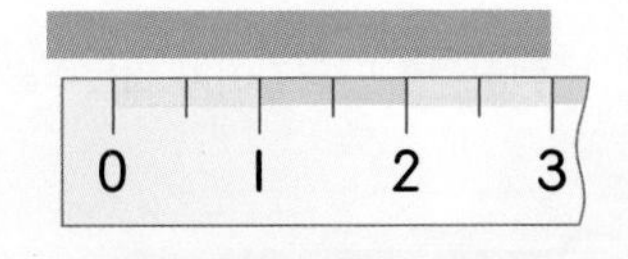

– 물건의 한쪽 끝을 자의 눈금 0에 잘 맞추어야 합니다.

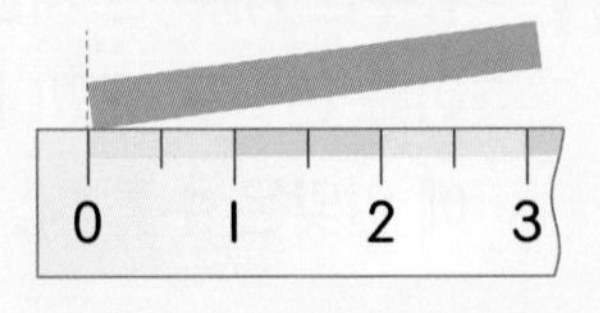

– 물건을 자와 나란히 놓아야 합니다.

문제를 풀며 이해해요

241004-0262

1 ▭의 길이를 1 cm라고 할 때 색 테이프의 길이를 알아보려고 합니다. 빈칸에 알맞게 써넣으세요.

색 테이프의 길이를 cm 단위로 나타낼 수 있는지 묻는 문제예요.

(1) ➡ 1 cm가 ☐번

쓰기 ______ 읽기 ______

(2) ➡ 1 cm가 ☐번

쓰기 ______ 읽기 ______

241004-0263

2 물건의 길이는 몇 cm인지 구해 보세요.

물건의 한쪽 끝을 자의 눈금 0에 잘 맞춘 뒤 다른 쪽 끝에 있는 자의 눈금을 읽어 보아요.

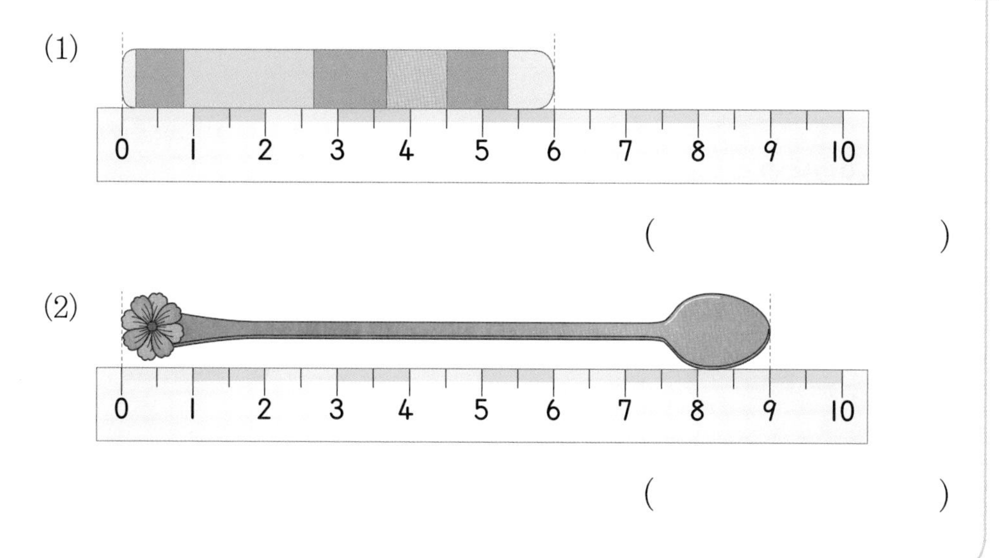

(1) (　　　　　　)

(2) (　　　　　　)

교과서
문제 해결하기

241004-0264

01 □ 안에 알맞게 써넣으세요.

0 1 2 3

▬의 길이를 □라 쓰고

□(이)라고 읽습니다.

241004-0265

02 막대를 5 cm만큼 색칠해 보세요.

1 cm

241004-0266

03 □ 안에 알맞은 수를 써넣으세요.

(1) 1 cm가 10번이면 □ cm입니다. (2) 7 cm는 1 cm로 □번입니다.

241004-0267

04 한 칸의 길이가 1 cm일 때 주어진 길이만큼 선을 그어 보세요.

6 cm

중요 241004-0268

05 막대의 길이를 자로 재면 몇 cm인가요?

( )

중요 241004-0269

06 아름이 이름표의 길이는 몇 cm인가요?

서 아 름

3 4 5 6 7 8 9 10

( )

241004-0270

07 숟가락의 한쪽 끝을 자의 눈금 2에 맞추고 숟가락의 다른 쪽 끝에 있는 자의 눈금을 읽었더니 10이었습니다. 숟가락의 길이는 몇 cm일까요?

( )

241004-0271

08 색 막대의 길이에 대한 설명 중 옳은 것을 찾아 기호를 써 보세요.

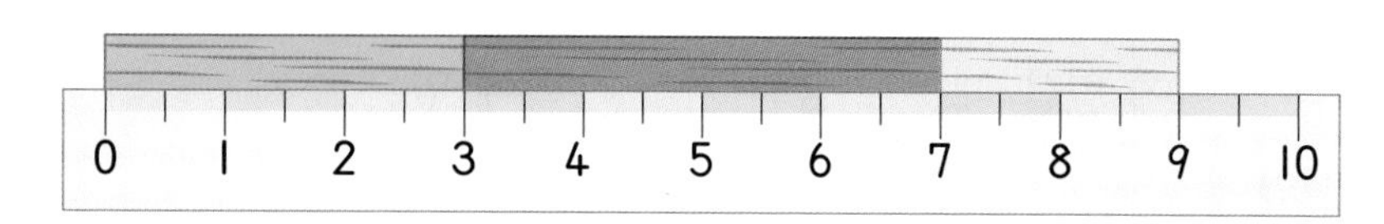

㉠ 노란색 막대의 길이는 9 cm입니다.
㉡ 주황색 막대와 노란색 막대의 길이를 더하면 7 cm입니다.
㉢ 파란색 막대와 노란색 막대의 길이를 더하면 5 cm입니다.

( )

241004-0272

09 이쑤시개가 면봉보다 몇 cm 더 긴지 자로 재어 구해 보세요.

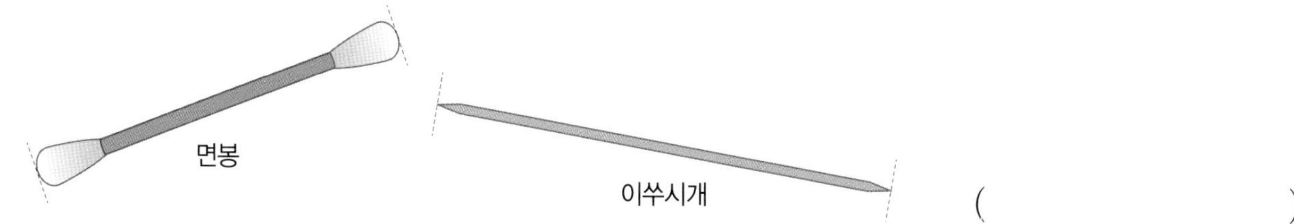

( )

도전 241004-0273

10 오른쪽 그림과 같이 한 변의 길이가 1 cm인 삼각형 4개를 이어 붙여 큰 삼각형 1개를 만들었습니다. 빨간색 선의 길이를 모두 더하면 몇 cm일까요?

( )

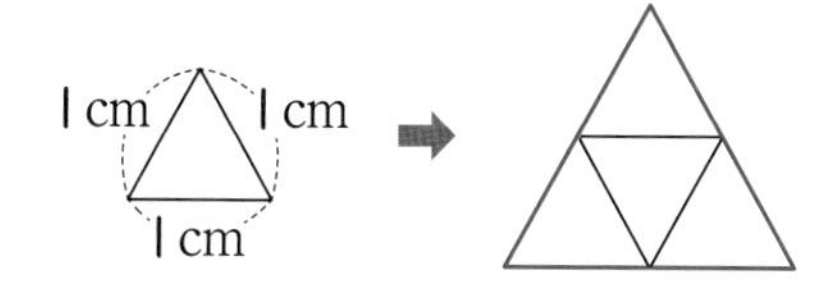

도움말 빨간색 선에 1 cm가 몇 개 들어가는지 알아봅니다.

실생활 활용 문제 241004-0274

11 겨울에 눈이 내리면 땅 위에 쌓여 있는 눈의 양을 cm 단위를 사용하여 '적설량'으로 나타냅니다. 적설량은 몇 cm인지 자로 재어 구해 보세요.

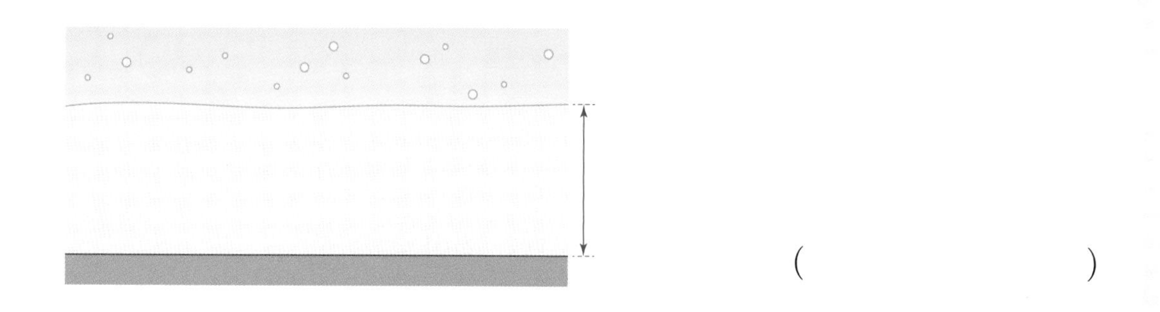

( )

개념 5 자로 길이를 재어 볼까요

• 길이가 자의 눈금 사이에 있을 때는 눈금과 가까운 쪽에 있는 숫자를 읽으며, 숫자 앞에 약을 붙여 말합니다.

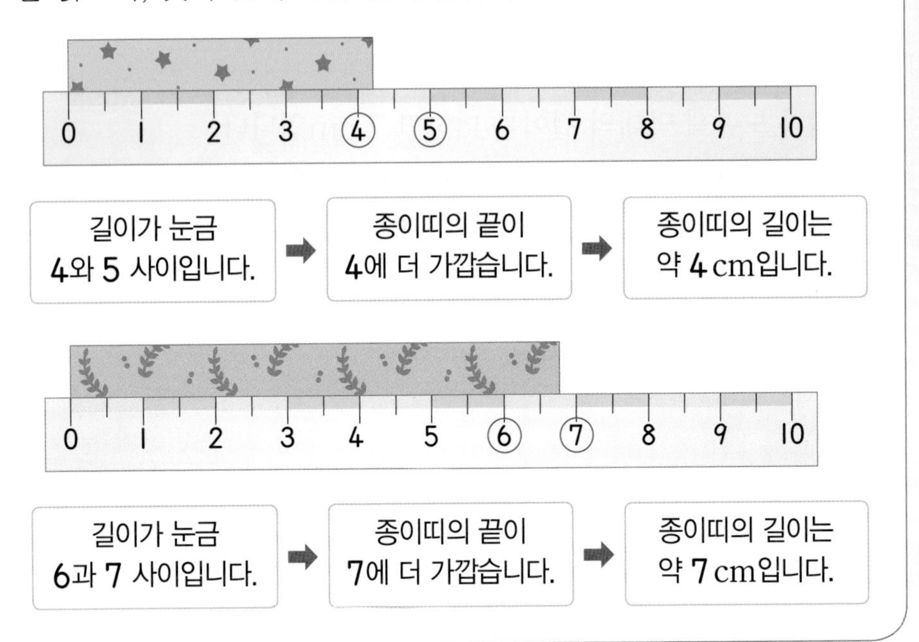

0 1 2 3 4 5 6 7 8 9 10
길이가 눈금 4와 5 사이입니다.
종이띠의 끝이 4에 더 가깝습니다.
종이띠의 길이는 약 4 cm입니다.
0 1 2 3 4 5 6 7 8 9 10
길이가 눈금 6과 7 사이입니다.
종이띠의 끝이 7에 더 가깝습니다.
종이띠의 길이는 약 7 cm입니다.

• **다양한 방법으로 길이 표현하기**
  - 4 cm보다 조금 더 깁니다.
  - 4 cm에 가깝습니다.
  - 길이가 4 cm와 5 cm 사이입니다.

개념 6 길이를 어림하고 어떻게 어림했는지 말해 볼까요

• 자를 사용하지 않고 물건의 길이가 얼마쯤인지 어림할 수 있습니다. 어림한 길이를 말할 때는 약 □ cm라고 합니다.

• 엄지손톱의 길이가 약 1 cm이므로 손톱을 옮겨가며 길이를 어림할 수 있습니다.

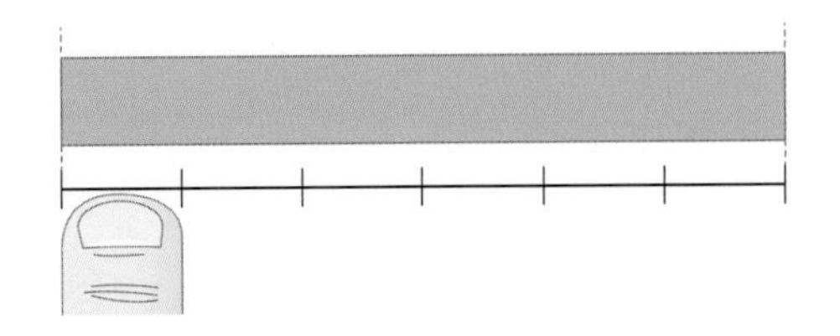

➡ 종이띠의 길이는 엄지손톱으로 6번쯤이므로 길이는 약 6 cm입니다.

• **어림한 길이**
  - 어림은 정확한 값이 아니므로 어림한 길이와 자로 잰 길이가 다를 수 있습니다.
  - 어림한 길이와 자로 잰 길이가 가까울수록 잘 어림한 것입니다.

문제를 풀며 이해해요

241004-0275

1 □ 안에 알맞은 수를 써넣으세요.

물건의 길이를 어림할 수 있는지 묻는 문제예요.

(1)

한쪽 끝이 눈금 □와/과 □ 사이에 있고 □에 더 가까우므로 색연필의 길이는 약 □ cm입니다.

(2)

물건의 한쪽 끝이 0일 때 다른 쪽 끝이 어느 눈금의 숫자에 더 가까운지 확인해 보아요.

한쪽 끝이 눈금 □와/과 □ 사이에 있고 □에 더 가까우므로 가위의 길이는 약 □ cm입니다.

241004-0276

2 연두색 막대의 길이가 4 cm라면 칫솔의 길이는 얼마인지 어림하고 자로 재어 확인해 보세요.

연두색 막대가 칫솔에 몇 번쯤 들어가는지 확인해 보아요.

어림한 길이는 약 □ cm입니다.

자로 잰 길이는 □ cm입니다.

교과서 문제 해결하기

241004-0277

01 □ 안에 알맞은 수를 써넣으세요.

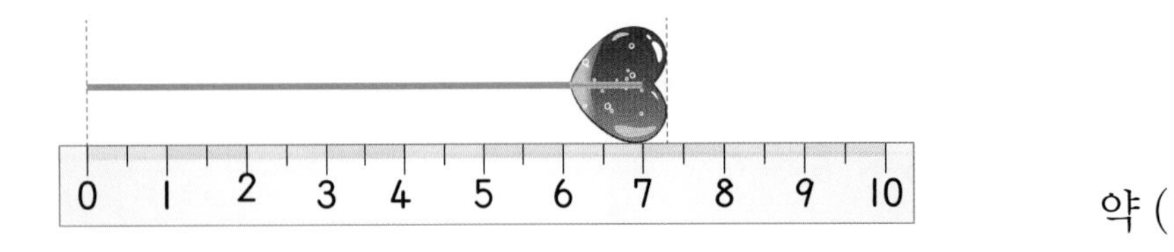

파란색 점은 2와 3 중에서 □에 더 가깝습니다.

빨간색 점은 4와 5 중에서 □에 더 가깝습니다.

241004-0278

02 집게의 길이를 바르게 나타낸 것을 모두 찾아 기호를 써 보세요.

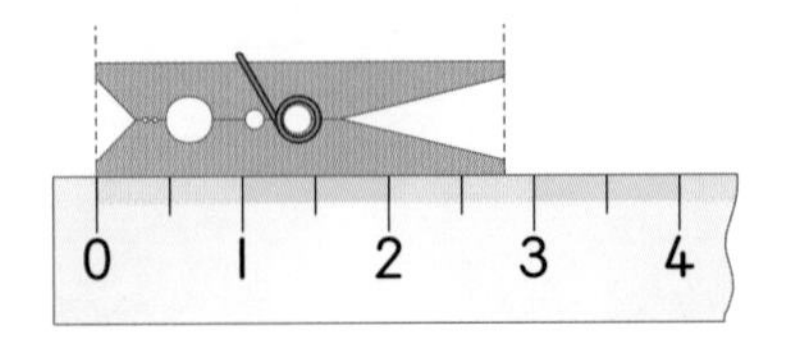

㉠ 약 3 cm입니다.　㉡ 약 2 cm입니다.
㉢ 3 cm보다 조금 깁니다.　㉣ 3 cm보다 조금 짧습니다.

(　　　　　　)

중요 241004-0279

03 사탕의 길이는 약 몇 cm인가요?

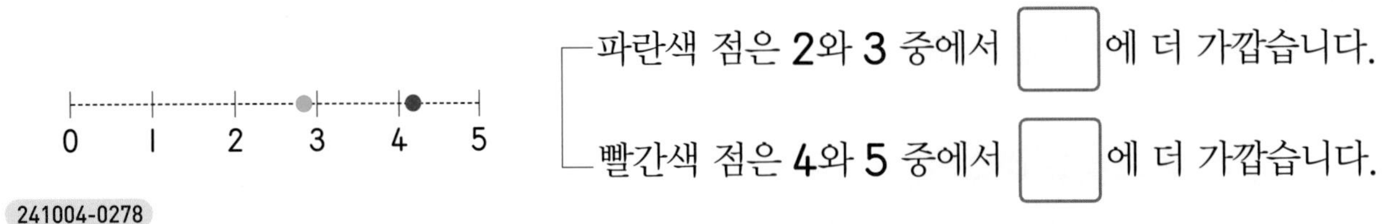

약 (　　　　　　)

241004-0280

04 열쇠의 길이는 약 몇 cm인지 자로 재어 보세요.

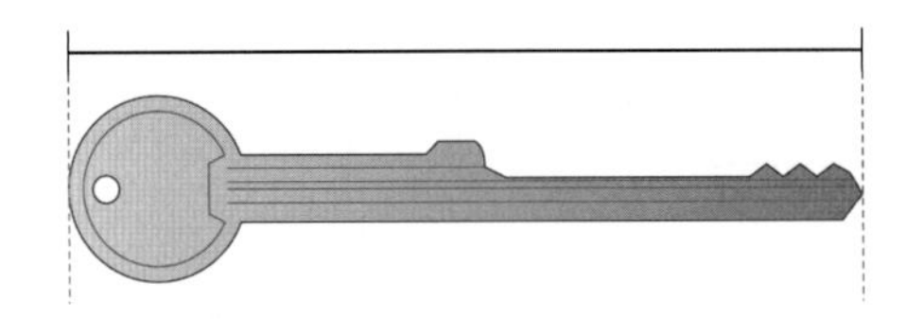

약 (　　　　　　)

241004-0281

05 볼펜의 길이를 약 9 cm로 어림했습니다. 자로 재어 보고 알맞은 말에 ○표 하세요.

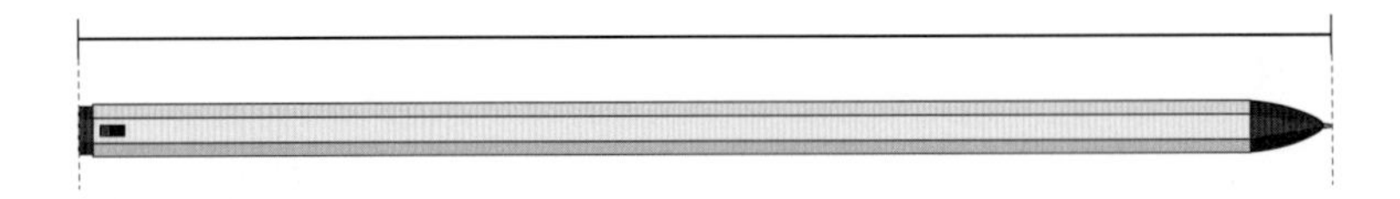

볼펜을 어림한 길이는 자로 잰 길이보다 (짧습니다 , 깁니다).

241004-0282

06 블럭의 길이는 약 몇 cm인가요?

약 (　　　　　　)

241004-0283

07 가의 길이는 6 cm입니다. 가를 이용하여 나의 길이를 어림하고 자로 재어 확인해 보세요.

가

나

어림한 길이 ➡ 약 (　　　　　　)

자로 잰 길이 ➡ (　　　　　　)

중요 241004-0284

08 엄지손톱의 길이는 약 1 cm입니다. 크레파스의 길이를 엄지손톱을 이용해 어림해 보세요.

약 (　　　　　　)

241004-0285

09 한 뼘의 길이는 약 10 cm입니다. 그림을 보고 피아노의 길이를 어림해 보세요.

약 (　　　　　　)

도전 241004-0286

10 선의 길이를 실제 길이에 더 가깝게 어림한 친구는 누구일까요?

주아: 약 9 cm라고 생각해.
나연: 약 6 cm인 것 같아.

도움말 자로 잰 길이와 어림한 길이의 차를 비교해 봅니다.

(　　　　　　)

실생활 활용 문제

241004-0287

11 형우는 깊이가 9 cm인 컵에 빨대를 꽂아 물을 마시려고 합니다. 어떤 빨대를 쓰면 좋을지 길이를 어림해 보고 자로 재어 찾아 기호를 써 보세요.

㉠

㉡

㉢

(　　　　　　)

241004-0288

01 리코더가 바구니에 들어가는지 알기 위해 리본을 잘라 길이를 비교하려고 합니다. 더 긴 쪽에 ○표 하세요.

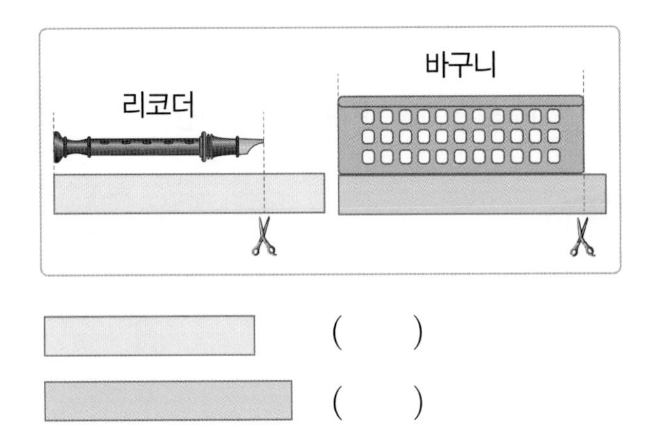

( )

( )

241004-0289

02 스피커의 긴 쪽의 길이만큼 끈을 자르려고 합니다. 바르게 잰 색깔의 끈을 찾아 잘라야 하는 곳에 선을 그어 보세요.

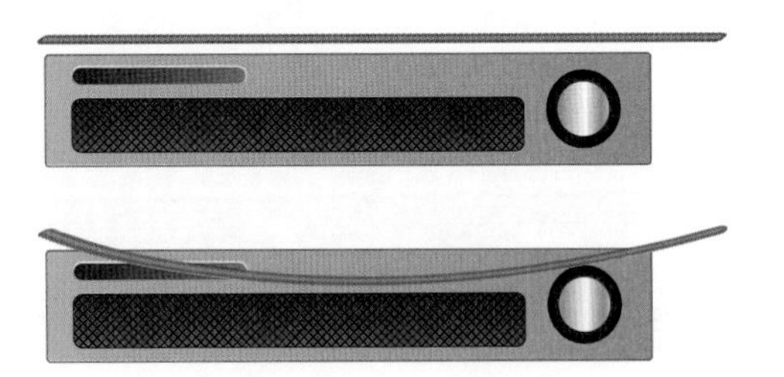

[03~04] 바둑돌과 지우개로 애호박의 길이를 재었습니다. 물음에 답하세요.

241004-0290

03 □ 안에 알맞은 수를 써넣으세요.

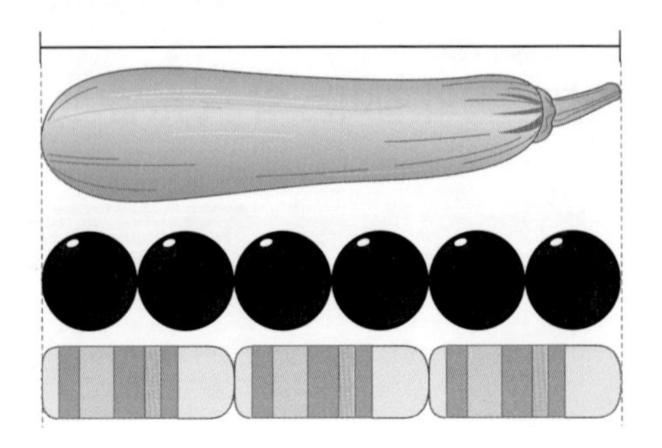

애호박의 길이는 바둑돌로 □번입니다.

애호박의 길이는 지우개로 □번입니다.

241004-0291

04 바둑돌과 지우개 중 길이를 잰 횟수가 더 적은 것은 어느 것인가요?

( )

241004-0292

05 돋보기의 길이는 클립으로 몇 번인가요?

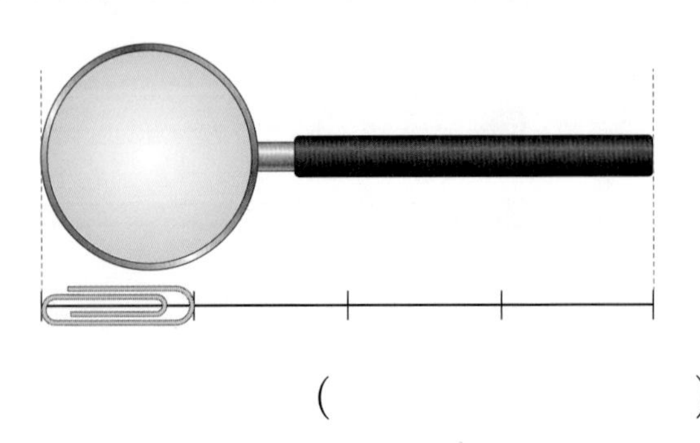

( )

241004-0293

06 1 cm와 길이가 비슷한 것은 어느 것일까요?

( )

① 젓가락의 길이 ② 엄지손톱의 길이
③ 볼펜의 길이 ④ 한 뼘의 길이
⑤ 실내화의 길이

중요 241004-0294

07 알맞은 것끼리 선으로 이어 보세요.

1 cm가 7번 •	• 5 cm
1 cm가 8번 •	• 7 cm
1 cm가 5번 •	• 8 cm

241004-0295

08 주어진 길이만큼 색칠해 보세요.

(1) 6 cm

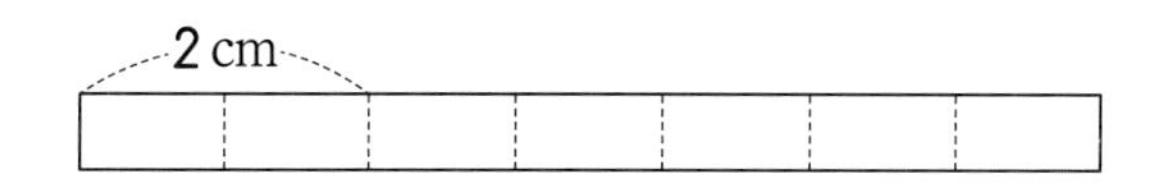

(2) 5 cm

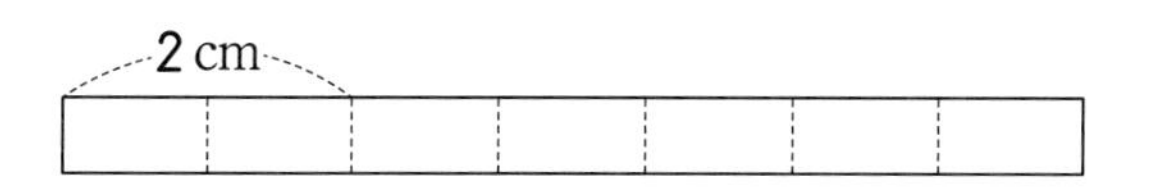

241004-0296

09 노란색 선과 빨간색 선의 길이를 자로 재어 비교하고, 더 짧은 선의 색깔을 써 보세요.

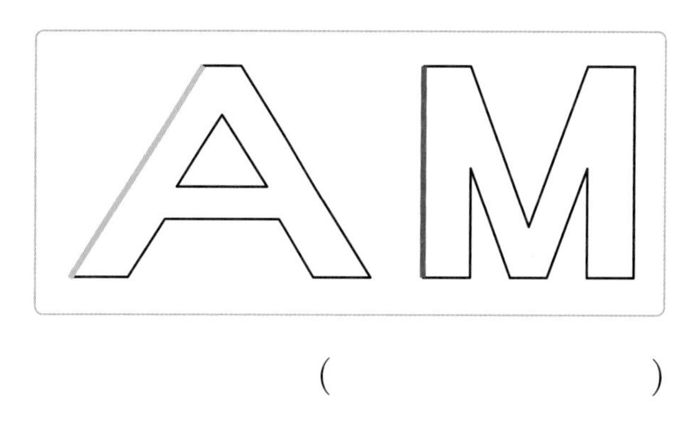

( )

241004-0297

10 1 cm가 7번인 화살표를 찾아 기호를 써 보세요.

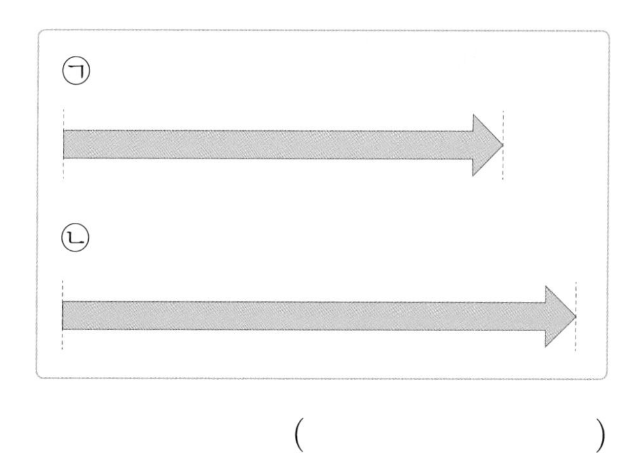

( )

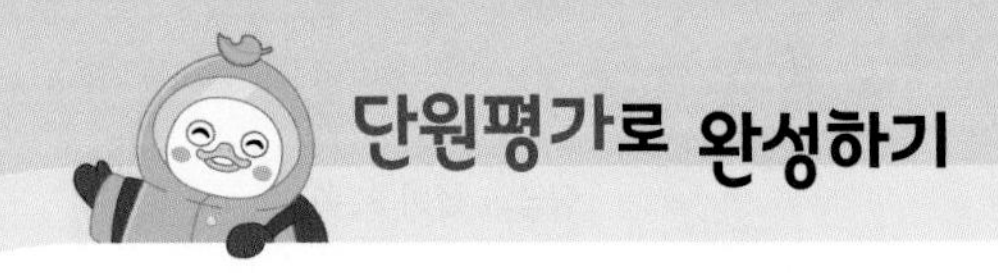

241004-0298

11 □ 안에 알맞은 수를 써넣으세요.

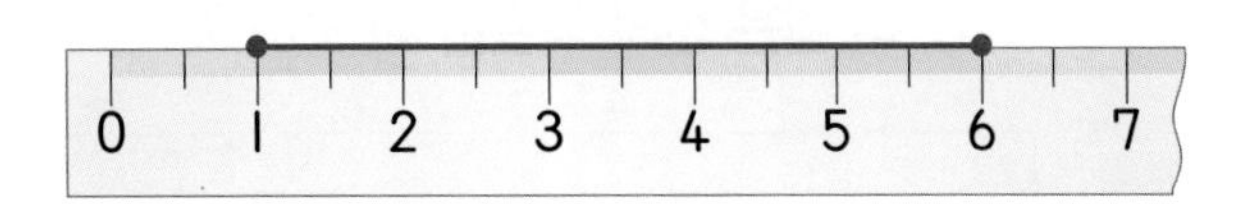

눈금 1부터 6까지의 길이는 1 cm가 □번

이므로 빨간색 선의 길이는 □cm입니다.

241004-0299

12 초록색 선은 몇 cm인지 바르게 말한 친구는 누구인가요?

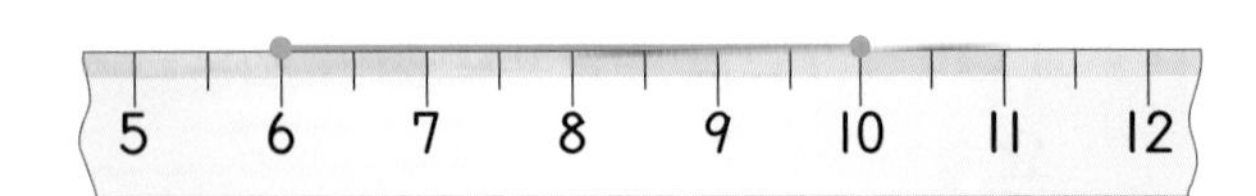

우진	제아	채원
4 cm	6 cm	10 cm

( )

241004-0300

13 과자의 길이를 자로 재어 보세요.

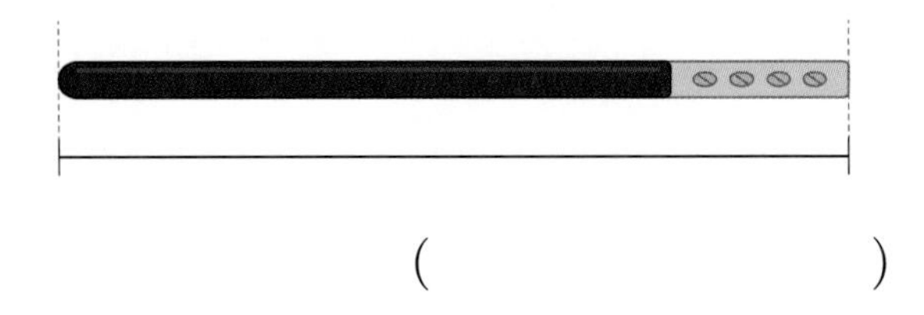

( )

도전 241004-0301

14 그림 카드에서 길이가 긴 변의 길이와 짧은 변의 길이를 더하면 몇 cm일까요?

( )

241004-0302

15 양초의 길이를 가장 잘 나타낸 것은 어느 것인가요? ( )

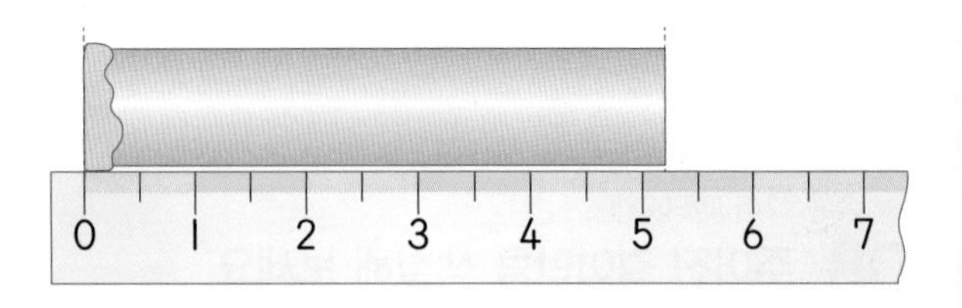

① 5 cm ② 6 cm
③ 약 5 cm ④ 약 6 cm
⑤ 약 7 cm

중요 241004-0303

16 막대의 길이는 약 몇 cm인가요?

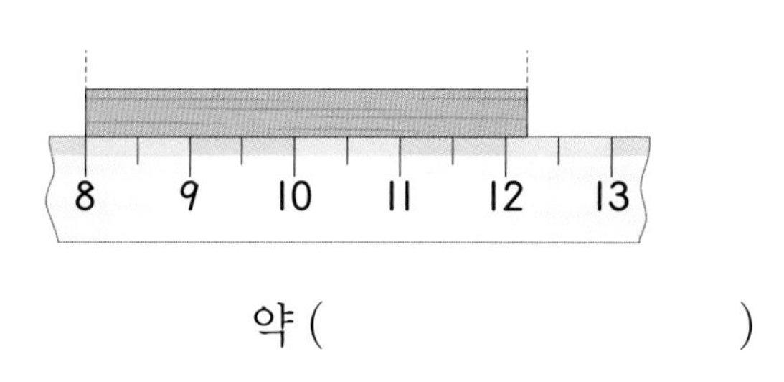

약 (　　　　　　　)

241004-0304

17 몸의 부분의 길이를 바르게 어림한 것끼리 선으로 이어 보세요.

발의 길이 •	• 약 20 cm
손끝에서 어깨까지의 길이 •	• 약 5 cm
다섯 번째 손가락의 길이 •	• 약 50 cm

241004-0305

18 파란색 막대의 길이는 1 cm입니다. 약병의 길이를 어림하고 자로 재어 □ 안에 알맞은 수를 써넣으세요.

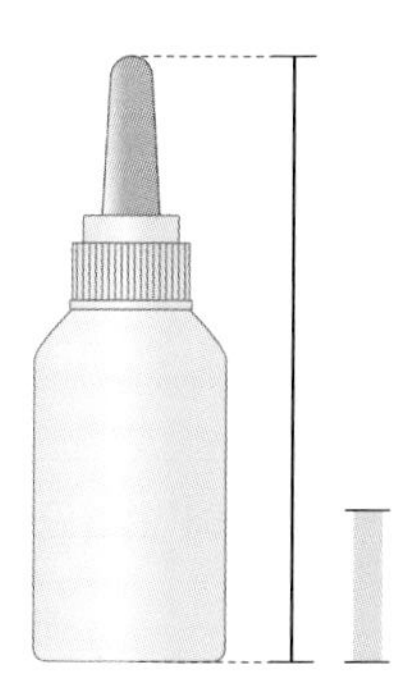

어림한 길이	자로 잰 길이
약 □ cm	□ cm

241004-0306

19 길이가 3 cm에 가장 가까운 선을 찾아 ○표 하세요.

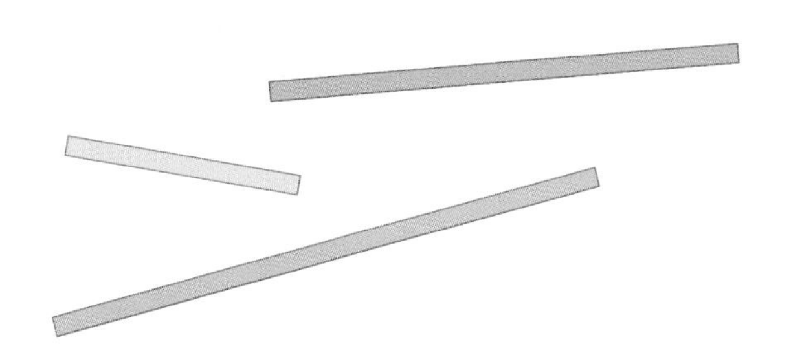

서술형 241004-0307

20 칠판 지우개의 긴 쪽의 길이를 실제 길이와 더 가깝게 어림한 친구는 누구인지 구해 보세요.

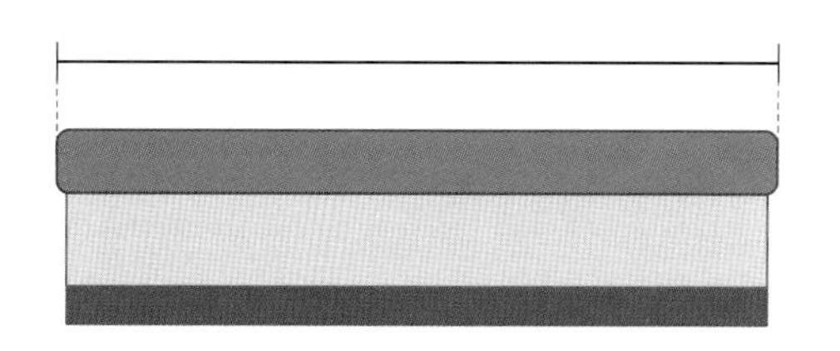

선주: 지우개의 긴 쪽의 길이는 10 cm쯤 될 것 같아.
준우: 나는 7 cm쯤 될 것 같아.

풀이

(1) 칠판 지우개의 긴 쪽의 길이를 자로 재어 보면 (　　　　) cm입니다.

(2) 실제 길이와 선주가 어림한 길이의 차는 (　　　　) cm이고, 준우가 어림한 길이의 차는 (　　　　) cm입니다.

(3) 실제 길이와 더 가깝게 어림한 친구는 (　　　　)입니다.

답 ____________

5

분류하기

단원 학습 목표

1. 분류는 어떻게 하는지 알아보고 기준에 따라 분류할 수 있습니다.
2. 분류하여 세어 보고 분류한 결과를 말할 수 있습니다.

단원 진도 체크

회차	학습 내용		진도 체크
1차	교과서 개념 배우기 + 문제 해결하기	**개념 1** 분류는 어떻게 할까요 **개념 2** 기준에 따라 분류해 볼까요	✓
2차	교과서 개념 배우기 + 문제 해결하기	**개념 3** 분류하여 세어 볼까요 **개념 4** 분류한 결과를 말해 볼까요	✓
3차	단원평가로 완성하기	확인 평가를 통해 단원 학습 내용을 확인해 보아요	✓

해당 부분을 공부하고 나서 ✓표를 하세요.

지호와 친구는 문구점에 왔어요. 무엇을 살지 보다가 물건이 담겨 있는 상자를 쏟아 버렸어요. 여러 가지 물건이 섞여 있어서 어떻게 정리해야 할지 모르겠어요. 어떻게 해야 보기 쉽게 정리할 수 있을까요?

이번 5단원에서는 분류는 어떻게 하는지 알아보고 기준에 따라 분류한 후 분류한 결과를 세어 보고 결과를 말하는 방법에 대해 배울 거예요.

개념 1 분류는 어떻게 할까요

• 어떤 기준을 정해서 나누는 것을 분류라고 합니다.
• 정은이와 은학이가 좋아하는 옷과 좋아하지 않는 옷으로 분류했습니다.

	좋아하는 옷	좋아하지 않는 옷
정은	㉠, ㉡, ㉤	㉢, ㉣, ㉥
은학	㉠, ㉣, ㉥	㉡, ㉢, ㉤

➡ 정은이와 은학이가 분류한 것이 서로 다릅니다.
➡ 사람마다 좋아하는 옷이 다를 수 있으므로 분류 기준으로 적당하지 않습니다.

• **분류 기준 정하는 방법**
① 모두가 인정하는 분명한 기준
② 누가 분류하더라도 같은 결과가 나올 수 있는 기준
③ 모든 물건이 나누어질 수 있는 기준

개념 2 기준에 따라 분류해 볼까요

• 색깔을 기준으로 옷을 분류했습니다.

빨간색	노란색	파란색
㉠, ㉣	㉢, ㉥	㉡, ㉤

• 무늬를 기준으로 옷을 분류했습니다.

♡	☆	무늬없음
㉠, ㉤	㉣, ㉥	㉡, ㉢

➡ 분명한 기준을 세우면 누가 분류해도 결과가 같습니다.

• 분명한 기준으로 분류하면 물건을 찾을 때 정확하게 찾을 수 있습니다.

문제를 풀며 이해해요

241004-0308

1 분류 기준으로 알맞은 것을 찾아 기호를 써 보세요.

㉠ 흰색 신발과 검은색 신발
㉡ 좋아하는 신발과 좋아하지 않는 신발
㉢ 편한 신발과 편하지 않은 신발

( )

분류 기준을 알고 바르게 분류할 수 있는지 묻는 문제예요.

분류 기준을 정할 때는 누가 분류하더라도 같은 결과가 나올 수 있어야 해요.

241004-0309

2 주어진 기준으로 분류하여 빈 곳에 기호를 써넣으세요.

하늘을 날 수 있는 동물	
하늘을 날 수 없는 동물	

분류한 다음에는 빠뜨리거나 중복하여 센 것이 있는지 확인해 보아요.

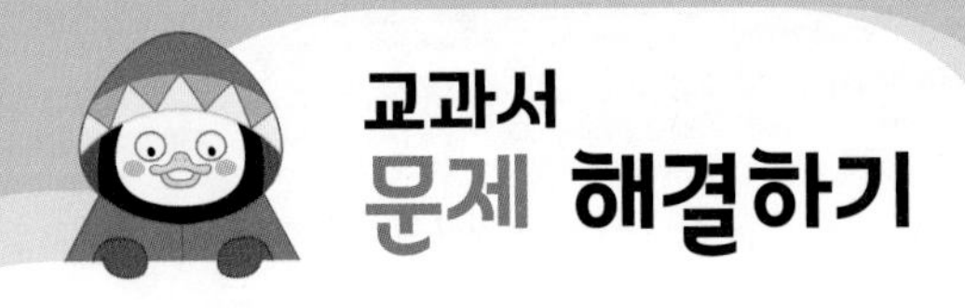

교과서 문제 해결하기

241004-0310

01 연수는 양말을 다음과 같이 분류했습니다. 연수가 정한 분류 기준이 무엇인지 써 보세요.

파란색 양말	흰색 양말	노란색 양말

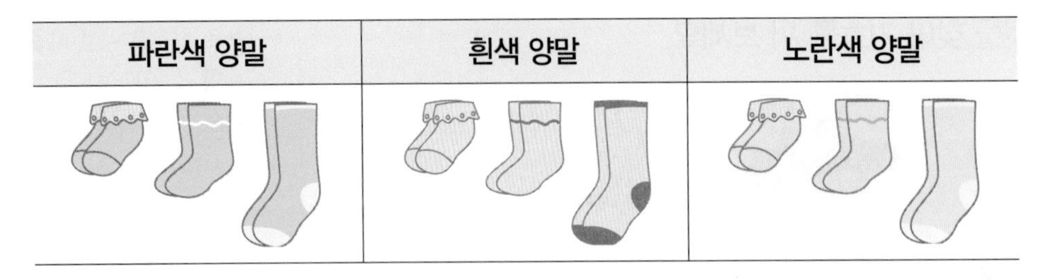

(　　　　　　　　　　)

241004-0311

02 연필을 연필꽂이 두 개에 정리하려고 합니다. 어떻게 분류하여 정리하면 좋을지 써 보세요.

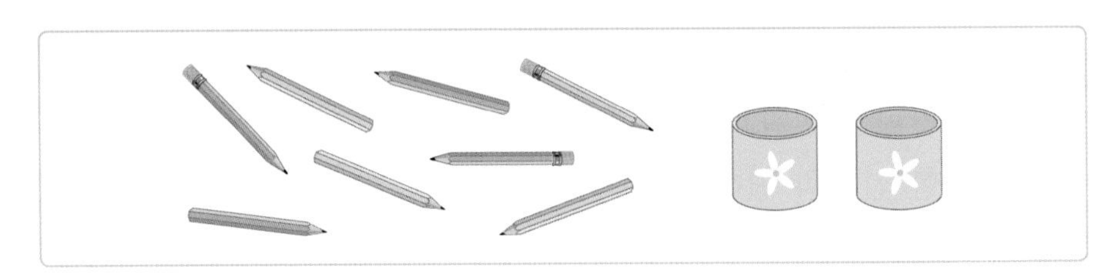

____

중요 241004-0312

03 지은이가 아이스크림을 분류했습니다. 분류 기준으로 알맞지 않은 이유를 쓰고 알맞은 분류 기준을 한 가지만 써 보세요.

이유 _______________________________

분류 기준 _______________

241004-0313

04 기준을 정하여 과일을 분류했습니다. 분류 기준을 쓰고, □ 안에 알맞은 말을 써넣으세요.

분류 기준 _______________

□	□	□
포도, 블루베리	사과, 딸기	레몬, 바나나

241004-0314

05 다음과 같이 정리하였습니다. 잘못 분류된 칸의 기호를 써 보세요.

㉠ 사전	㉡ 동화책	㉢ 교과서
한글 사전, 동물 사전, 공룡 사전	춘향전, 피터팬, 혹부리 영감	국어, 수학, 봄, 백설공주

( )

도전 241004-0315

06 과자를 분류할 수 있는 기준을 2가지 찾아 써 보세요.

분류 기준 1	
분류 기준 2	

도움말 어느 누가 분류해도 결과가 같도록 분류 기준을 찾습니다.

중요 241004-0316

07 다음 중 옳지 않은 것은 어느 것일까요? ( )

① 분류하면 정리가 되어 있어 보기에 좋습니다.
② 분류하면 다음에 내가 원하는 것을 쉽게 찾을 수 있습니다.
③ 분류 기준이 다르면 분류한 것이 다릅니다.
④ 하나의 기준으로만 분류할 수 있습니다.

실생활 활용 문제 241004-0317

08 은주가 엄마와 함께 냉장고를 정리하려고 합니다. 물음에 답하세요.

사과

복숭아

닭고기

돼지고기

소고기

감

(1) 분류 기준을 정해 보세요. 분류 기준 ____________

(2) 기준에 따라 분류해 보세요.

종류		
음식 이름		

개념 3 분류하여 세어 볼까요

• 사탕을 맛에 따라 분류하여 세어 봅시다.

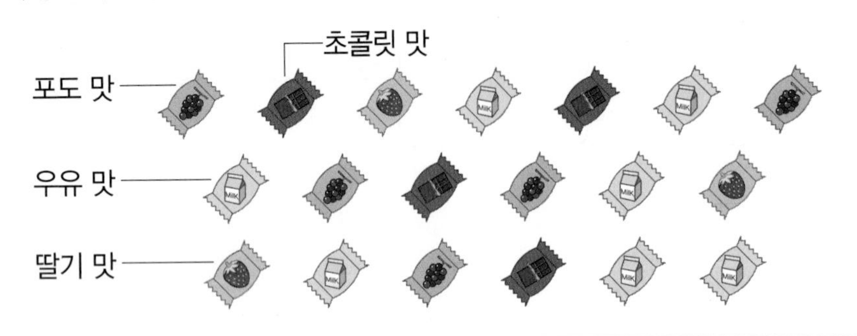

맛	포도 맛	딸기 맛	우유 맛	초콜릿 맛
세면서 표시하기	卌	///	卌 //	////
사탕 수(개)	5	3	7	4

➡ 수를 셀 때는 여러 번 세거나 빠뜨리지 않도록 합니다.

• **주의할 점**
① 조사한 자료를 셀 때 자료를 빠뜨리지 않고 모두 세기 위해서 센 것에는 표시하며 셉니다.
② 모든 자료를 세어 본 후에는 전체 수와 센 결과가 일치하는지 확인합니다.

개념 4 분류한 결과를 말해 볼까요

• 빵 가게에서 팔린 빵을 종류에 따라 분류하고 분류한 결과를 말해 봅시다.

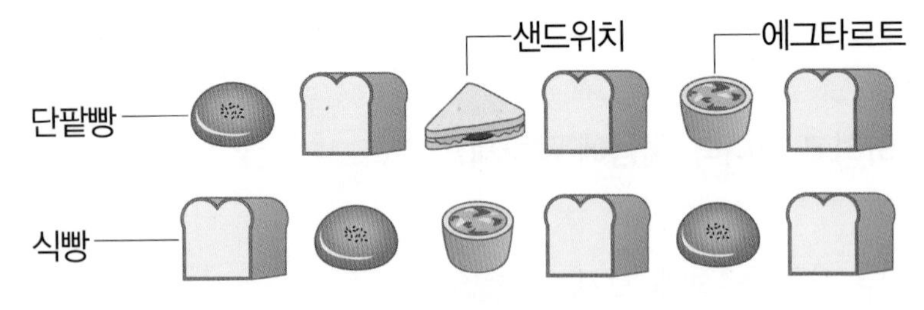

종류	단팥빵	식빵	에그타르트	샌드위치
빵 수(개)	3	6	2	1

➡ 식빵이 가장 많이 팔렸으므로 식빵을 더 많이 준비하면 좋습니다.

• **분류되어 있으면 편리한 점**
① 쉽게 찾을 수 있습니다.
② 정리되어 깔끔합니다.
③ 무엇이 더 많은지 적은지 비교하기 편리합니다.

문제를 풀며 이해해요

241004-0318

1 **연서네 반 친구들이 학급에서 키우고 싶어 하는 곤충을 조사하였습니다. 물음에 답하세요.**

기준에 따라 분류하여 세어 보기를 할 수 있는지 묻는 문제예요.

장수풍뎅이	나비	사슴벌레	나비	장수풍뎅이	사슴벌레
사슴벌레	사슴벌레	장수풍뎅이	매미	사슴벌레	나비
나비	매미	장수풍뎅이	사슴벌레	사슴벌레	장수풍뎅이

(1) 곤충에 따라 분류하여 그 수를 세어 보세요.

먼저 키우고 싶어 하는 곤충에 따라 수를 표시하면서 세어 보아요.

곤충	장수풍뎅이	사슴벌레	매미	나비
세면서 표시하기				
학생 수(명)				

(2) 가장 많은 친구들이 키우고 싶어 하는 곤충은 무엇인가요?

( )

곤충에 따라 분류하여 센 수를 비교해 보아요.

(3) 가장 적은 친구들이 키우고 싶어 하는 곤충은 무엇인가요?

( )

(4) 학급에서 키우면 좋을 곤충은 무엇인가요?

( )

교과서
문제 해결하기

[01~02] 카드 뒤집기 놀이를 하였습니다. 물음에 답하세요.

241004-0319

01 카드를 색깔에 따라 분류하여 그 수를 세어 보세요.

색깔	검은색	흰색
카드 수(장)		

중요 241004-0320

02 정화네 모둠의 카드는 흰색이고 혁수네 모둠의 카드는 검은색입니다. 카드의 수가 많은 모둠이 이길 때 이긴 모둠은 어느 모둠인가요?

( )

[03~05] 은희가 모아두었던 종이접기 작품을 꺼내 보았습니다. 물음에 답하세요.

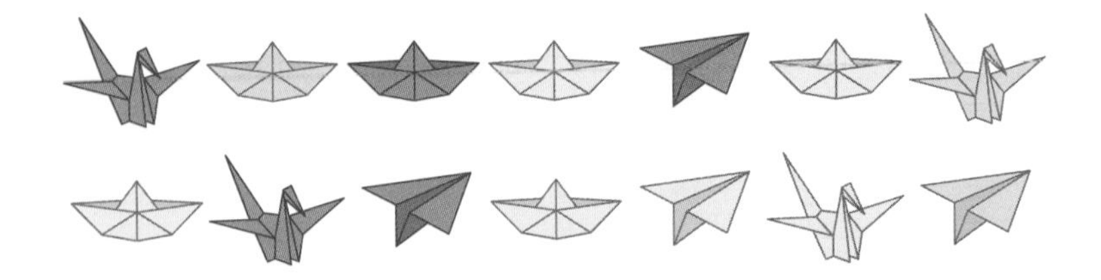

241004-0321

03 종이접기 작품을 모양에 따라 분류하여 그 수를 세어 보세요.

모양	배	비행기	학
작품 수(개)			

241004-0322

04 종이접기 작품을 색깔에 따라 분류하여 그 수를 세어 보세요.

색깔	빨간색	노란색	파란색
작품 수(개)			

중요 241004-0323

05 은희는 다음과 같은 기준을 만들었습니다. 기준에 알맞은 종이접기 작품은 모두 몇 개인가요?

- 탈것을 만든 작품입니다.
- 빨간색 색종이로 접었습니다.

( )

[06~07] 지난달 날씨를 조사하였습니다. 물음에 답하세요.

일	월	화	수	목	금	토
	1 ☂	2 ☀	3 ☀	4 ☀	5 ☀	6 ☀
7 ☀	8 ☁	9 ☂	10 ☁	11 ☀	12 ☁	13 ☂
14 ☀	15 ☀	16 ☀	17 ☀	18 ☂	19 ☁	20 ☁
21 ☀	22 ☂	23 ☂	24 ☂	25 ☁	26 ☁	27 ☁
28 ☀	29 ☀	30 ☀				

☀ : 맑은 날
☁ : 흐린 날
☂ : 비 온 날

241004-0324
06 지난달 날씨를 분류하여 그 수를 세어 보세요.

날씨	맑은 날	흐린 날	비 온 날
날수(일)			

도전 241004-0325
07 알맞은 말에 ○표 하고, □ 안에 알맞은 수를 써넣으세요.

지난달에 (맑은 날 , 흐린 날, 비 온 날)이 □일로 가장 많았고,

(맑은 날 , 흐린 날, 비 온 날)이 □일로 가장 적었습니다.

도움말 분류하여 수로 나타낸 것을 이용하여 알아봅니다.

실생활 활용 문제 241004-0326
08 민영이와 엄마의 대화를 읽고 물음에 답하세요.

여기 통 2개가 있어. 통 2개에 어떻게 분류할까?
엄마 제가 분류 기준을 정해 볼게요.

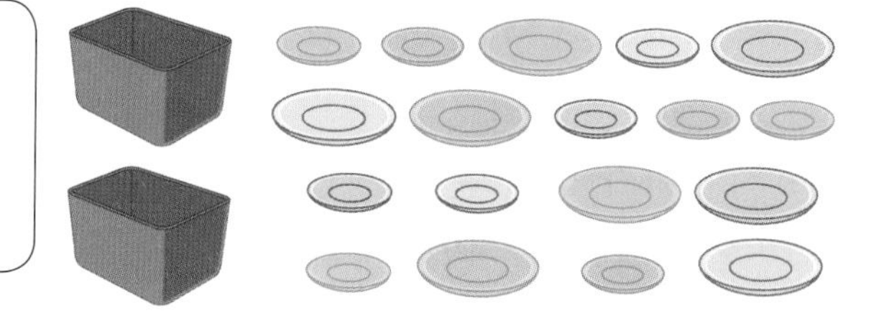

(1) 그릇을 어떻게 분류하여 정리하면 좋을까요? (　　　　　　)

(2) 통 2개에 담긴 그릇 수의 차는 몇 개일까요? (　　　　　　)

단원평가로 완성하기

241004-0327

01 분류 기준으로 알맞은 것을 찾아 ○표 하세요.

좋아하는 인형과 좋아하지 않은 인형 (　　　)

새 인형과 오래된 인형 (　　　)

다리가 있는 인형과 없는 인형 (　　　)

중요 241004-0328

02 지헌이는 구슬을 아래 기준으로 분류하려고 합니다. 빈칸에 알맞은 말에 ○표 하세요.

분류 기준	예쁜 구슬과 예쁘지 않은 구슬

- 분류 기준을 정할 때는 누가 분류하더라도 (같은 , 다른) 결과가 나올 수 있도록 해야 합니다.
- 지헌이가 정한 분류 기준은 (알맞습니다 , 알맞지 않습니다).

241004-0329

03 크기를 기준으로 분류할 수 있는 것을 찾아 기호를 써 보세요.

㉠	
㉡	
㉢	
㉣	

(　　　　　　)

[04~05] 어떻게 분류하면 좋을지 분류 기준을 써 보세요.

241004-0330

04

분류 기준 ____________________

241004-0331

05

분류 기준 ____________________

[06~07] 현우가 가지고 있는 컵입니다. 물음에 답하세요.

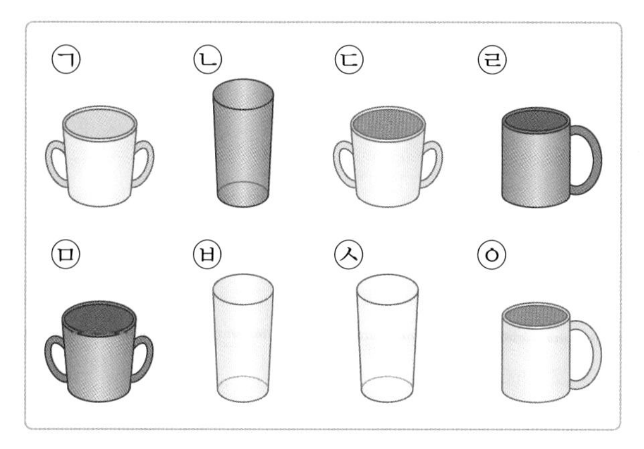

241004-0332

06 컵을 색깔에 따라 분류하여 기호를 써 보세요.

색깔	기호
빨간색	
초록색	
파란색	

241004-0333

07 컵을 손잡이 수에 따라 분류하여 기호를 써 보세요.

손잡이 수	기호
0개	
1개	
2개	

241004-0334

08 칠판에 한글 자석이 붙어 있습니다. 기준을 정하여 분류해 보세요.

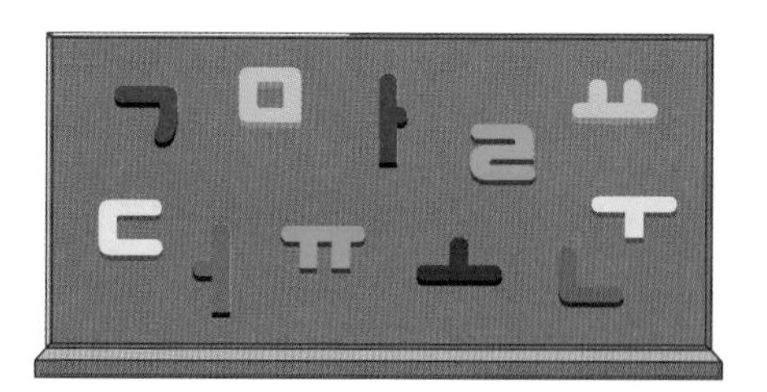

분류 기준	

종류		
자석		

[09~10] 정아가 음식을 냉장고에 정리하려고 합니다. 물음에 답하세요.

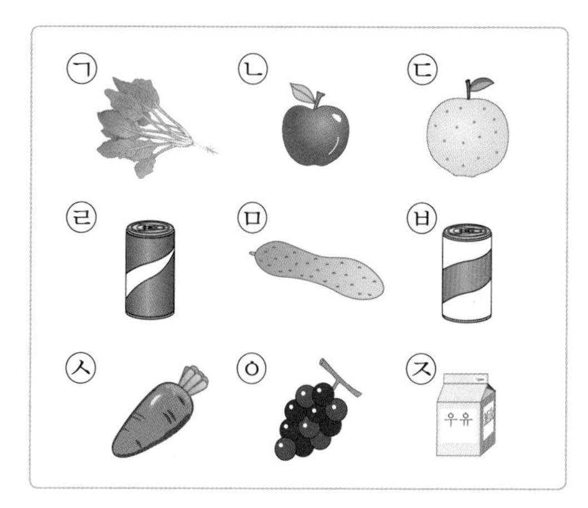

241004-0335

09 음식을 종류에 따라 분류하여 기호를 써 보세요.

종류	기호
채소	
과일	
음료	

중요 241004-0336

10 정아 오빠가 집에 오는 길에 귤을 사 왔습니다. 귤은 어디에 분류해야 할까요?

( )

[11~13] 아인이는 상자에 담아 놓은 단추를 꺼내 보았습니다. 물음에 답하세요.

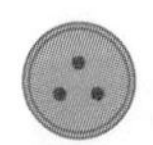 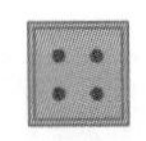 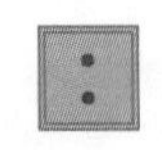  

 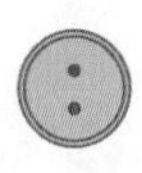  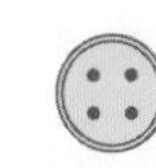 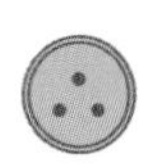

 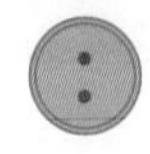  

241004-0337

11 단추를 색깔에 따라 분류하여 그 수를 세어 보세요.

색깔	주황색	초록색	보라색
세면서 표시하기			
단추 수(개)			

241004-0338

12 단추를 구멍 수에 따라 분류하여 그 수를 세어 보세요.

구멍 수	2개	3개	4개
세면서 표시하기			
단추 수(개)			

241004-0339

13 단추의 모양에 따라 분류하여 그 수를 세어 보세요.

모양	□	○	♡
세면서 표시하기			
단추 수(개)			

[14~16] 도현이가 장난감을 정리하려고 합니다. 물음에 답하세요.

241004-0340

14 장난감을 색깔에 따라 분류하여 그 수를 세어 보세요.

색깔	빨간색	노란색	초록색
장난감 수(개)			

241004-0341

15 장난감을 모양에 따라 분류하여 그 수를 세어 보세요.

모양	□	○	△
장난감 수(개)			

241004-0342

16 장난감을 분류할 수 있는 다른 분류 기준을 한 가지만 써 보세요.

분류 기준 ______________________

[17~18] 과일 가게에서 일주일 동안 팔린 과일을 조사했습니다. 물음에 답하세요.

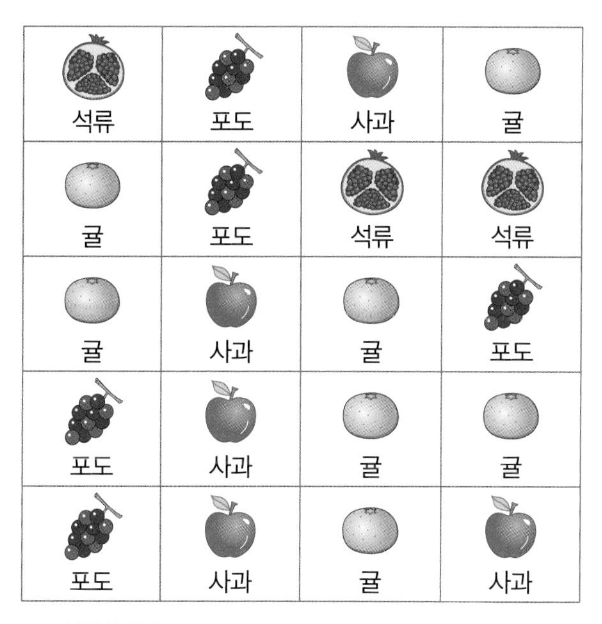

석류
포도
사과
귤
귤
포도
석류
석류
귤
사과
귤
포도
포도
사과
귤
귤
포도
사과
귤
사과

241004-0343

17 나만의 분류 기준을 정해 보세요.

분류 기준 ____________________

도전 241004-0344

18 17번에서 정한 분류 기준에 따라 분류하여 그 수를 세어 보세요.

[19~20] 학교에 있는 공을 종류별로 세어 보려고 합니다. 물음에 답하세요.

241004-0345

19 공을 분류하여 그 수를 세어 보세요.

종류	배구공	농구공	축구공
공 수(개)			

서술형 241004-0346

20 가장 적은 공의 개수가 가장 많은 공의 개수와 같아지도록 가장 적은 공을 더 사려고 합니다. 어떤 공을 얼마만큼 사야 하는지 구해 보세요.

풀이

(1) (   )이 (   )개로 가장 적습니다.

(2) (   )이 (   )개로 가장 많습니다.

(3) (   )을 (   )개 더 사면 됩니다.

답 ____________________

6

곱셈

단원 학습 목표

1. 여러 가지 방법으로 물건의 수를 세어 보고 묶어 세기의 편리함을 알 수 있습니다.
2. '몇씩 몇 묶음'을 '몇의 몇 배'로 나타냄으로써 배의 개념을 알 수 있습니다.
3. 곱셈 상황을 이해하고 곱셈식으로 나타낼 수 있습니다.

단원 진도 체크

회차	학습 내용		진도 체크
1차	교과서 개념 배우기 + 문제 해결하기	**개념 1** 여러 가지 방법으로 세어 볼까요 **개념 2** 묶어 세어 볼까요	✓
2차	교과서 개념 배우기 + 문제 해결하기	**개념 3** 몇의 몇 배를 알아볼까요 **개념 4** 몇의 몇 배를 나타내 볼까요	✓
3차	교과서 개념 배우기 + 문제 해결하기	**개념 5** 곱셈을 알아볼까요(1) **개념 6** 곱셈을 알아볼까요(2)	✓
4차	교과서 개념 배우기 + 문제 해결하기	**개념 7** 곱셈식으로 나타내 볼까요(1) **개념 8** 곱셈식으로 나타내 볼까요(2)	✓
5차	단원평가로 완성하기	확인 평가를 통해 단원 학습 내용을 확인해 보아요	✓

해당 부분을 공부하고 나서 ✓표를 하세요.

오늘은 우리 반 체험학습 날입니다. 서우는 친구들과 여러 가지 놀이기구를 탈 생각에 신이 납니다. 놀이공원에는 대관람차도 있고, 코끼리 열차도 있고, 서우가 좋아하는 범퍼카도 있어요. 대관람차는 높은 곳에서 주변 경치를 볼 수 있어서 좋을 거 같아요. 코끼리 열차는 우리 반 친구들과 다 함께 탈 수 있어 신나요. 한 칸에 6명씩 탈 수 있으니까 선생님을 포함해서 우리 반 친구들이 4칸에 모두 탈 수 있을 거 같아요.

이번 6단원에서는 묶어서 세는 방법을 알아보고 곱셈에 대해 배울거예요.

개념 1 여러 가지 방법으로 세어 볼까요

• 귤은 모두 몇 개인지 세어 봅시다.

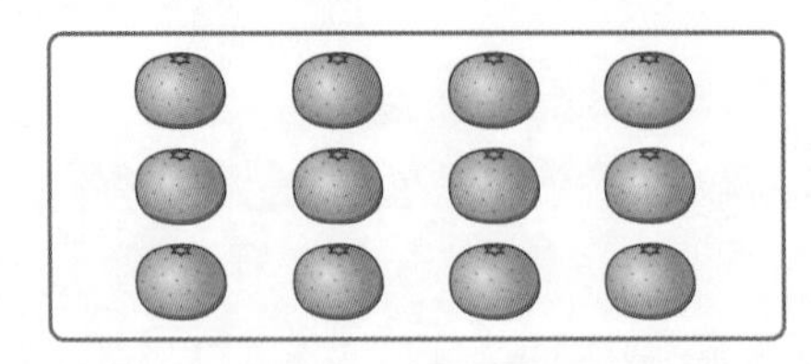

① 하나씩 세기 ➡ 1, 2, 3, ...으로 세어 보면 모두 12개입니다.

② 2씩 뛰어 세기 ➡ 2, 4, 6, 8, 10, 12로 2씩 뛰어서 세어 보면 모두 12개입니다.

③ 3씩 묶어 세기 ➡ 3, 6, 9, 12로 3씩 묶어서 세어 보면 모두 12개입니다.

• **물건의 수를 세는 방법**
— 물건을 여러 가지 방법으로 셀 수 있습니다.
— 여러 가지 방법 중에서 자신이 가장 편리하다고 생각하는 방법으로 수를 세어 봅니다.

개념 2 묶어 세어 볼까요

• 사과는 모두 몇 개인지 묶어서 세어 봅시다.

① 4씩 묶어 세기

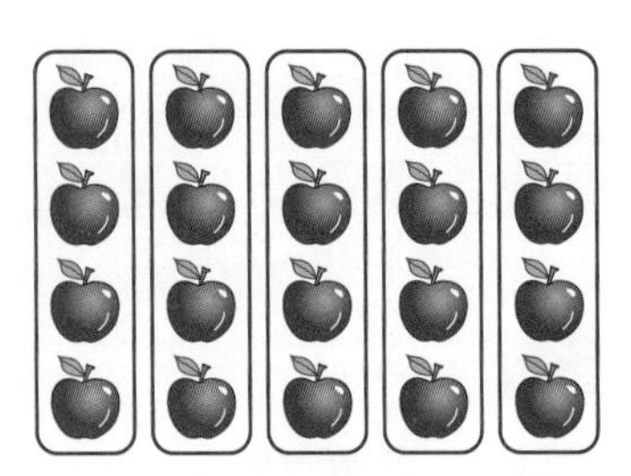

4	4	4	4	4

4씩 5묶음

4 - 8 - 12 - 16 - 20

➡ 사과는 모두 20개입니다.

② 5씩 묶어 세기

5	5	5	5

5씩 4묶음

5 - 10 - 15 - 20

➡ 사과는 모두 20개입니다.

• **여러 가지 방법으로 묶어 세기**

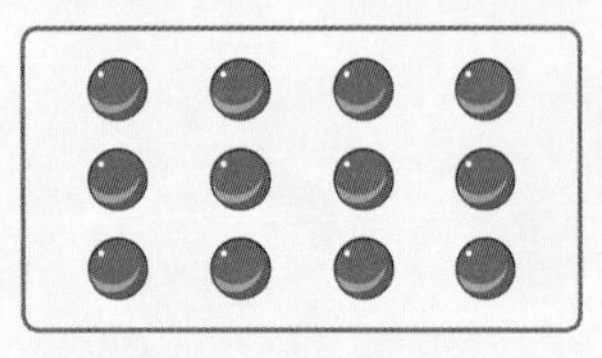

— 구슬을 2개씩 묶으면 모두 6묶음이 됩니다.
➡ 2씩 6묶음
— 구슬을 3개씩 묶으면 모두 4묶음이 됩니다.
➡ 3씩 4묶음
— 구슬을 4개씩 묶으면 모두 3묶음이 됩니다.
➡ 4씩 3묶음
— 구슬을 6개씩 묶으면 모두 2묶음이 됩니다.
➡ 6씩 2묶음

정답과 풀이 36쪽

문제를 풀며 이해해요

241004-0347

1 범퍼카는 모두 몇 대인지 세어 보려고 합니다. □ 안에 알맞은 수를 써넣으세요.

뛰어 세기나 묶어 세기를 통해 물건의 수를 셀 수 있는지 묻는 문제예요.

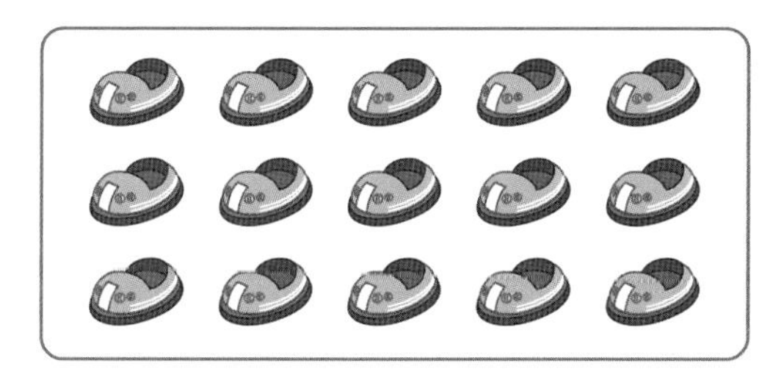

(1) 3씩 묶어 세면 3씩 □묶음입니다.

범퍼카를 3대씩 묶어서 세어 보아요.

(2) 3 - 6 - □ - □ - □

(3) 범퍼카는 모두 □대입니다.

241004-0348

2 복숭아는 모두 몇 개인지 세어 보려고 합니다. □ 안에 알맞은 수를 써넣으세요.

몇씩 묶은 것인지 알아보고 묶음의 수를 세어 보아요.

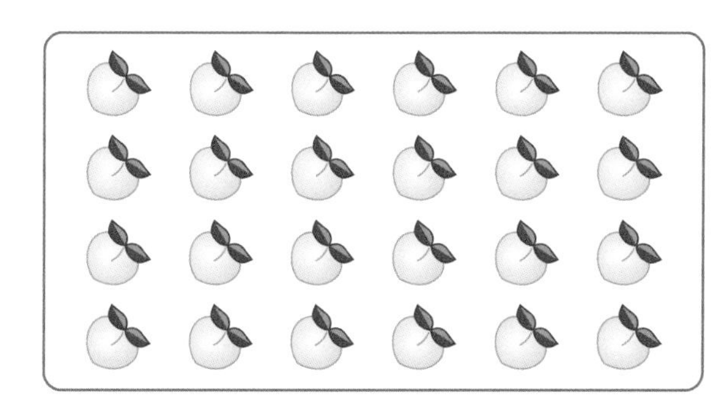

(1) 6씩 묶어 세면 6씩 □묶음입니다.

(2) 6 - □ - □ - □

(3) 복숭아는 모두 □개입니다.

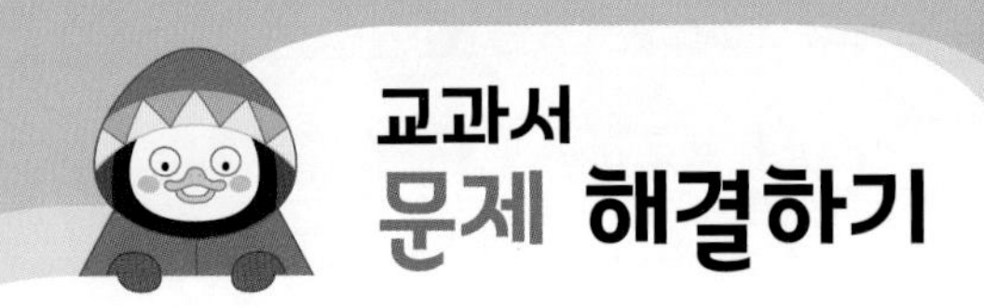

[01~03] 가위는 모두 몇 개인지 여러 가지 방법으로 세어 보려고 합니다. 물음에 답하세요.

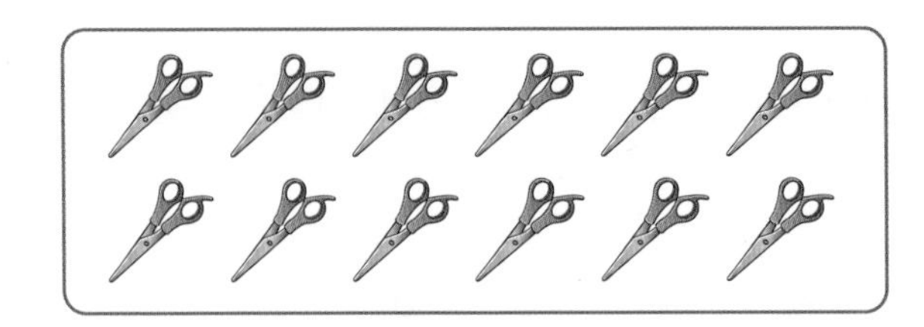

241004-0349

01 2씩 뛰어서 세어 보세요.

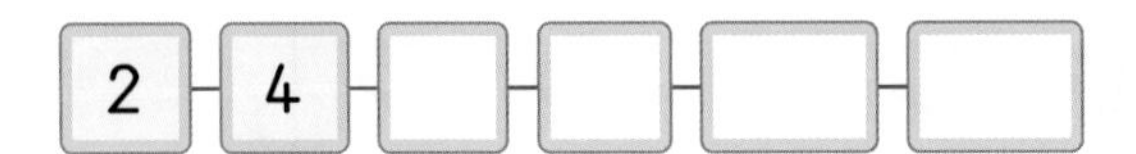

241004-0350

02 3씩 묶어 보고 □ 안에 알맞은 수를 써넣으세요.

3씩 □ 묶음

241004-0351

03 가위는 모두 몇 개인가요? (　　　　　　)

241004-0352

04 2씩 뛰어 세기를 하여 □ 안에 알맞은 수를 써넣으세요.

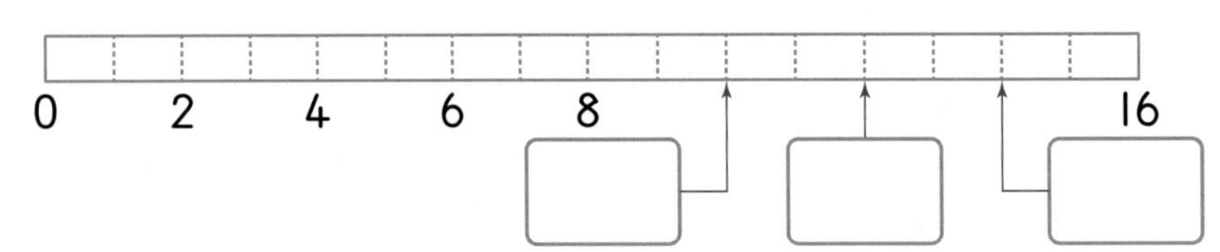

241004-0353

05 5씩 뛰어 세기를 하여 □ 안에 알맞은 수를 써넣으세요.

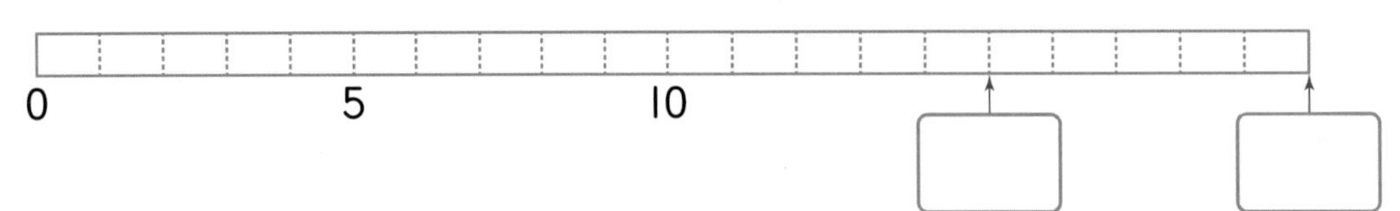

중요 241004-0354

06 지우개는 3씩 몇 묶음인가요? (　　　　　)

① 3묶음　② 4묶음　③ 5묶음
④ 6묶음　⑤ 7묶음

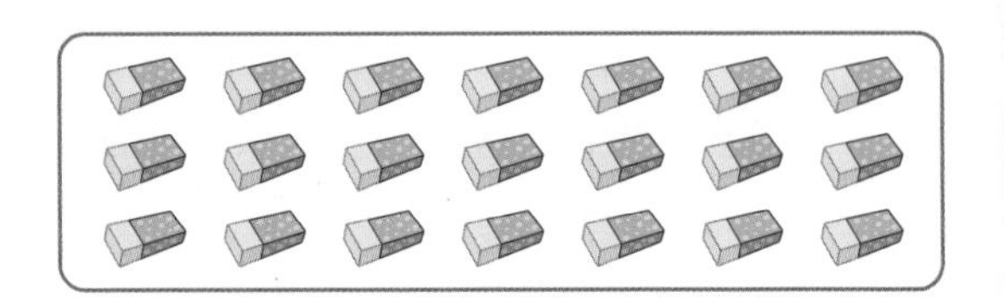

[07~09] 그림을 보고 물음에 답하세요.

241004-0355

07 3씩 묶어 세어 보세요.

중요 241004-0356

08 6씩 묶어 세어 보세요.

241004-0357

09 ☆은 모두 몇 개인가요? (　　　　　)

도전 241004-0358

10 4씩 묶었을 때 묶음의 수를 찾아 선으로 이어 보세요.

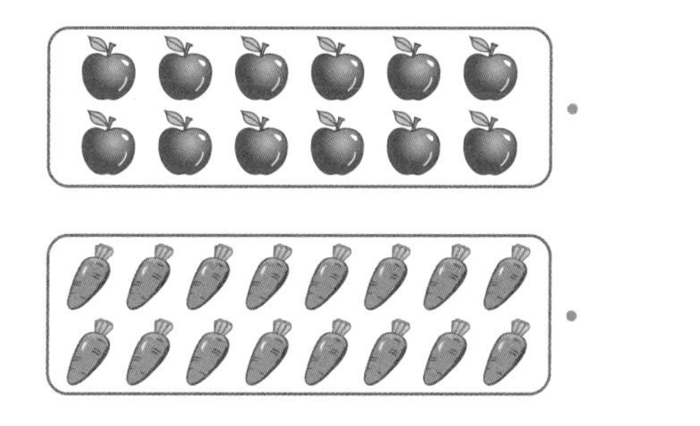

• 2묶음

• 3묶음

• 4묶음

도움말 4씩 묶어 묶음 수를 알아봅니다.

241004-0359

11 책상 위에 있는 클립의 개수를 묶어서 세어 보려고 합니다. 물음에 답하세요.

(1) 클립은 4씩 묶어 세면 몇 묶음인가요?

(　　　　　)

(2) 클립은 5씩 묶어 세면 몇 묶음인가요?

(　　　　　)

교과서 개념 배우기

개념 3 몇의 몇 배를 알아볼까요

• 쌓기나무의 수를 몇의 몇 배로 알아봅시다.

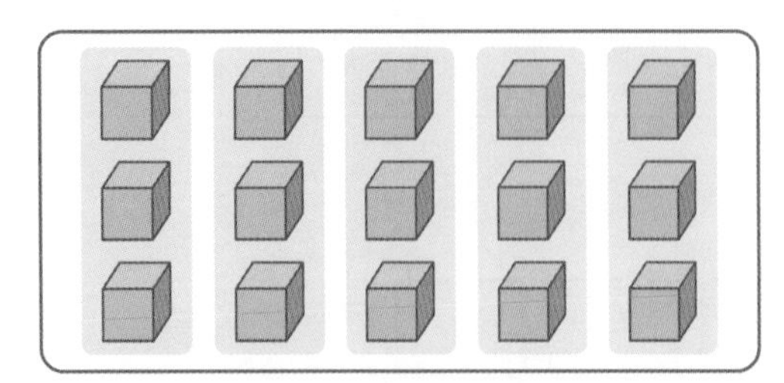

• 쌓기나무의 수: 3씩 5묶음 ➡ 3의 5배

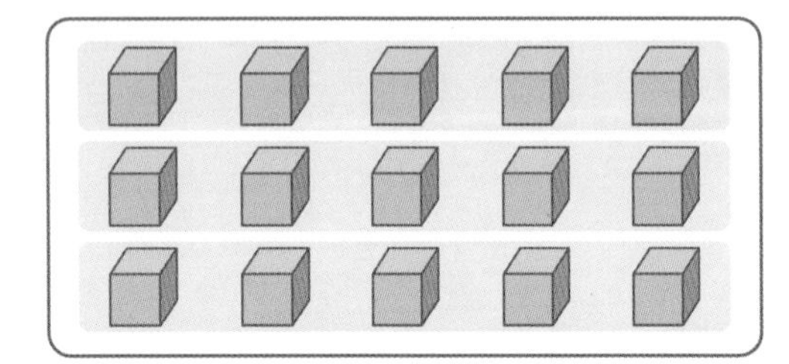

• 쌓기나무의 수: 5씩 3묶음 ➡ 5의 3배

• ■의 몇 배 알아보기
■씩 1묶음을 기준으로
■씩 2묶음: ■의 2배
■씩 3묶음: ■의 3배
■씩 4묶음: ■의 4배
■씩 5묶음: ■의 5배
➡ ■씩 ▲묶음: ■의 ▲배

개념 4 몇의 몇 배를 나타내 볼까요

• 사과의 수를 몇의 몇 배로 나타내 봅시다.

지수   정후

• 지수가 가지고 있는 사과: 2씩 1묶음 ➡ 2의 1배
• 정후가 가지고 있는 사과: 2씩 3묶음 ➡ 2의 3배
• 정후가 가지고 있는 사과 수는 지수가 가지고 있는 사과 수의 3배입니다.

• ■씩 ▲묶음
➡ ■의 ▲배

문제를 풀며 이해해요

241004-0360

1 그림을 보고 □ 안에 알맞은 수를 써넣으세요.

몇씩 몇 묶음을 보고 몇의 몇 배인지 알고 있는지 묻는 문제예요.

(1)

2씩 6묶음은 2의 □ 배입니다.

2씩 몇 묶음인지 알아보아요.

(2)

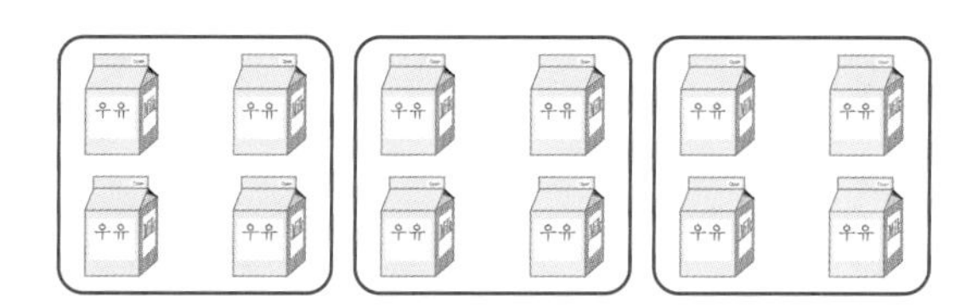

4씩 3묶음은 4의 □ 배입니다.

몇씩 몇 묶음을 몇의 몇 배로 나타내 보아요.

(3)

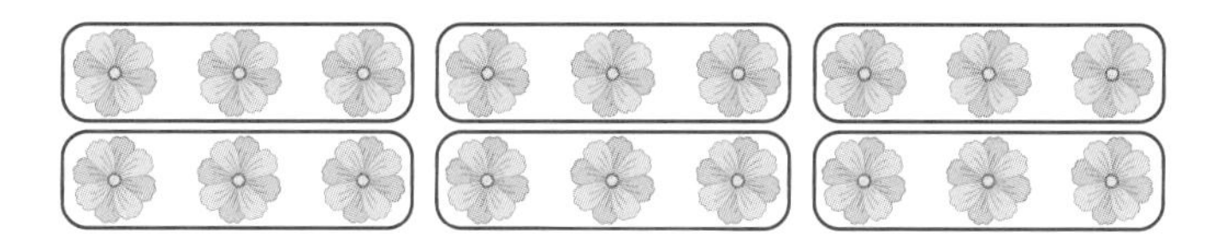

3씩 6묶음은 3의 □ 배입니다.

(4)

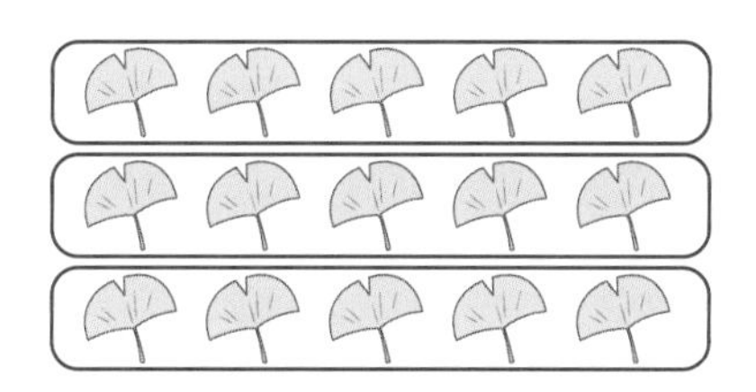

5씩 3묶음은 5의 □ 배입니다.

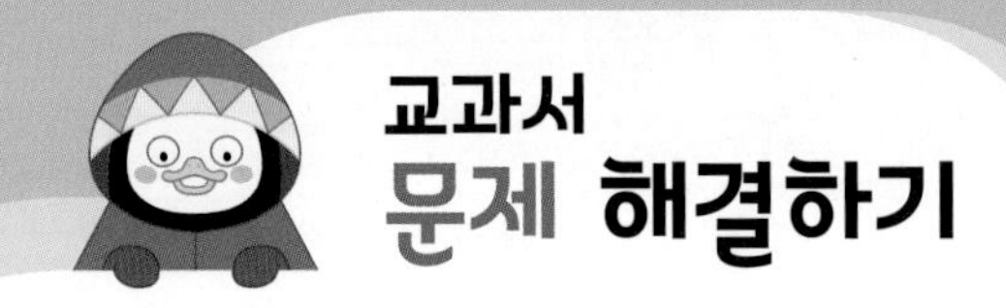

교과서 문제 해결하기

중요 241004-0361

01 □ 안에 알맞은 수를 써넣으세요.

의 □ 배는 입니다.

[02~03] □ 안에 알맞은 수를 써넣으세요.

241004-0362

02

5씩 4묶음 ➡ 5의 □배

241004-0363

03

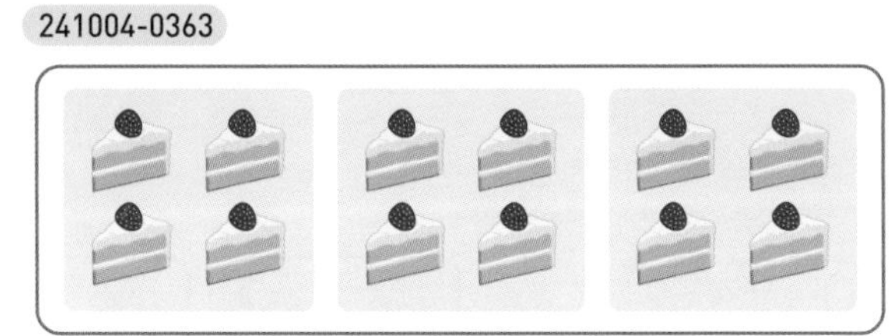

4씩 3묶음 ➡ 4의 □배

241004-0364

04 성호가 가진 딱지 수는 지후가 가진 딱지 수의 몇 배인가요?

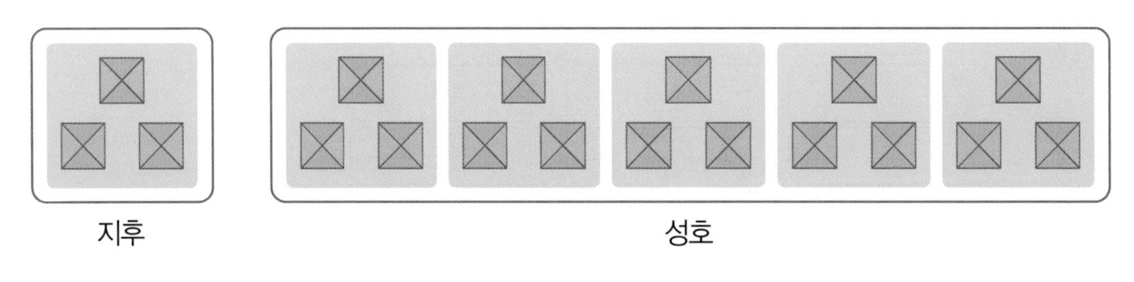

(　　　　　　　　)

[05~06] □ 안에 알맞은 수를 써넣으세요.

241004-0365

05 2씩 7묶음 ➡ □의 □배

241004-0366

06 6씩 3묶음 ➡ □의 □배

[07~08] □ 안에 알맞은 수를 써넣으세요.

241004-0367

07

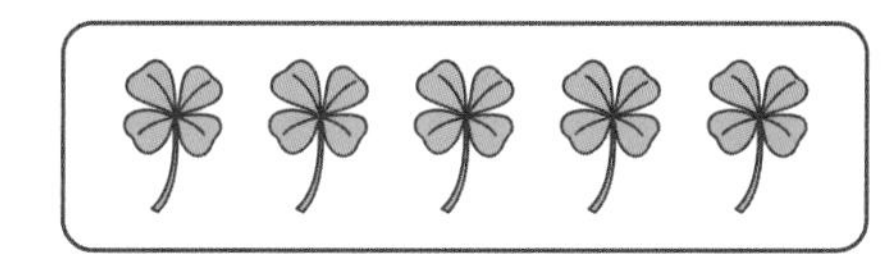

4씩 □묶음 ➡ □의 □배

중요 241004-0368

08

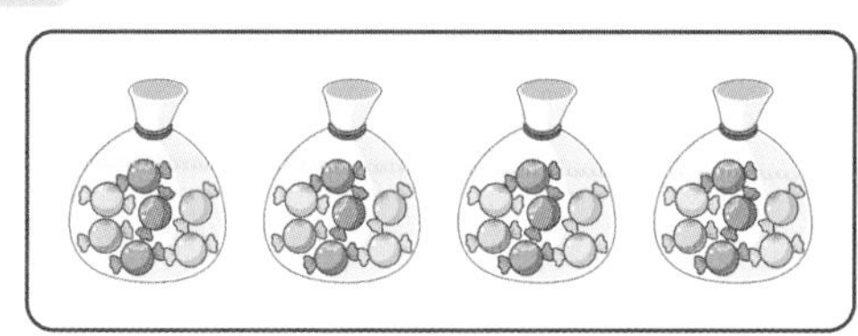

7씩 □묶음 ➡ □의 □배

241004-0369

09 3씩 5묶음은 3의 몇 배인가요? (　　　　)

① 2배　　② 3배　　③ 4배　　④ 5배　　⑤ 6배

도전 241004-0370

10 초록색 막대의 길이는 빨간색 막대의 길이의 몇 배일까요?

(　　　　)

도움말 ●씩 ■묶음은 ●의 ■배입니다.

실생활 활용 문제 241004-0371

11 민이의 일기를 읽고 물음에 답하세요.

○○월 ○○일 맑음

나는 오른쪽 그림처럼 쌓기 나무를 쌓았다. 동생은 쌓기 나무로 성을 만들었는 데 내가 사용한 쌓기나무의 2배를 사용했다.

(1) 민이가 쌓은 모양은 쌓기나무가 몇 개인가요?

(　　　　)

(2) 동생이 성을 만드는 데 사용한 쌓기나무는 몇 개일까요?

(　　　　)

교과서 개념 배우기

개념 5 곱셈을 알아볼까요(1)

• 곱셈을 알아봅시다.

① 바나나의 수는 3씩 5묶음입니다.

② 3씩 5묶음은 3의 5배입니다.

③ 3의 5배를 3×5라고 씁니다.

④ 3×5는 3 곱하기 5라고 읽습니다.

• 3씩 6묶음
➡ 3의 6배
➡ 3×6
➡ 3 곱하기 6

• ■씩 ▲묶음
➡ ■의 ▲배
➡ ■×▲
➡ ■ 곱하기 ▲

개념 6 곱셈을 알아볼까요(2)

• 열차에 탄 사람은 몇 명인지 알아봅시다.

① 열차에 탄 사람의 수는 5의 3배입니다.

② 5의 3배는 $5+5+5$입니다.

③ $5+5+5$는 5×3과 같습니다.

④ $5\times3=15$입니다.

⑤ $5\times3=15$는 5 곱하기 3은 15와 같습니다라고 읽습니다.

⑥ 5와 3의 곱은 15입니다.

• 5의 4배

➡ $5+5+5+5=20$
➡ $5\times4=20$
➡ 5 곱하기 4는 20과 같습니다.
➡ 5와 4의 곱은 20입니다.

정답과 풀이 37쪽

문제를 풀며 이해해요

[1~2] 그림을 보고 □ 안에 알맞은 수를 써넣으세요.

241004-0372

1

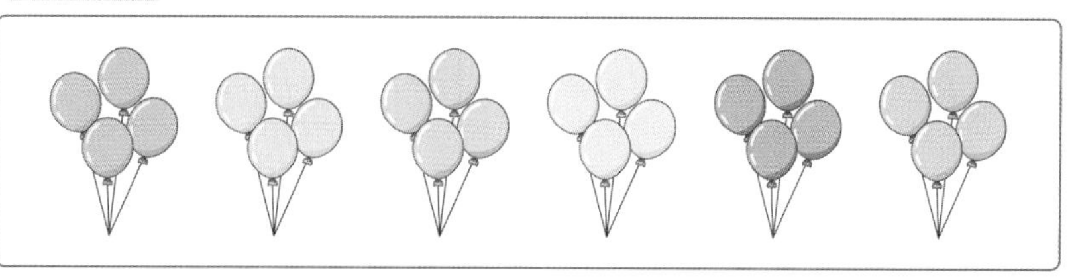

(1) 풍선은 4개씩 □묶음입니다.

(2) 풍선의 수는 4의 □배입니다.

(3) 덧셈식으로 나타내면 $4+4+4+4+4+4=$ □입니다.

(4) 곱셈식으로 나타내면 $4\times$ □ $=$ □입니다.

몇씩 몇 묶음을 곱셈으로 나타낼 수 있는지 묻는 문제예요.

묶어 세기를 하여 몇의 몇 배인지 알고 덧셈식과 곱셈식으로 나타내 보아요.

241004-0373

2

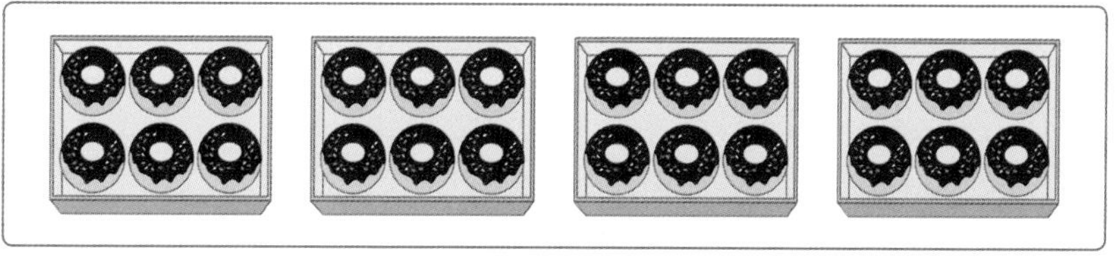

(1) 도넛은 6개씩 □묶음입니다.

(2) 도넛의 수는 6의 □배입니다.

(3) 덧셈식으로 나타내면 $6+6+6+6=$ □입니다.

(4) 곱셈식으로 나타내면 $6\times$ □ $=$ □입니다.

■씩 ▲묶음
➡ ■의 ▲배
➡ ■을 ▲번 더한 것은
■+■+⋯+■ (▲번)
=■×▲

교과서 문제 해결하기

241004-0374

01 □ 안에 알맞은 수를 써넣고 색연필의 수를 덧셈식과 곱셈식으로 나타내 보세요.

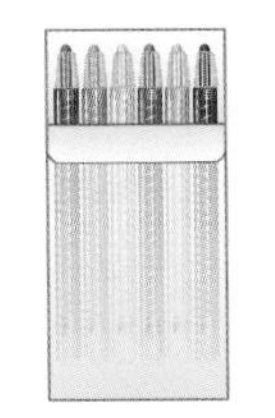
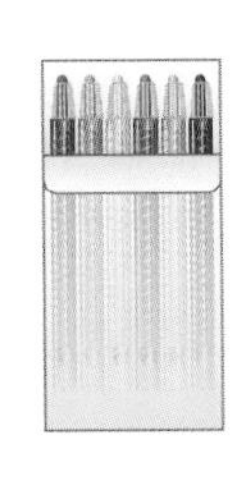
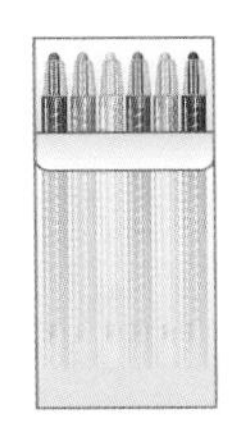

덧셈식 $6+\square+\square=\square$

곱셈식 $6\times\square=\square$

241004-0375

02 조각케이크는 모두 몇 개인지 알아보려고 합니다. □ 안에 알맞은 수를 써넣으세요.

$3+3+3+3=\square$

➡ $3\times\square=\square$

중요 241004-0376

03 밤은 모두 몇 개인지 알아보려고 합니다. 밤이 모두 몇 개인지 덧셈식과 곱셈식으로 나타내 보세요.

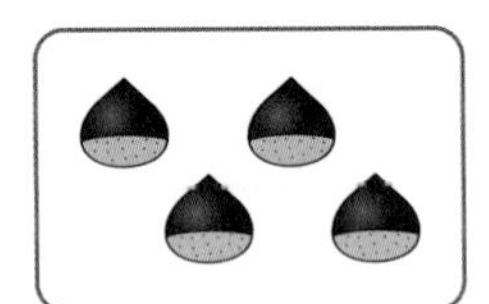
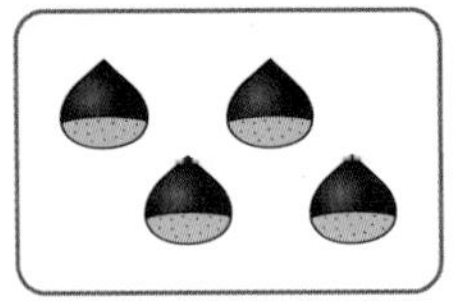
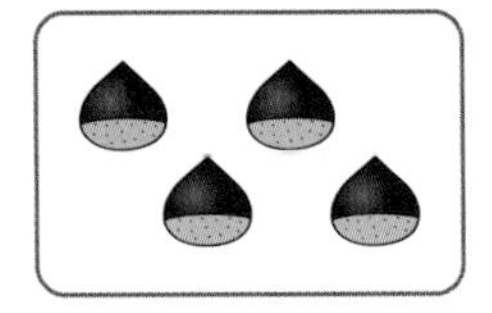

덧셈식 (   )

곱셈식 (   )

241004-0377

04 □ 안에 알맞은 수를 써넣으세요.

(1) 3의 7배 ➡ $\square\times\square=\square$

(2) 6의 9배 ➡ $\square\times\square=\square$

241004-0378

05 바르게 설명한 것은 어느 것인가요? (   )

① $5\times6=5+6$입니다.

② 7과 2의 곱은 $7+2$입니다.

③ 9의 4배를 9×4라고 씁니다.

④ $4+4+4+4+4$는 4×6과 같습니다.

⑤ 3×8은 3 더하기 8이라고 읽습니다.

241004-0379

06 곱셈식으로 나타내 보세요.

5 곱하기 7은 35와 같습니다.

➡ 곱셈식 ____________________

중요 241004-0380

07 5의 4배와 같은 것을 모두 찾아 기호를 써 보세요.

㉠ 5씩 6묶음	㉡ $5+5+5+5$
㉢ 5×4	㉣ $5+4$

(   )

241004-0381

08 6×4와 다른 하나를 찾아 기호를 써 보세요.

㉠ 6의 4배	㉡ 6 곱하기 4
㉢ 6씩 4묶음	㉣ $4+4+4+4$

(   )

241004-0382

09 쌓기나무 한 개의 높이가 2 cm일 때 쌓기나무 6개를 쌓은 높이는 몇 cm일까요? (   )

① 6 cm ② 8 cm ③ 10 cm ④ 12 cm ⑤ 15 cm

도전 241004-0383

10 정우는 공깃돌을 5개 가지고 있습니다. 민이는 정우가 가지고 있는 공깃돌 수의 3배만큼 가지고 있다면 민이가 가지고 있는 공깃돌은 몇 개일까요?

(   )

도움말 ■의 ●배를 곱셈으로 나타내면 ■×●입니다.

241004-0384

11 서우네 반은 강당에서 긴 의자에 8명씩 5줄로 앉아서 인형극을 보았습니다. 의자에 앉은 학생은 모두 몇 명인지 덧셈식과 곱셈식으로 나타내 보세요.

덧셈식 ____________________

곱셈식 ____________________

개념 7 곱셈식으로 나타내 볼까요(1)

• 음료수의 수를 곱셈식으로 나타내 봅시다.

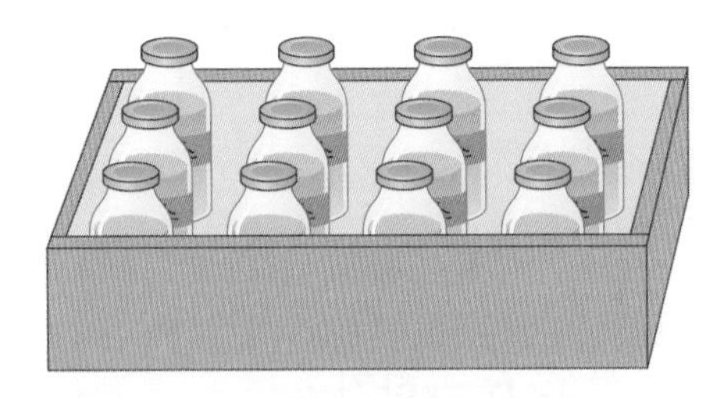

① 음료수의 수는 3씩 4묶음으로 3의 4배입니다.

② 음료수의 수를 덧셈식으로 나타내면 $3+3+3+3=12$입니다.

③ 음료수의 수를 곱셈식으로 나타내면 $3\times4=12$입니다.

④ 음료수는 모두 12병입니다.

⑤ 음료수의 수를 다른 곱셈식 $2\times6=12$, $4\times3=12$, $6\times2=12$로 나타낼 수 있습니다.

• 3씩 5묶음
➡ 3의 5배
➡ $3+3+3+3+3=15$
➡ $3\times5=15$

개념 8 곱셈식으로 나타내 볼까요(2)

• 초코 우유의 수를 곱셈식으로 나타내 봅시다.

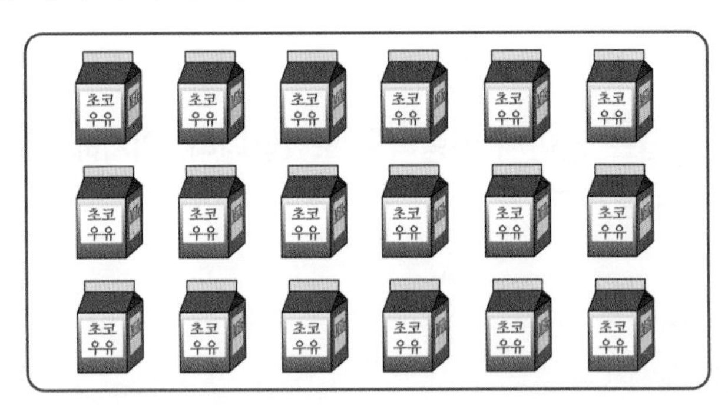

① 초코 우유의 수는 6씩 3묶음이므로 6의 3배입니다.

② 초코 우유의 수를 덧셈식으로 나타내면 $6+6+6=18$입니다.

③ 초코 우유의 수를 곱셈식으로 나타내면 $6\times3=18$입니다.

④ 초코 우유의 수는 18개입니다.

⑤ 초코 우유의 수를 다른 곱셈식 $2\times9=18$, $3\times6=18$, $9\times2=18$로 나타낼 수 있습니다.

• 문제에 맞게 여러 가지 곱셈식으로 나타낼 수 있습니다.

정답과 풀이 38쪽

문제를 풀며 이해해요

[1~2] 그림을 보고 □ 안에 알맞은 수를 써넣으세요.

241004-0385

1

(1) 참외의 수는 8씩 □ 묶음이므로 8의 □ 배입니다.

(2) 참외의 수를 덧셈식으로 나타내면 $8+8=$ □ 입니다.

(3) 참외의 수를 곱셈식으로 나타내면 $8\times$ □ $=$ □ 입니다.

(4) 참외의 수를 다른 곱셈식

$2\times$ □ $=$ □, $4\times$ □ $=$ □ 으로 나타낼 수 있습니다.

241004-0386

2

(1) 쿠키의 수는 6개씩 □ 묶음이므로 6의 □ 배입니다.

(2) 쿠키의 수를 덧셈식으로 나타내면 $6+6+6+6=$ □ 입니다.

(3) 쿠키의 수를 곱셈식으로 나타내면 $6\times$ □ $=$ □ 입니다.

(4) 쿠키의 수를 다른 곱셈식

$4\times$ □ $=$ □, $3\times$ □ $=$ □, $8\times$ □ $=$ □ 로 나타낼 수 있습니다.

문제 상황을 몇씩 몇 묶음인지 알아보고 곱셈식으로 나타낼 수 있는지 묻는 문제예요.

먼저 몇씩 몇 묶음이고 전체가 얼마인지 알아보아요.

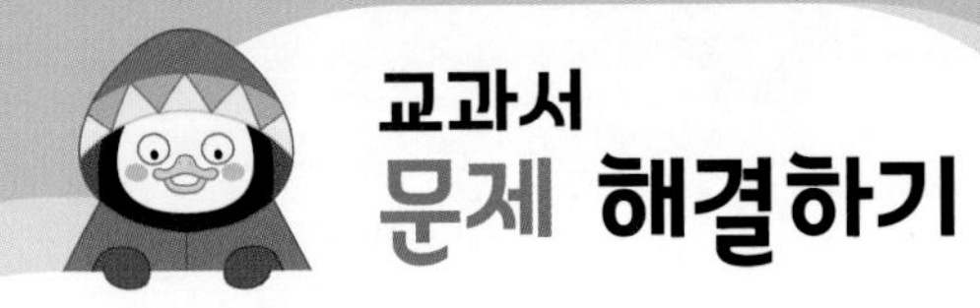

교과서 문제 해결하기

241004-0387

01 그림을 보고 곱셈식으로 나타내 보세요.

$4\times2=8$		

241004-0388

02 배추가 한 줄에 5포기씩 4줄이 있습니다. 배추는 모두 몇 포기인지 곱셈식으로 나타내 보세요.

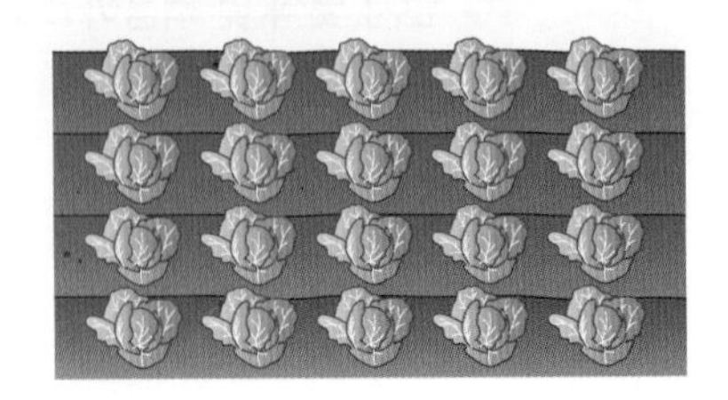

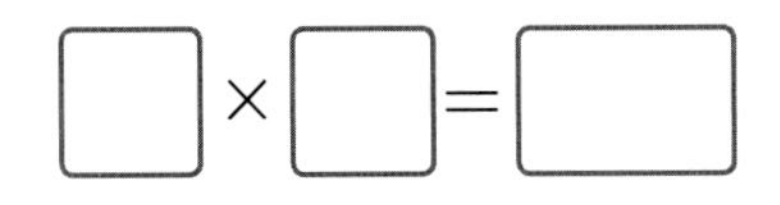

중요 241004-0389

03 달걀은 모두 몇 개인지 여러 가지 곱셈식으로 나타내려고 합니다. □ 안에 알맞은 수를 써넣으세요.

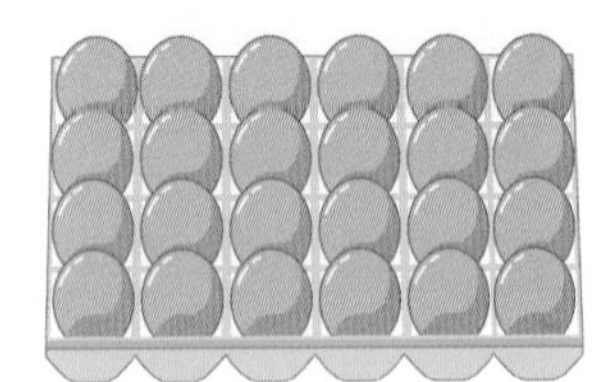

$6\times4=24$

$8\times$ □ $=$ □

$4\times$ □ $=$ □

$3\times$ □ $=$ □

241004-0390

04 그림을 보고 만들 수 없는 곱셈식을 찾아 기호를 써 보세요.

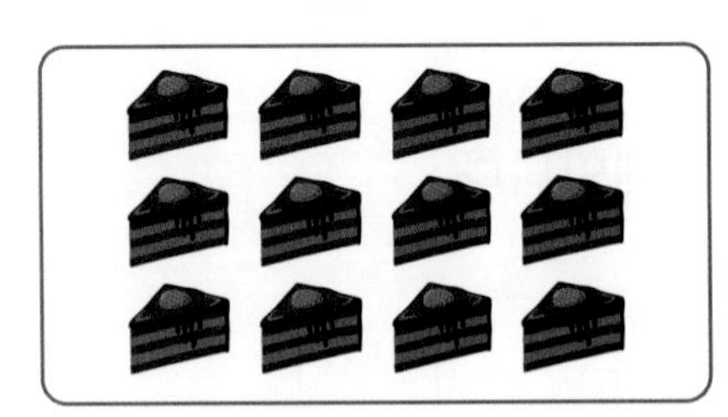

㉠ $4\times3=12$　㉡ $3\times4=12$

㉢ $2\times6=12$　㉣ $8\times2=16$

(　　　　　　)

241004-0391

05 찹쌀떡이 한 상자에 6개씩 들어 있습니다. 3상자에 들어 있는 찹쌀떡은 모두 몇 개인지 곱셈식으로 나타내 보세요.

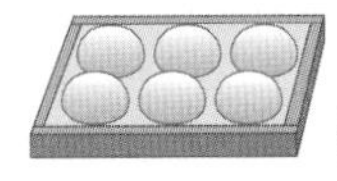 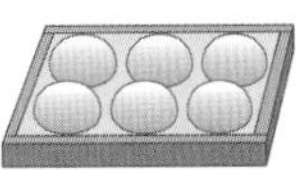 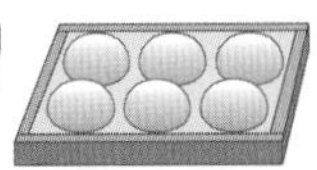

곱셈식 ______________________

241004-0392

06 옥수수가 한 봉지에 3개씩 7봉지 있습니다. 옥수수는 모두 몇 개인지 곱셈식으로 나타내 보세요.

곱셈식 ______________________

241004-0393

07 한 대에 바퀴가 4개인 자동차가 있습니다. 이 자동차 8대의 바퀴의 수는 모두 몇 개인지 곱셈식으로 나타내 보세요.

곱셈식 ______________________

241004-0394

08 지후 동생의 나이는 3살이고 지후의 나이는 지후 동생 나이의 3배입니다. 지후의 나이는 몇 살일까요?

(   )

중요 241004-0395

09 사과가 한 상자에 9개씩 들어 있습니다. 6상자에 들어 있는 사과는 모두 몇 개일까요?

(   )

도전 241004-0396

10 1부터 9까지의 숫자 중에서 □ 안에 들어갈 수 있는 숫자를 모두 구해 보세요.

$4 \times 9 < 3\square$

(   )

도움말 4×9의 계산 결과보다 크고 십의 자리 숫자가 3인 두 자리 수를 찾아봅니다.

실생활 활용 문제 241004-0397

11 도현이와 지수의 대화를 읽고, 지수는 줄넘기를 몇 번 했는지 곱셈식으로 나타내 보세요.

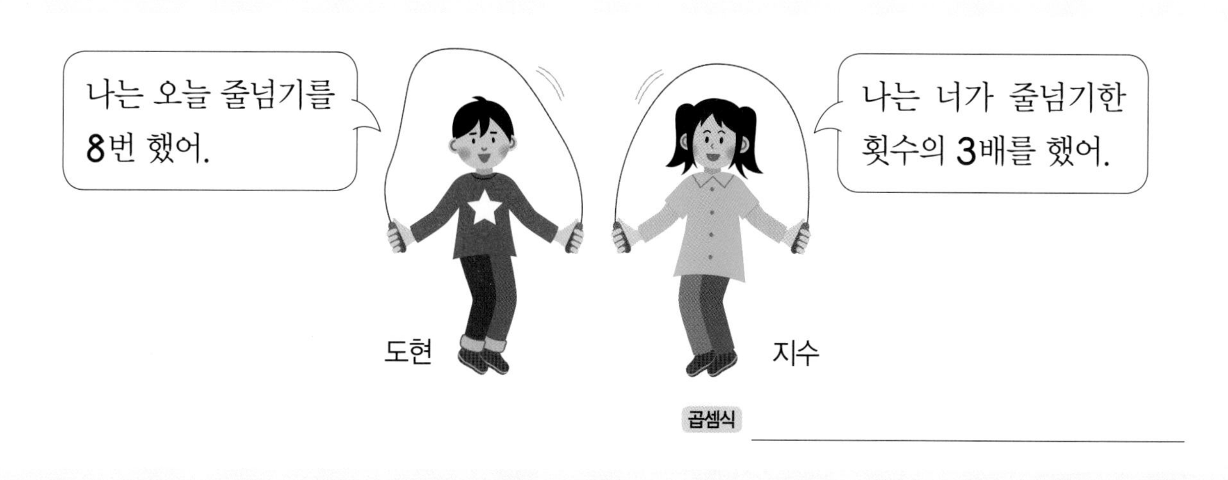
나는 오늘 줄넘기를 8번 했어.
나는 너가 줄넘기한 횟수의 3배를 했어.
도현
지수

곱셈식 ______________________

241004-0398

01 몇 개인지 묶어 세어 보세요.

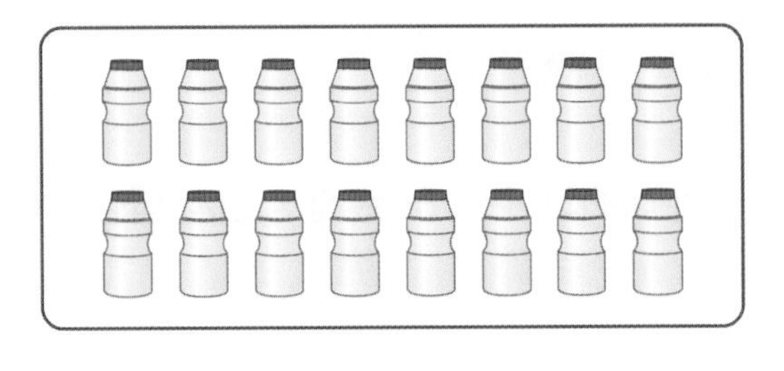

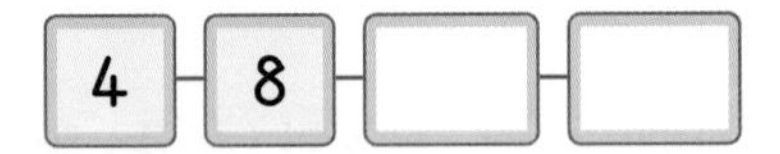

241004-0399

02 15는 3의 몇 배인가요?

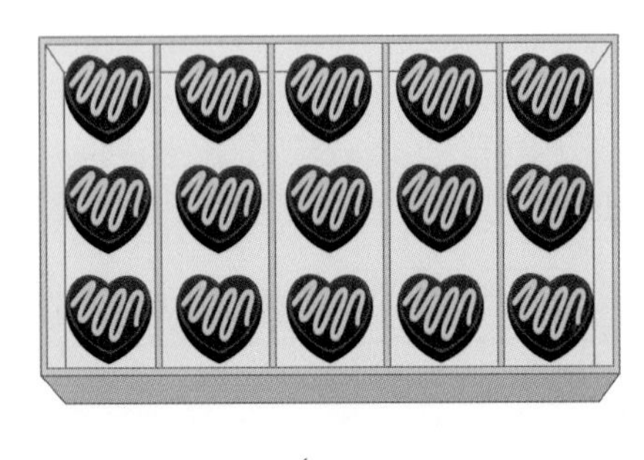

(　　　　　　)

241004-0400

03 □ 안에 알맞은 수를 써넣으세요.

7씩 9묶음은 □의 □배입니다.

241004-0401

04 연필의 수는 지우개의 수의 몇 배인지 써 보세요.

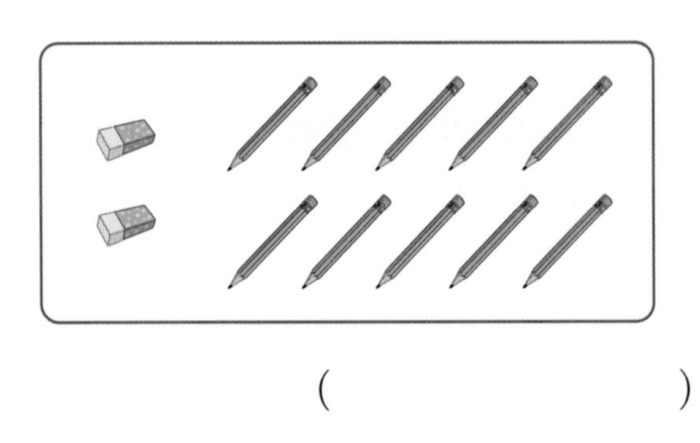

(　　　　　　)

241004-0402

05 달걀이 병아리 수의 3배만큼 있습니다. 달걀은 몇 개인지 ○를 그려 구해 보세요.

(　　　　　　)

[06~07] 그림을 보고 □ 안에 알맞은 수를 써넣으세요.

241004-0403

06

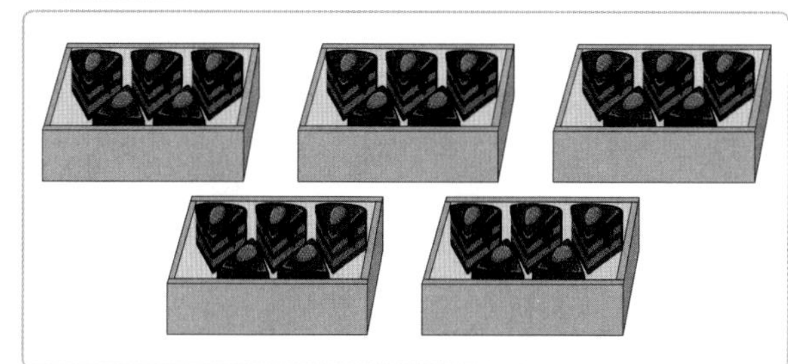

5씩 □ 묶음은 5의 □ 배이고,

□+□+□+□+□

=□ 입니다.

241004-0404

07

3씩 □ 묶음은 3의 □ 배이고,

□+□+□+□=□

입니다.

중요

241004-0405

08 **사과는 모두 몇 개인지 □ 안에 알맞은 수를 써넣으세요.**

- 9씩 □ 묶음은 □ 입니다.
- 9의 □ 배는 □ 입니다.
- 덧셈식으로 나타내면

  □+□+□=□ 입니다.
- 곱셈식으로 나타내면

  □×□=□ 입니다.

241004-0406

09 **꽃은 모두 몇 송이인지 □ 안에 알맞은 수를 써넣으세요.**

5씩 □ 묶음

➡ 5×□=□

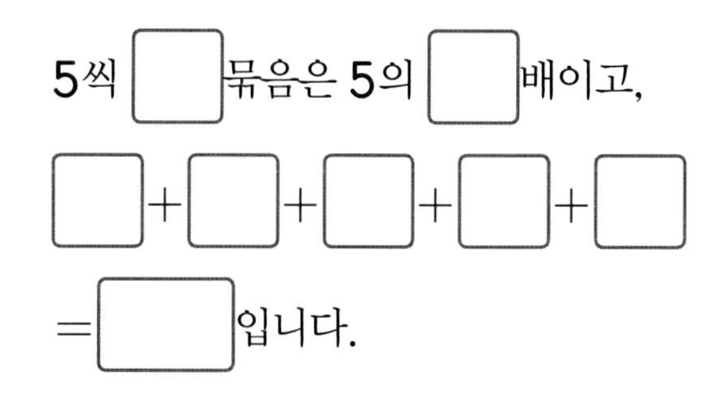

241004-0407

10 빈칸에 알맞은 곱셈식을 써넣으세요.

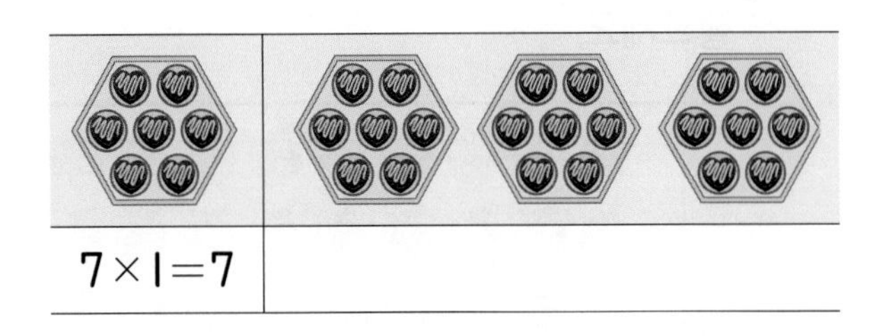

$7\times1=7$	

241004-0408

11 포장지에 그려져 있는 별은 모두 몇 개인지 □ 안에 알맞은 수를 써넣으세요.

덧셈식 $8+\square+\square=\square$

곱셈식 $8\times\square=\square$

241004-0409

12 곱셈식으로 나타내 보세요.

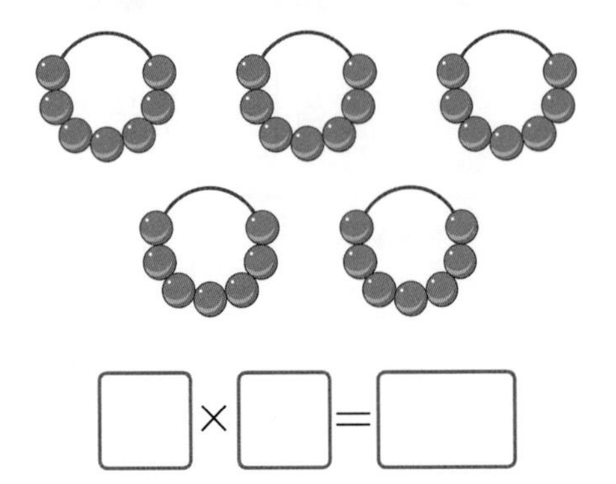

$\square\times\square=\square$

241004-0410

13 자동차가 모두 몇 대인지 곱셈식 2개로 나타내 보세요.

$\square\times\square=\square$

$\square\times\square=\square$

241004-0411

14 곱셈식으로 나타내 보세요.

6 곱하기 8은 48과 같습니다.

곱셈식 ____________________

241004-0412

15 가장 큰 수는 어느 것일까요? (　　　　)

① 2의 8배　② 3의 7배　③ 8의 3배　④ 5의 4배　⑤ 6의 2배

중요 241004-0413

16 관계 있는 것끼리 이어 보세요.

2×5 • • 4 cm 4 cm 4 cm

3×4 • •

4×3 • •

5×2 • •

241004-0414

17 피자가 한 판에 8조각씩 4판 있습니다. 피자는 모두 몇 조각인지 덧셈식과 곱셈식으로 나타내 보세요.

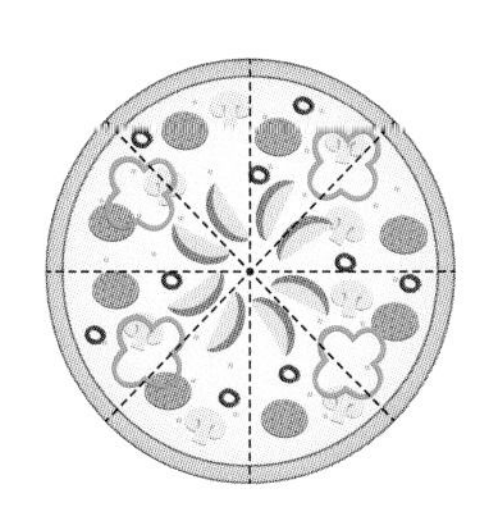

덧셈식 ______________________

곱셈식 ______________________

241004-0415

18 바퀴가 3개인 세발자전거가 7대 있습니다. 바퀴는 모두 몇 개인지 곱셈식으로 나타내고 답을 구해 보세요.

곱셈식 ______________________

답 ______________

도전 241004-0416

19 오른쪽 쌓기나무 수의 8배만큼 쌓기나무를 쌓으려고 합니다. 쌓으려고 하는 쌓기나무는 모두 몇 개일까요?

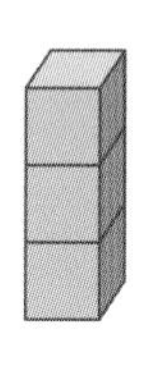

(　　　　　　)

서술형 241004-0417

20 서우는 빵을 3개씩 8봉지에 담고, 지수는 4개씩 7봉지에 담았습니다. 두 사람이 봉지에 담은 빵은 모두 몇 개인지 구해 보세요.

(1) 서우는 빵을 3개씩 8봉지에 담았으므로 (　　　　)개입니다.

(2) 지수는 빵을 4개씩 7봉지에 담았으므로 (　　　　)개입니다.

(3) 두 사람이 봉지에 담은 빵은 (　　　　) 개입니다.

답 ______________

MEMO

MEMO

MEMO

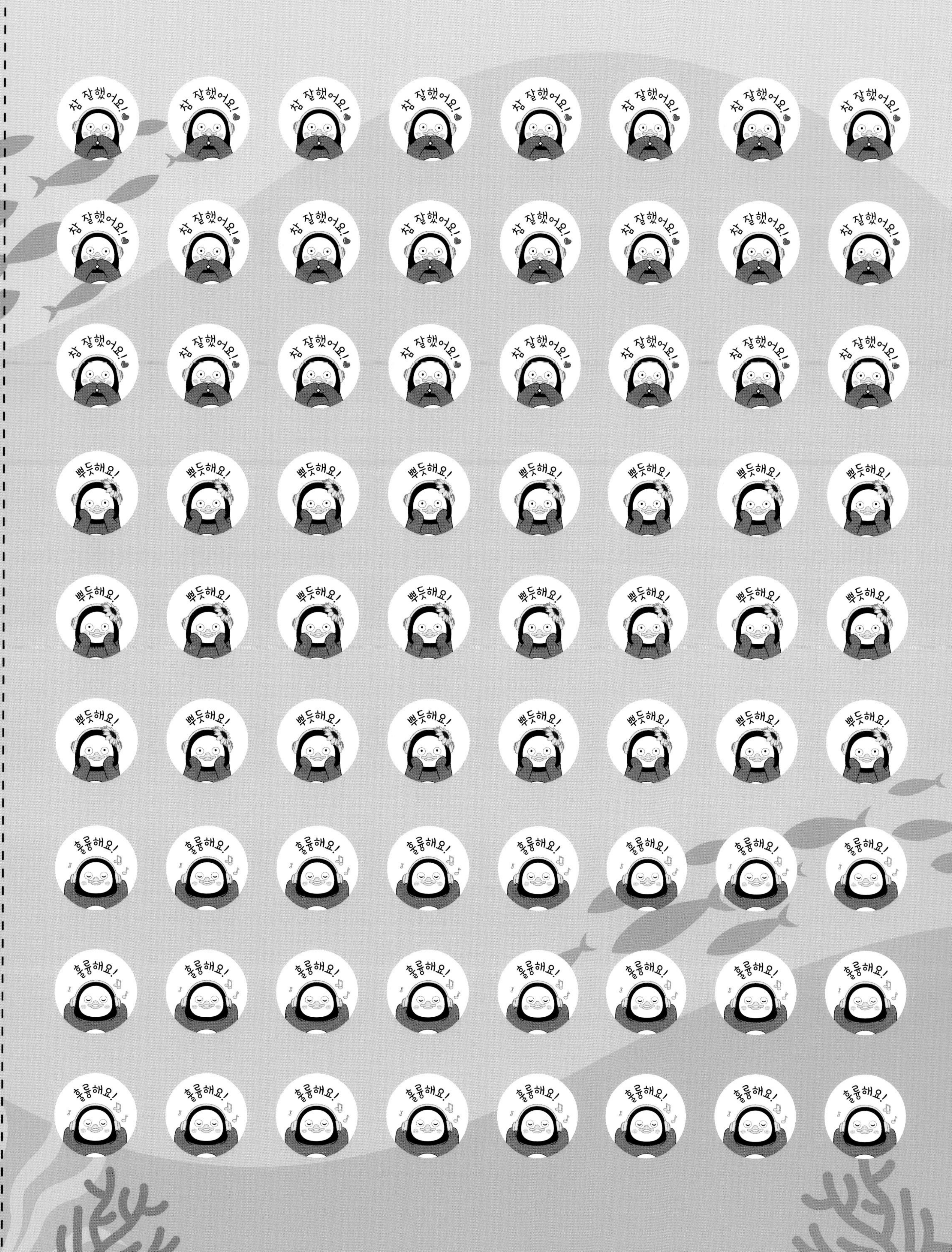
참 잘했어요!
참 잘했어요!
참 잘했어요!
참 잘했어요!
참 잘했어요!
참 잘했어요!
참 잘했어요!
참 잘했어요!
참 잘했어요!
참 잘했어요!
참 잘했어요!
참 잘했어요!
참 잘했어요!
참 잘했어요!
참 잘했어요!
참 잘했어요!
참 잘했어요!
참 잘했어요!
참 잘했어요!
참 잘했어요!
참 잘했어요!
참 잘했어요!
참 잘했어요!
참 잘했어요!
뿌듯해요!
뿌듯해요!
뿌듯해요!
뿌듯해요!
뿌듯해요!
뿌듯해요!
뿌듯해요!
뿌듯해요!
뿌듯해요!
뿌듯해요!
뿌듯해요!
뿌듯해요!
뿌듯해요!
뿌듯해요!
뿌듯해요!
뿌듯해요!
뿌듯해요!
뿌듯해요!
뿌듯해요!
뿌듯해요!
뿌듯해요!
뿌듯해요!
뿌듯해요!
뿌듯해요!
훌륭해요!
훌륭해요!
훌륭해요!
훌륭해요!
훌륭해요!
훌륭해요!
훌륭해요!
훌륭해요!
훌륭해요!
훌륭해요!
훌륭해요!
훌륭해요!
훌륭해요!
훌륭해요!
훌륭해요!
훌륭해요!
훌륭해요!
훌륭해요!
훌륭해요!
훌륭해요!
훌륭해요!
훌륭해요!
훌륭해요!
훌륭해요!

수학 2-1

자기주도 활용 방법

시험 2주 전 공부

핵심을 복습하기

시험이 2주 남았네요. 이럴 땐 먼저 핵심을 복습해 보면 좋아요.

만점왕 북2 실전책을 펴 보면

각 단원별로 핵심 정리와 확인 문제가 있습니다.

정리된 핵심을 읽고 확인 문제를 풀어 보세요.

문제가 어렵게 느껴지거나 자신 없는 부분이 있다면

북1 개념책을 찾아서 다시 읽어 보는 것도 도움이 돼요.

시험 1주 전 공부

시간을 정해 두고 연습하기

앗, 이제 시험이 일주일 밖에 남지 않았네요.

시험 직전에는 실제 시험처럼 시간을 정해 두고 문제를 푸는 연습을 하는 게 좋아요.

그러면 시험을 볼 때에 떨리는 마음이 줄어드니까요.

이때에는 **만점왕 북2의 학교 시험 만점왕**을 풀어 보면 돼요.

시험 시간에 맞게 풀어 본 후 맞힌 개수를 세어 보면

자신의 실력을 알아볼 수 있답니다.

이 책의 차례

BOOK 2 실전책

1 세 자리 수 4

2 여러 가지 도형 10

3 덧셈과 뺄셈 16

4 길이 재기 22

5 분류하기 28

6 곱셈 34

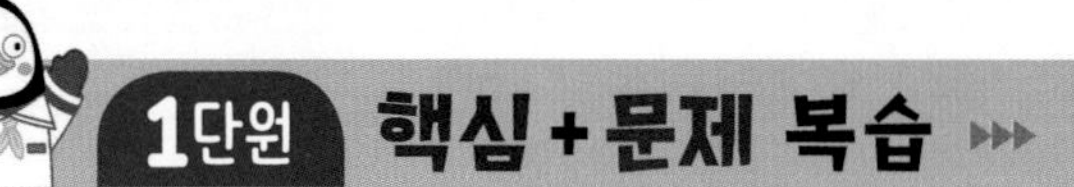
1단원 핵심+문제 복습

❶ 백, 몇백 알기

- 90보다 10만큼 더 큰 수는 100이라 쓰고, 백이라고 읽습니다.
- 100이 5개이면 500이라 쓰고, 오백이라고 읽습니다.

❷ 세 자리 수 알기

- 100이 6개, 10이 9개, 1이 4개이면 694라 쓰고, 육백구십사라고 읽습니다.

❸ 각 자리의 숫자가 얼마를 나타내는지 알기

백의 자리	십의 자리	일의 자리
3	0	0
	5	0
		8

358에서
3은 300을
5는 50을 } 나타냅니다.
8은 8을

358=300+50+8

❹ 뛰어 세어 보기

- 100씩 뛰어 세면 백의 자리 숫자가 1씩 커집니다.
- 10씩 뛰어 세면 십의 자리 숫자가 1씩 커집니다.
- 1씩 뛰어 세면 일의 자리 숫자가 1씩 커집니다.
- 999보다 1만큼 더 큰 수는 1000이라 쓰고, 천이라고 읽습니다.

❺ 수의 크기 비교하기

- 세 자리 수는 백의 자리 숫자부터 확인하고, 백의 자리 숫자가 같으면 십의 자리 숫자를 확인하고, 십의 자리 숫자가 같으면 일의 자리 숫자를 확인합니다.

429>321 (4>3)　429<430 (2<3)　429>427 (9>7)

241004-0418

01 100은 90보다 얼마만큼 더 큰 수일까요? (　　　　　)

241004-0419

02 동전 모형을 보고 □ 안에 알맞은 수나 말을 써넣으세요.

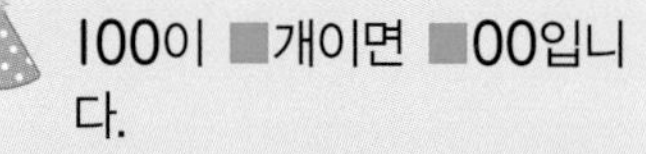
100이 ■개이면 ■00입니다.

100이 7개이면 □이라 쓰고, □이라고 읽습니다.

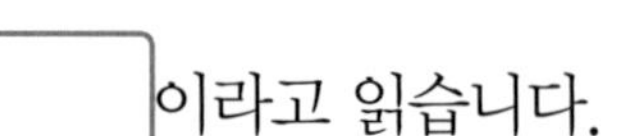

241004-0420

03 □ 안에 알맞은 수를 써넣으세요.

수 모형이 각각 몇 개인지 세어 봅니다.

백 모형	십 모형	일 모형

➡ □

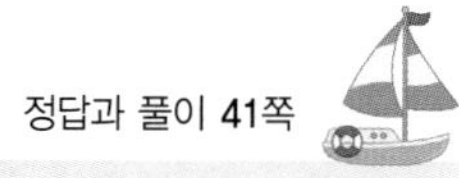

241004-0421

04 빈칸에 알맞은 수를 써넣으세요.

(1) 오백구십오 [ ]　　(2) 사백구 [ ]

> 읽지 않은 자리는 0을 써넣습니다.

241004-0422

05 □ 안에 알맞은 수를 써넣으세요.

100이 □
10이 □
1이 □
이면 547입니다.

> 100이 ■, 10이 ●, 1이 ▲인 수는 ■●▲입니다.

241004-0423

06 숫자 6이 60을 나타내는 수를 찾아 색칠해 보세요.

693　　426　　860

> 숫자 6이 어느 자리에 있는지 확인합니다.

241004-0424

07 100씩 뛰어 세어 보세요.

241 — 341 — □ — □ — □

> 100씩 뛰어 세면 백의 자리 숫자가 1씩 커집니다.

241004-0425

08 1씩 뛰어 센 것입니다. ㉠에 알맞은 수를 쓰고 읽어 보세요.

996 — 997 — □ — □ — ㉠

쓰기 (　　　　　　)　　읽기 (　　　　　　)

> ㉠에 알맞은 수는 999보다 1만큼 더 큰 수입니다.

241004-0426

09 두 수의 크기를 비교하여 ○ 안에 >, <를 알맞게 써넣으세요.

(1) 557 ○ 623　　(2) 809 ○ 807

> 세 자리 수의 크기를 비교할 때는 백의 자리, 십의 자리, 일의 자리 순서로 확인합니다.

241004-0427

10 가장 작은 수를 찾아 써 보세요.

142　　194　　320

(　　　　　　)

> 백의 자리 숫자가 작은 수를 먼저 찾아봅니다.

학교 시험 만점왕 1회

1. 세 자리 수

241004-0428

01 빈칸에 알맞은 수를 써넣으세요.

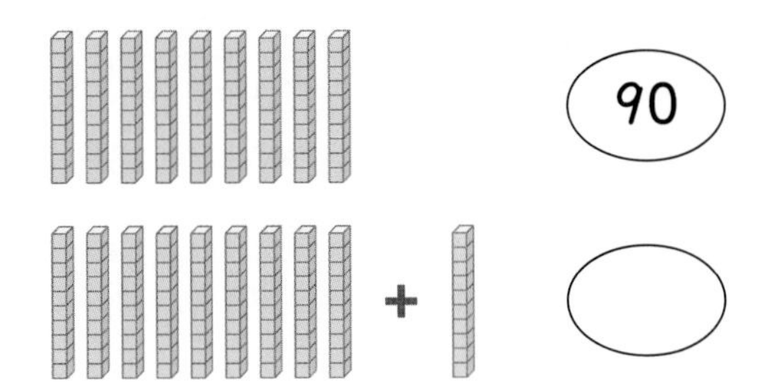

241004-0429

02 수 모형을 400만큼 묶어 보세요.

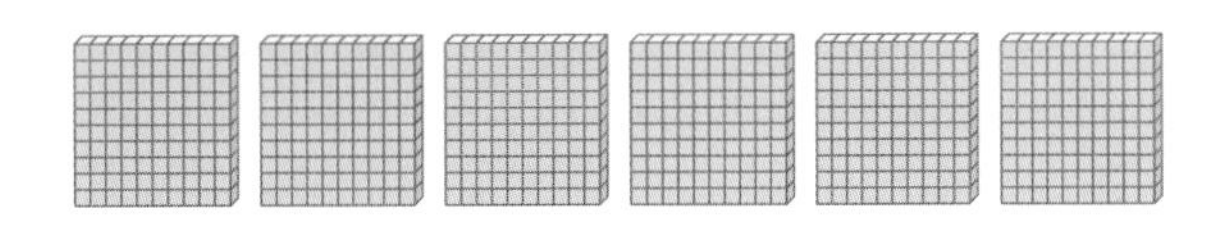

241004-0430

03 관계있는 것끼리 선으로 이어 보세요.

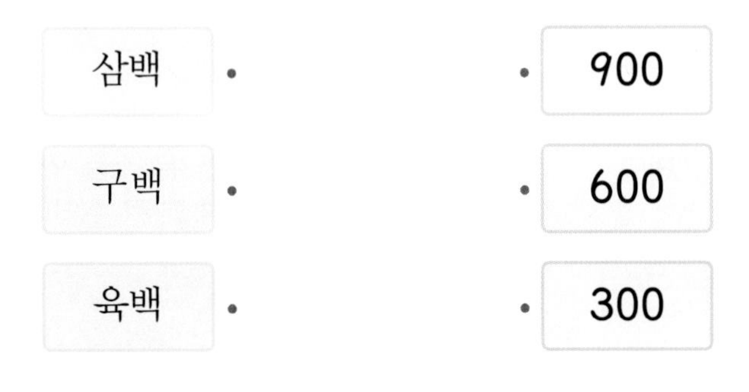

241004-0431

04 세윤이가 가진 동전은 다음과 같습니다. 세윤이가 가진 동전은 얼마인가요?

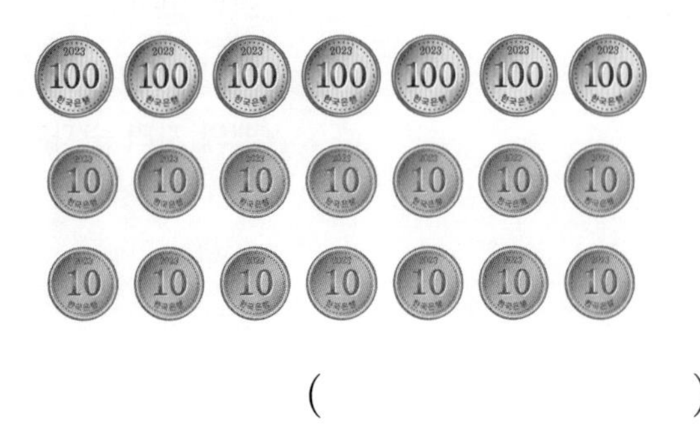

(　　　　　　　　)

241004-0432

05 수를 바르게 읽은 친구는 누구일까요?

513은 오백십삼 이야.
407은 사백영칠 이야.
유정
은실

(　　　　　　　　)

241004-0433

06 수 모형이 나타내는 수를 쓰고 읽어 보세요.

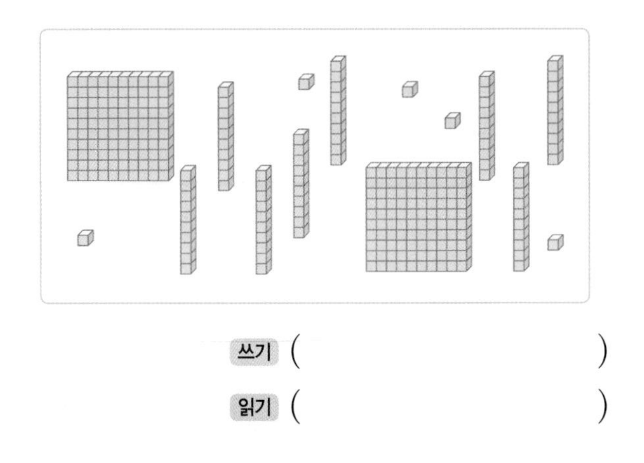

쓰기 (　　　　　　　　)

읽기 (　　　　　　　　)

서술형 241004-0434

07 십의 자리 숫자의 크기가 가장 큰 수를 찾고, 그 수의 백의 자리 숫자가 얼마를 나타내는지를 구하는 풀이 과정을 쓰고 답을 구해 보세요.

㉠ 850　　㉡ 391　　㉢ 577

풀이 ______________________

답 ______________________

241004-0435

08 □ 안에 알맞은 수를 써넣으세요.

629
6은 □을/를 나타냅니다.
2는 □을/를 나타냅니다.
9는 □을/를 나타냅니다.

241004-0436

09 909에 대한 설명으로 옳은 것은 어느 것인가요? (　　　　)

① 구백구십이라고 읽습니다.
② 십의 자리 숫자는 9입니다.
③ 909에서 밑줄 친 9는 900을 나타냅니다.
④ 10이 9개, 1이 9개인 수입니다.
⑤ 909에서 십의 자리 숫자는 10을 나타냅니다.

241004-0437

10 928을 보기 와 같이 나타내 보세요.

보기

495=400+90+5

928=□+□+□

241004-0438

11 □ 안에 알맞은 수를 써넣으세요.

558 − 658 − 758 − 858 − 958

➡ □씩 뛰어 세었습니다.

241004-0439

12 ➡은 100씩 뛰어 세고, ➡은 10씩 뛰어 세어 보세요.

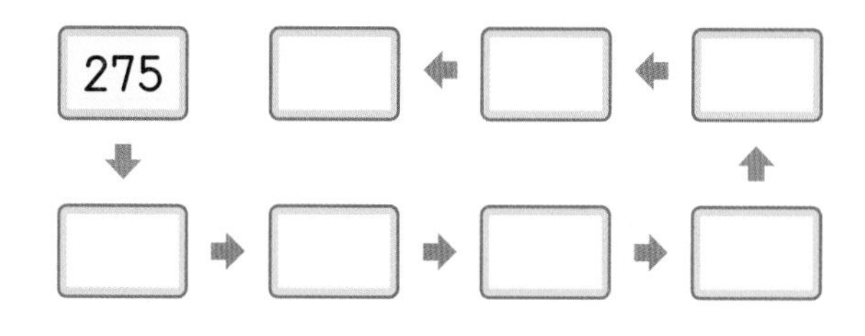

241004-0440

13 두 수 중 더 큰 수를 써 보세요.

572　　564

(　　　　)

241004-0441

14 도서관에 있는 책을 정리했습니다. 가장 많은 책은 무엇인가요?

동화책	과학책	위인전
368권	168권	290권

(　　　　)

서술형 241004-0442

15 한 봉지에 10개씩 들어 있는 사탕이 15봉지 있고 낱개로 9개 있습니다. 같은 사탕을 4봉지 더 산다면 사탕은 모두 몇 개인지 풀이 과정을 쓰고 답을 구해 보세요.

풀이

답

학교 시험 만점왕 2회

241004-0443

01 □ 안에 알맞은 수를 써넣으세요.

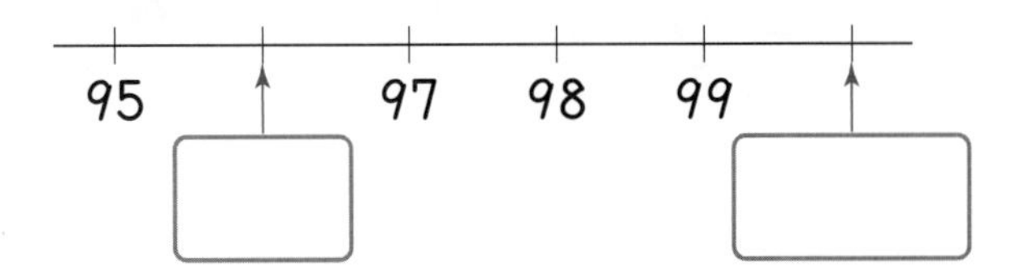

241004-0444

02 □ 안에 알맞은 수를 써넣으세요.

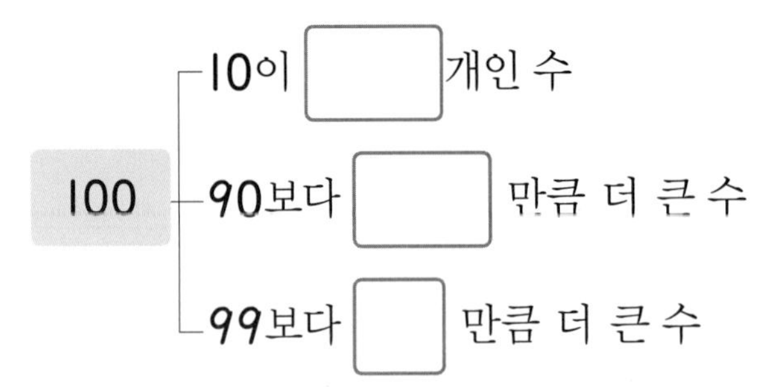

241004-0445

03 보기 와 같이 빈칸에 알맞은 수나 말을 써넣으세요.

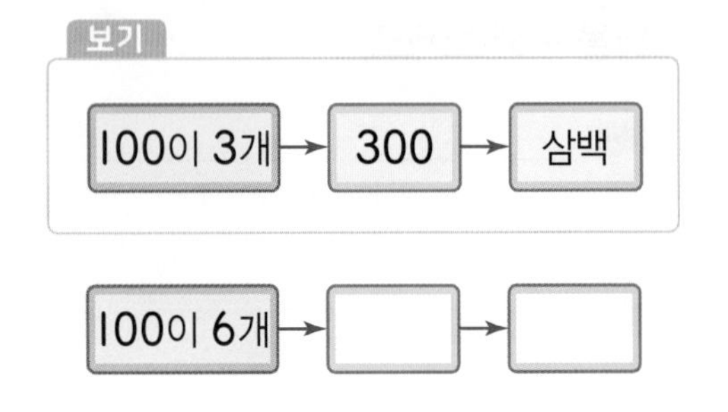

서술형

241004-0446

04 10원짜리 동전 80개를 100원짜리 동전으로 바꾸려고 합니다. 100원짜리 동전 몇 개로 바꿀 수 있는지 풀이 과정을 쓰고 답을 구해 보세요.

풀이 ______________________

____

____

답 ______________

241004-0447

05 이백삼을 (100), (10), (1)을 이용해 나타내 보세요.

241004-0448

06 색종이가 100장씩 4상자, 10장씩 9묶음, 낱개로 7장 있습니다. 색종이는 모두 몇 장일까요?

(　　　　　　　)

241004-0449

07 백의 자리 숫자가 500을 나타내고, 십의 자리 숫자가 80을 나타내고, 일의 자리 숫자가 3을 나타내는 세 자리 수를 구해 보세요.

(　　　　　　　)

241004-0450

08 밑줄 친 숫자가 얼마를 나타내는지 빈칸에 써 보세요.

(1) 7<u>7</u>7 ➡ ☐

(2) <u>8</u>92 ➡ ☐

241004-0451

09 가장 큰 수에서 10씩 5번 뛰어 센 수를 구해 보세요.

613　　825　　904

(　　　　　)

241004-0452

10 ☐ 안에 알맞은 수를 써넣으세요.

(1) 539에서 ☐씩 3번 뛰어 센 수는 839입니다.

(2) 252에서 10씩 ☐번 뛰어 센 수는 292입니다.

241004-0453

11 10씩 거꾸로 뛰어 세어 보세요.

651 — ☐ — 631 — ☐ — ☐

241004-0454

12 빈칸에 알맞은 수를 써넣으세요.

585

1만큼 더 큰 수	
10만큼 더 큰 수	
100만큼 더 큰 수	

241004-0455

13 가장 작은 수를 찾아 ○표 하세요.

서술형 241004-0456

14 ☐ 안에 들어갈 수 있는 숫자는 모두 몇 개인지 풀이 과정을 쓰고 답을 구해 보세요.

542 > 5☐1

풀이

답

241004-0457

15 수 카드를 한 번씩만 사용하여 만들 수 있는 가장 큰 수와 가장 작은 수를 각각 써 보세요.

8　5　9

가장 큰 수	가장 작은 수

❶ 삼각형과 사각형 알기

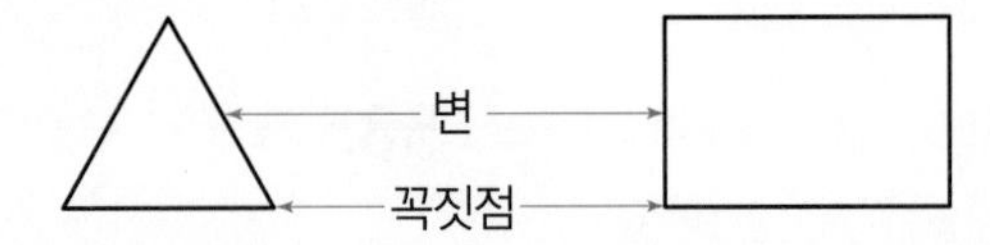

- 삼각형에는 변이 3개, 꼭짓점이 3개이고, 사각형에는 변이 4개, 꼭짓점이 4개입니다.

❷ 원 알기

- 원에는 곧은 선과 뾰족한 부분이 없고, 크기는 서로 다르지만 모양은 모두 같습니다.

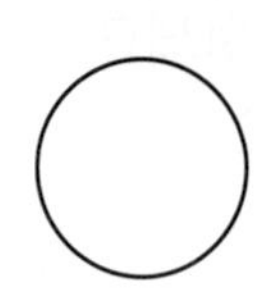
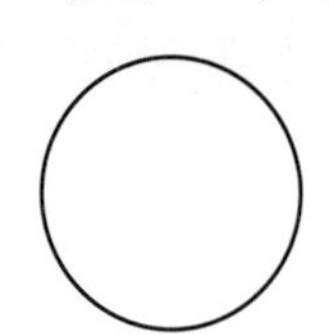
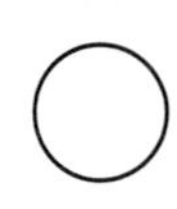

❸ 칠교판 알기

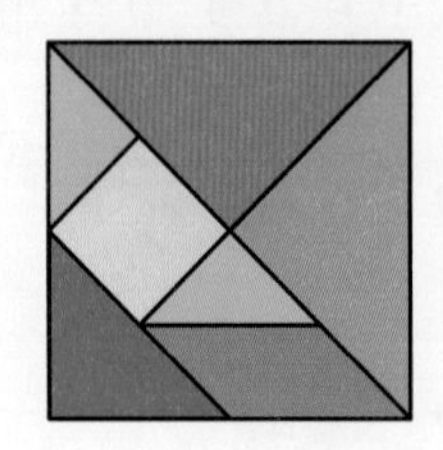

- 칠교판에는 삼각형 모양 조각이 5개, 사각형 모양 조각이 2개 있습니다.

❹ 쌓은 모양 알기, 여러 가지 모양으로 쌓기

- 똑같은 모양으로 쌓으려면 쌓기나무의 전체적인 모양, 쌓기나무의 수, 쌓기나무를 놓는 위치나 방향, 쌓기나무의 층수 등을 생각하며 쌓습니다.

[1-3] 도형을 보고 물음에 답하세요.

가 나 다 라 마 바

241004-0458

01 삼각형을 모두 찾아 기호를 써 보세요. (　　　　　　)

241004-0459

02 사각형을 모두 찾아 기호를 써 보세요. (　　　　　　)

241004-0460

03 원을 찾아 기호를 써 보세요. (　　　　　　)

241004-0461

04 크기는 서로 다를 수 있지만 모양은 항상 같은 도형을 찾아 기호를 써 보세요.

㉠ 삼각형　　㉡ 사각형　　㉢ 원

(　　　　　　)

삼각형은 곧은 선 3개로, 사각형은 곧은 선 4개로 둘러싸여 있습니다.

원은 굽은 선으로 이루어져 있습니다.

241004-0462

05 삼각형을 모두 찾아 색칠해 보세요.

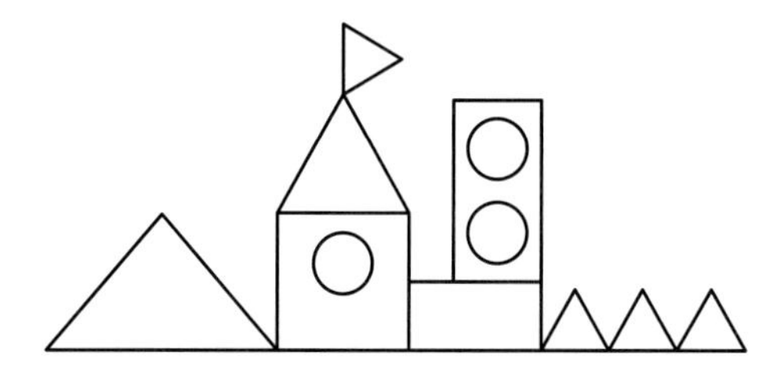

241004-0463

06 주변에서 사각형을 찾을 수 있는 물건을 모두 고르세요.

( )

① 트라이앵글 ② 동전 ③ 스케치북
④ 탬버린 ⑤ 태극기

241004-0464

07 색종이를 점선을 따라 잘랐을 때 삼각형은 사각형보다 몇 개 더 많은가요?

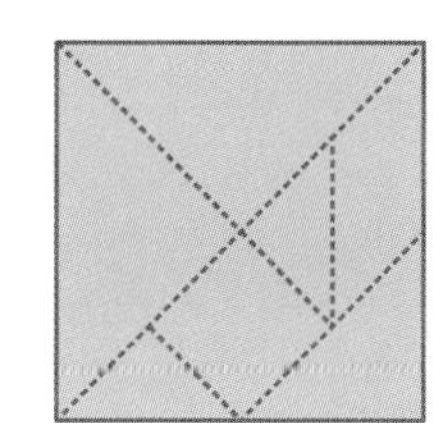

( )

241004-0465

08 칠교판 중 네 조각을 모두 이용하여 오른쪽 도형을 만들어 보세요.

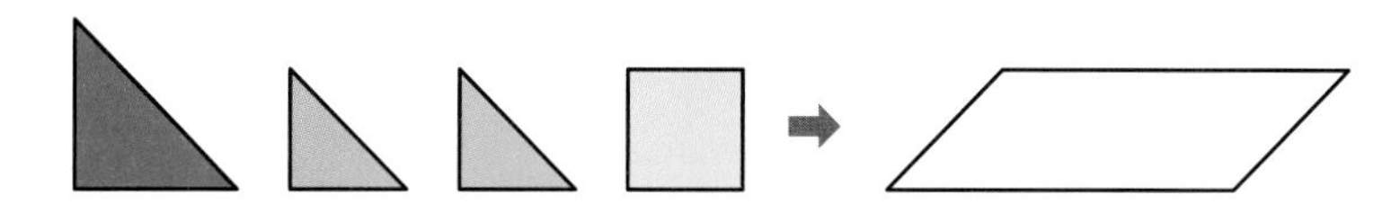

241004-0466

09 왼쪽 모양에서 쌓기나무 1개를 빼내어 오른쪽과 똑같은 모양을 만들려고 합니다. 빼내야 할 쌓기나무를 찾아 기호를 써 보세요.

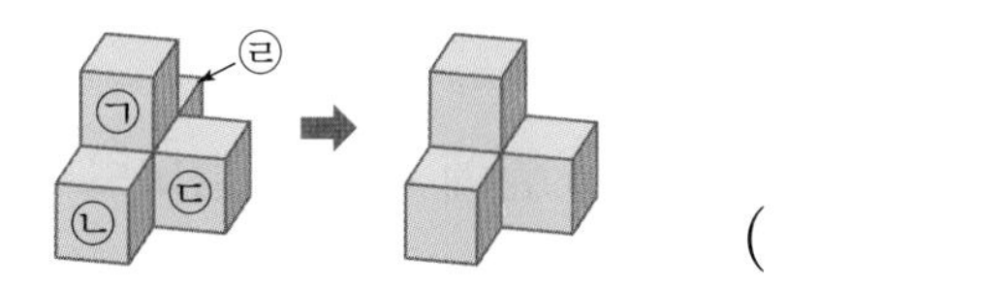

( )

241004-0467

10 쌓기나무로 쌓은 모양을 보고 □ 안에 알맞은 수를 써넣으세요.

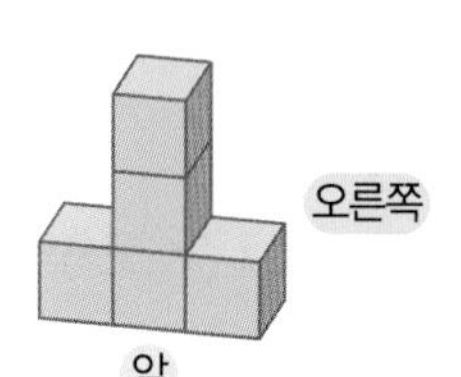

쌓기나무 □개가 옆으로 나란히 있고, 가운데 쌓기나무 위에 쌓기나무 □개가 있습니다.

삼각형에는 변과 꼭짓점이 각각 3개씩 있습니다.

사각형에는 변과 꼭짓점이 각각 4개씩 있습니다.

칠교판은 삼각형 모양 조각과 사각형 모양 조각으로 이루어져 있습니다.

학교 시험 만점왕 1회

241004-0468

01 주어진 도형은 변과 꼭짓점이 각각 몇 개인가요?

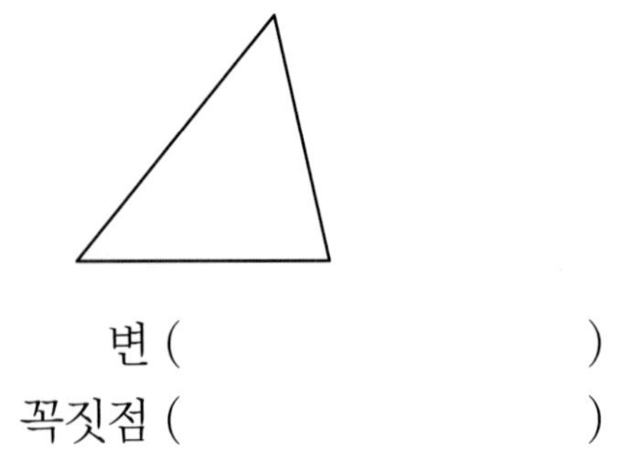

변 (　　　　　　　　　)

꼭짓점 (　　　　　　　　　)

241004-0469

02 삼각형 모양의 안전표지판을 찾아 ○표 하세요.

(　　　　) (　　　　) (　　　　)

241004-0470

03 설명을 보고 도형의 이름을 써 보세요.

- 굽은 선으로만 되어 있고 꼭짓점이 없습니다.
- 어느 방향에서 보아도 같은 모양입니다.

(　　　　　　　　　)

241004-0471

04 색종이를 그림과 같이 접었다 펼친 다음 접힌 선을 따라 잘라 만들어진 사각형은 몇 개일까요?

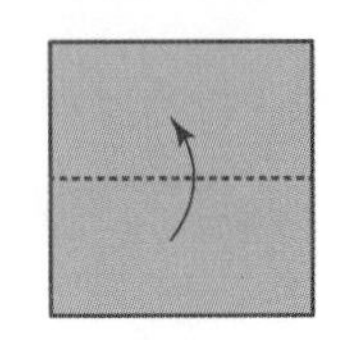 ➡ 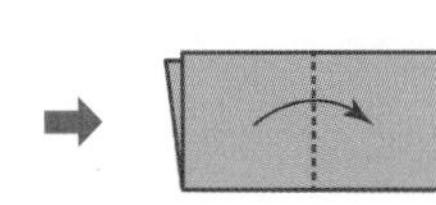 ➡ 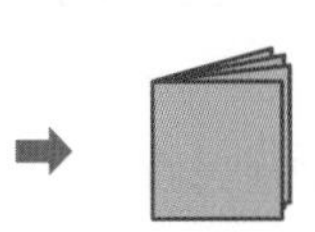

(　　　　　　　　　)

241004-0472

05 꼭짓점의 수가 적은 도형부터 순서대로 (　　) 안에 번호를 써 보세요.

원	사각형	삼각형
(　　　)	(　　　)	(　　　)

서술형

241004-0473

06 주어진 도형은 삼각형이 아닙니다. 그 이유를 써 보세요.

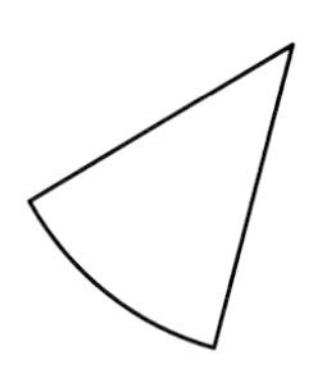

이유 ____________________

____

____

241004-0474

07 물건의 본을 떠서 원을 그릴 수 있는 것에 ○표 하세요.

(　　　　) (　　　　) (　　　　)

241004-0475

08 원에 대한 설명으로 틀린 것은 어느 것인가요?

(　　　　)

① 뾰족한 부분이 없습니다.
② 변이 없습니다.
③ 꼭짓점이 없습니다.
④ 어느 쪽에서 보아도 동그란 모양입니다.
⑤ 크기와 모양이 모두 같습니다.

[9~10] 칠교판을 보고 물음에 답하세요.

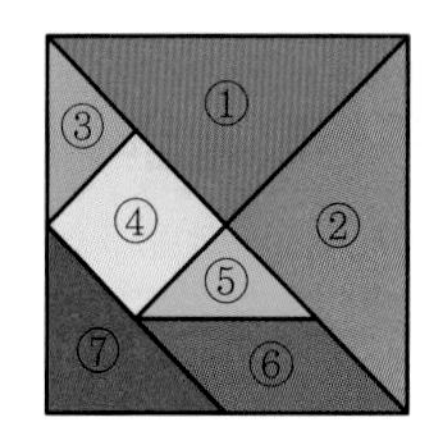

241004-0476

09 삼각형을 모두 찾아 번호를 써 보세요.

(   )

241004-0477

10 ④, ⑤, ⑦의 모양 조각을 모두 이용하여 주어진 도형을 만들어 보세요

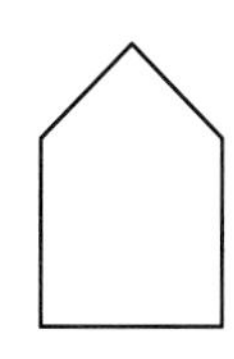

241004-0478

11 똑같은 모양으로 쌓으려면 필요한 쌓기나무는 몇 개인가요?

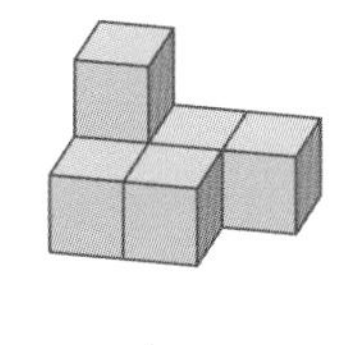

(   )

241004-0479

12 쌓기나무의 수가 나머지와 다른 하나를 찾아 ○표 하세요.

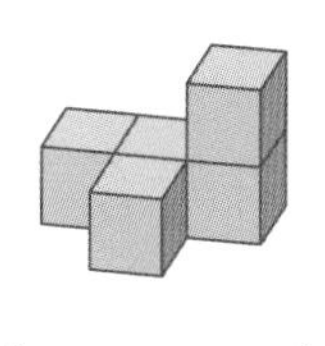 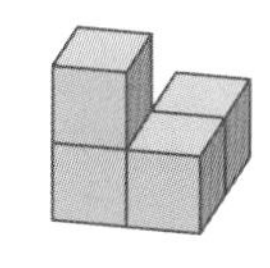 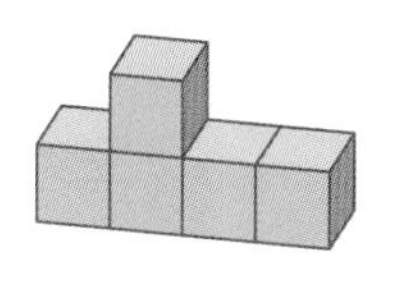

(   ) (   ) (   )

241004-0480

13 설명에 맞게 쌓은 모양을 찾아 ○표 하세요.

> 쌓기나무 3개를 1층에 놓고, 2층에 1개를 놓았습니다.

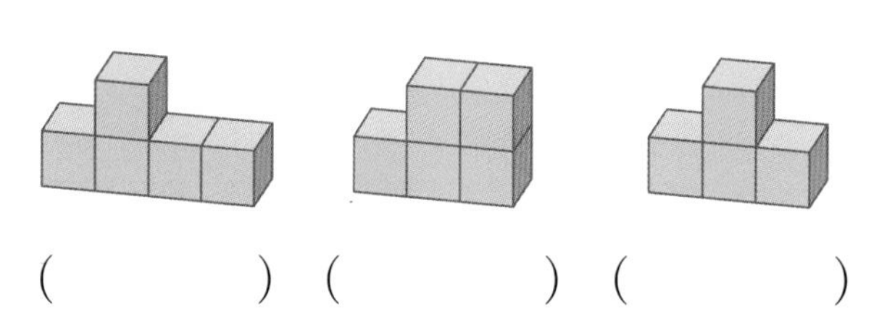

(   ) (   ) (   )

서술형 241004-0481

14 삼각형과 사각형의 같은 점과 다른 점을 각각 한 가지씩 써 보세요.

같은 점 ____________________________________

____

다른 점 ____________________________________

____

241004-0482

15 그림에서 찾을 수 있는 크고 작은 사각형은 모두 몇 개인가요?

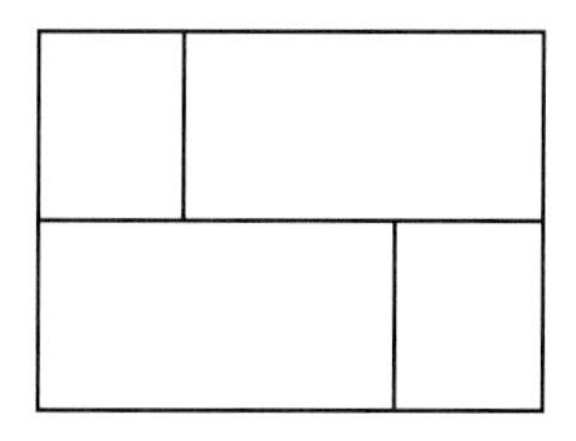

(   )

학교 시험 만점왕 2회

241004-0483

01 빈칸에 알맞은 수를 써넣으세요.

도형	삼각형	사각형
변(개)		
꼭짓점(개)		

241004-0484

02 그림과 같이 접은 후 점선을 따라 잘랐을 때 생기는 도형을 모두 써 보세요.

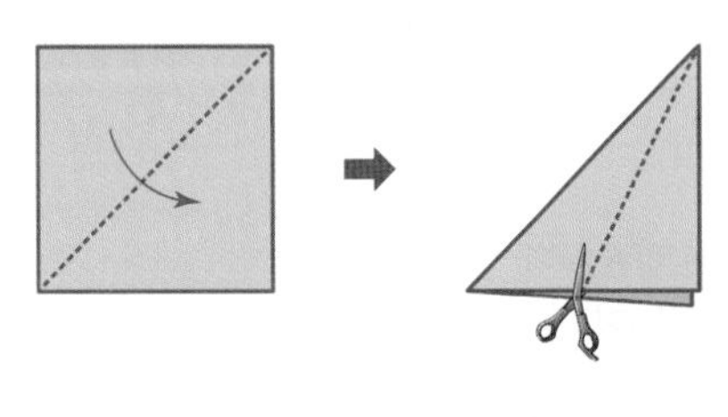

( )

241004-0485

03 선을 따라 잘랐을 때 삼각형 4개가 생기도록 곧은 선 2개를 그어 보세요.

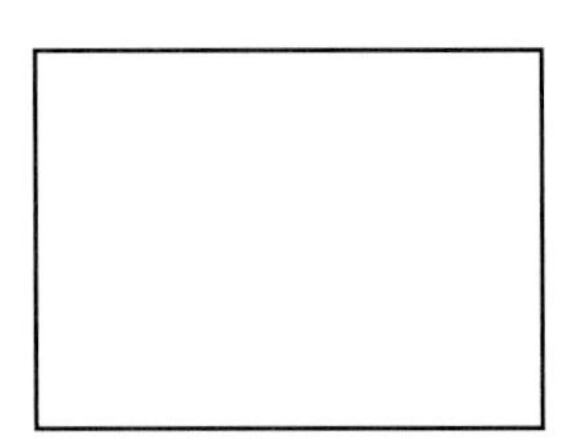

241004-0486

04 ㉠+㉡−㉢의 값을 구해 보세요.

㉠ 삼각형의 변의 수
㉡ 사각형의 꼭짓점의 수
㉢ 원의 꼭짓점의 수

( )

서술형 241004-0487

05 오른쪽 도형은 원이 아닙니다. 그 이유를 써 보세요.

이유 ______________________

____

241004-0488

06 삼각형과 사각형의 같은 점을 모두 찾아 기호를 써 보세요.

㉠ 변이 3개입니다.
㉡ 꼭짓점이 4개입니다.
㉢ 곧은 선으로 둘러싸여 있습니다.
㉣ 뾰족한 부분이 있습니다.

( )

241004-0489

07 그림에서 원은 모두 몇 개인가요?

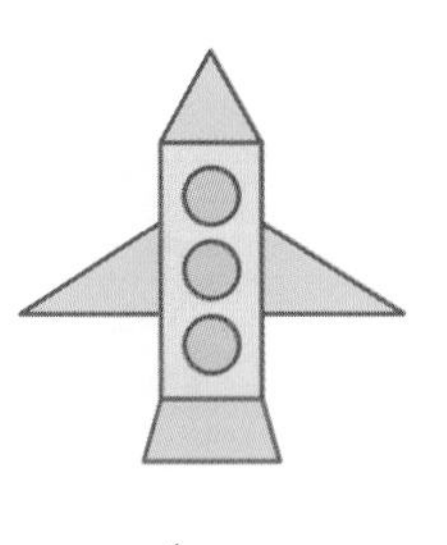

( )

241004-0490

08 원에 대한 설명으로 옳은 것을 모두 고르세요. ( )

① 뾰족한 부분이 없습니다.
② 곧은 선으로 되어 있습니다.
③ 모든 원은 모양과 크기가 같습니다.
④ 어느 쪽에서 보아도 똑같은 모양입니다.
⑤ 굽은 선으로 되어 있습니다.

[9~11] 칠교판을 보고 물음에 답하세요.

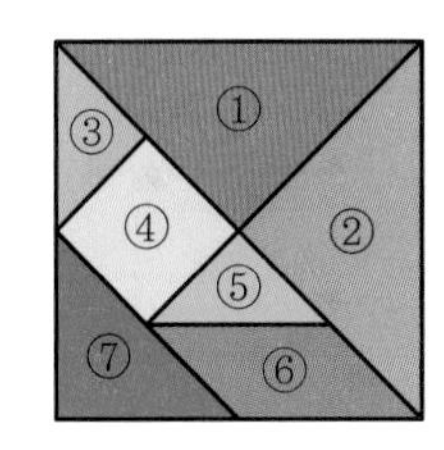

241004-0491

09 칠교판의 조각은 모두 몇 개인가요?

(　　　　　　　　)

241004-0492

10 삼각형 모양은 모두 몇 개인가요?

(　　　　　　　　)

241004-0493

11 ③, ⑤, ⑦의 모양 조각을 모두 이용하여 주어진 삼각형을 만들어 보세요.

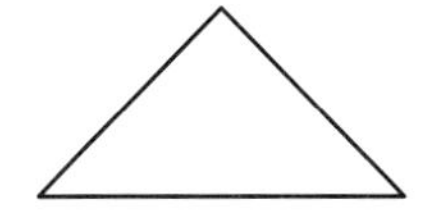

241004-0494

12 지원이와 무영이가 쌓기나무로 쌓은 모양입니다. 쌓기나무를 더 적게 사용한 친구는 누구인가요?

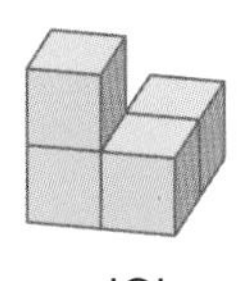

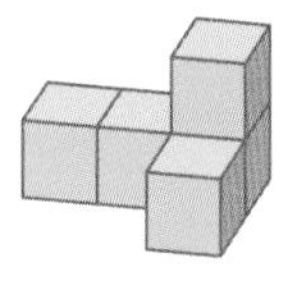

지원　　　무영

(　　　　　　　　)

241004-0495

13 쌓기나무 3개가 옆으로 나란히 있고, 가장 오른쪽에 있는 쌓기나무 위에 1개를 쌓은 모양을 찾아 기호를 써 보세요.

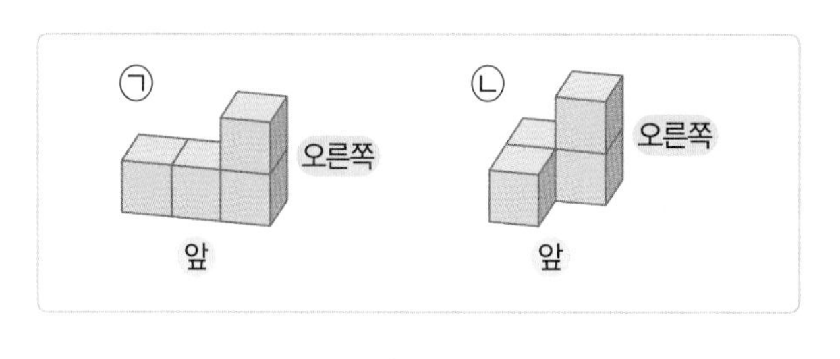

(　　　　　　　　)

241004-0496

14 오른쪽 쌓기나무를 보고 □ 안에 알맞은 수나 말을 써넣으세요.

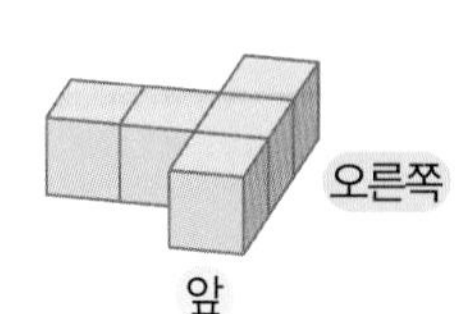

쌓기나무 □개를 옆으로 나란히 놓고, 가장 □에 있는 쌓기나무의 □과 뒤에 쌓기나무를 □개씩 놓았습니다.

서술형

241004-0497

15 쌓기나무의 수가 가장 많은 것과 가장 적은 것의 쌓기나무 수의 차는 몇 개인지 풀이 과정을 쓰고 답을 구해 보세요.

풀이

답

❶ 덧셈하기

- 일의 자리 수끼리의 합이 10이거나 10보다 크면 10을 십의 자리로 받아올림합니다.
- 십의 자리 수끼리의 합이 100이거나 100보다 크면 100을 백의 자리로 받아올림합니다.

❷ 뺄셈하기

- 일의 자리끼리 뺄 수 없는 경우에는 십의 자리에서 10을 받아내림합니다.

❸ 세 수의 계산하기

- 앞에서부터 두 수씩 순서대로 계산합니다.

❹ 덧셈과 뺄셈의 관계를 식으로 나타내기

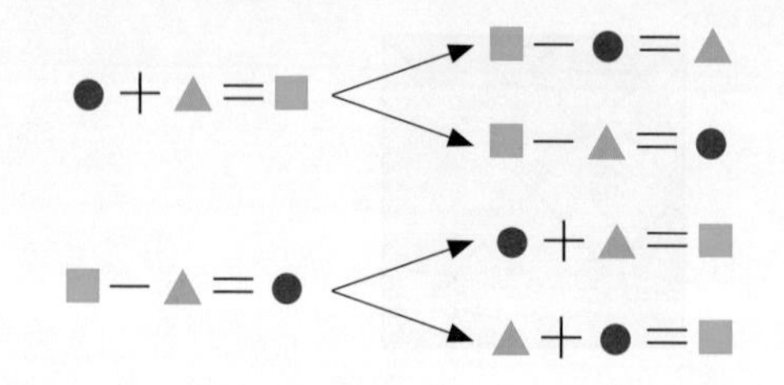

❺ □가 사용된 식을 만들고 □의 값 구하기

① 모르는 수를 □를 사용하여 식을 세웁니다.

② 덧셈과 뺄셈의 관계를 이용하여 □의 값을 구합니다.

241004-0498

01 덧셈해 보세요.

(1)
```
  2 6
+   8
```

(2)
```
  4 7
+   5
```

 일의 자리 수끼리의 합이 10이거나 10보다 크면 10을 십의 자리로 받아올림합니다.

241004-0499

02 두 수의 합을 구해 보세요.

16   68

(   )

세로셈을 이용하여 받아올림에 주의하여 계산합니다.

241004-0500

03 빈칸에 알맞은 수를 써넣으세요.

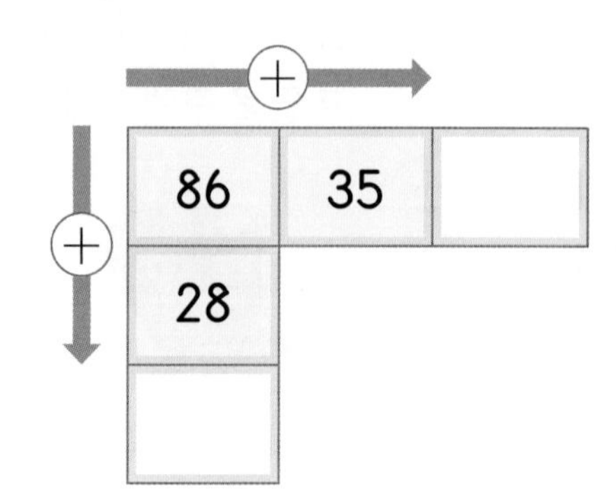

 십의 자리 수끼리의 합이 100이거나 100보다 크면 100을 백의 자리로 받아올림합니다.

241004-0501

04 뺄셈해 보세요.

(1) 23－9   (2) 54－8

받아내림에 주의하여 계산합니다.

241004-0502

05 두 수의 차를 구해 보세요.

10이 6개인 수	10이 3개, 1이 2개인 수

(　　　　　　　　　　)

두 수를 먼저 구합니다.

241004-0503

06 ●와 ▲의 합은 얼마일까요?

$53-25=$●, $25-18=$▲

(　　　　　　　　　　)

●와 ▲의 값을 구합니다.

241004-0504

07 □ 안에 알맞은 수를 써넣으세요.

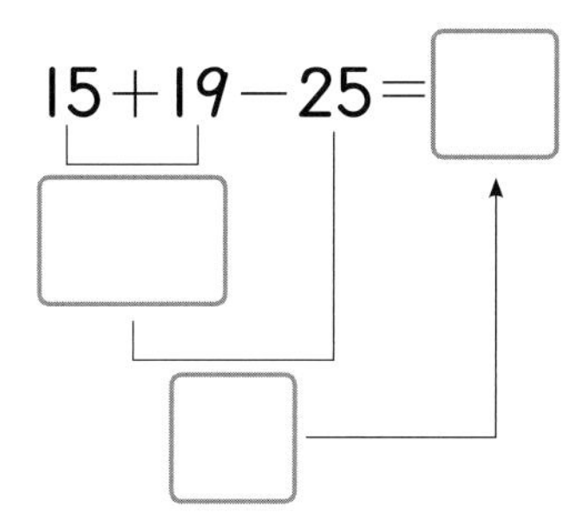

세 수의 계산을 할 때는 앞에서부터 두 수씩 순서대로 계산합니다.

241004-0505

08 계산해 보세요.

(1) $43+19+15$　　　　(2) $56-28+35$

받아올림과 받아내림에 주의하여 계산합니다.

241004-0506

09 덧셈식을 뺄셈식 2개로 나타내 보세요.

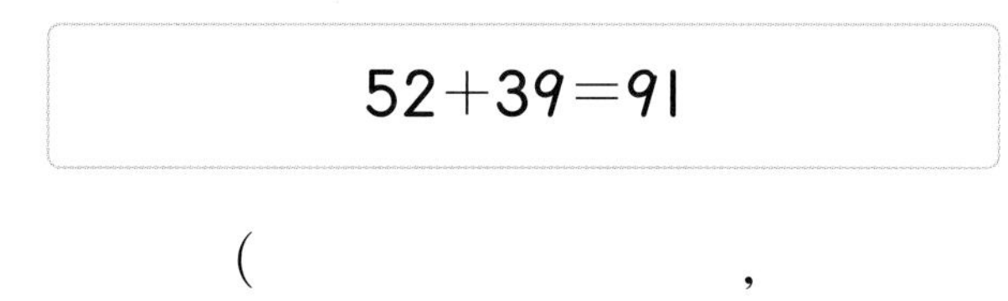

(　　　　　　,　　　　　　)

덧셈식을 뺄셈식 2개로 만들 수 있습니다.

241004-0507

10 □ 안에 알맞은 수를 써넣으세요.

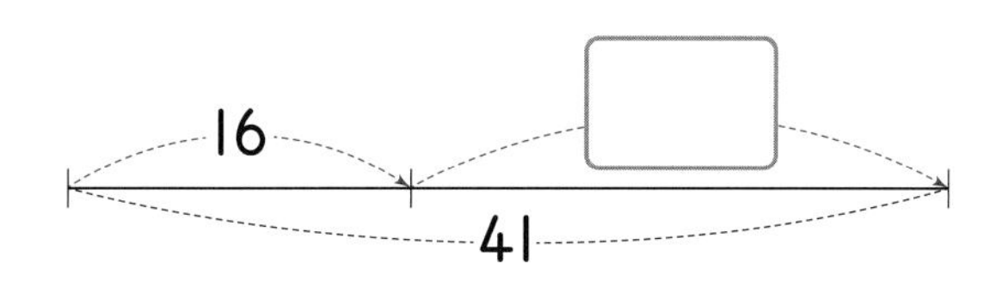

덧셈과 뺄셈의 관계를 이용하여 구합니다.

학교 시험 만점왕 1회

241004-0508

01 □ 안에 알맞은 수를 써넣으세요.

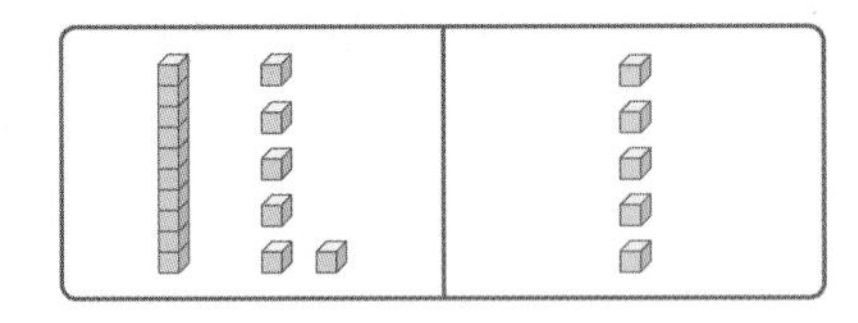

$16+5=$□

241004-0509

02 덧셈해 보세요.

(1) $18+13$

(2) $57+35$

241004-0510

03 계산 결과를 비교하여 ○ 안에 $>$, $=$, $<$를 알맞게 써넣으세요.

$67+45$ ○ $28+95$

241004-0511

04 □ 안에 알맞은 수를 써넣으세요.

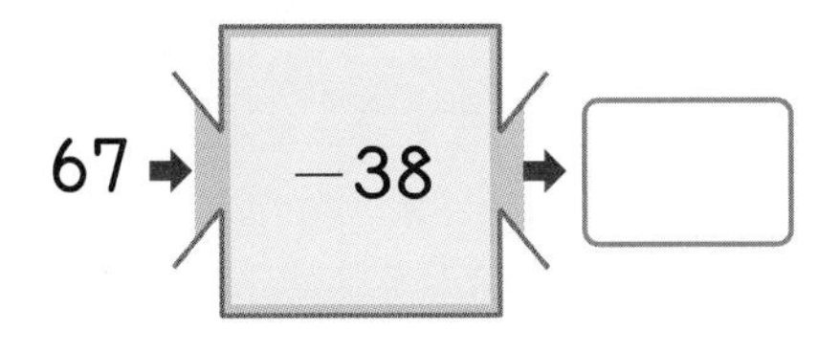

241004-0512

05 계산 결과가 가장 작은 것의 기호를 써 보세요.

㉠ $30-16$ ㉡ $40-27$ ㉢ $50-12$

( )

241004-0513

06 고구마가 32개 있었습니다. 친구에게 고구마를 17개 주었습니다. 남은 고구마는 몇 개일까요?

( )

서술형 241004-0514

07 10이 7개인 수와 10이 3개, 1이 8개인 수의 차는 얼마인지 풀이 과정을 쓰고 답을 구해 보세요.

풀이 ______

답 ______

241004-0515

08 □ 안에 알맞은 수를 써넣으세요.

$53-16+25=$□

$$\begin{array}{r} 5\ 3 \\ -\ 1\ 6 \\ \hline \square \end{array} \qquad \begin{array}{r} \square \\ +\ 2\ 5 \\ \hline \square \end{array}$$

241004-0516

09 빈칸에 알맞은 수를 써넣으세요.

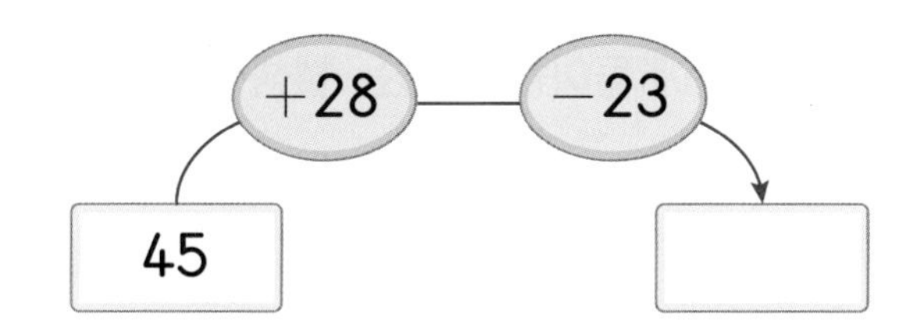

241004-0517

10 선생님께서 연필을 83자루 가지고 오셨습니다. 연필을 1교시에 28자루 나누어 주셨고 2교시에 19자루 나누어 주셨습니다. 남은 연필은 몇 자루일까요?

( )

241004-0518

11 덧셈식을 뺄셈식 2개로 나타내 보세요.

$28+48=76$

(,)

[12~13] 수 카드를 보고 물음에 답하세요.

17	37	28	46	52

241004-0519

12 수 카드 중에서 2장을 골라 차가 35가 되는 뺄셈식을 만들어 보세요.

□ − □ = 35

241004-0520

13 12번에서 만든 뺄셈식을 덧셈식 2개로 나타내 보세요.

(,)

241004-0521

14 □ 안에 알맞은 수를 써넣으세요.

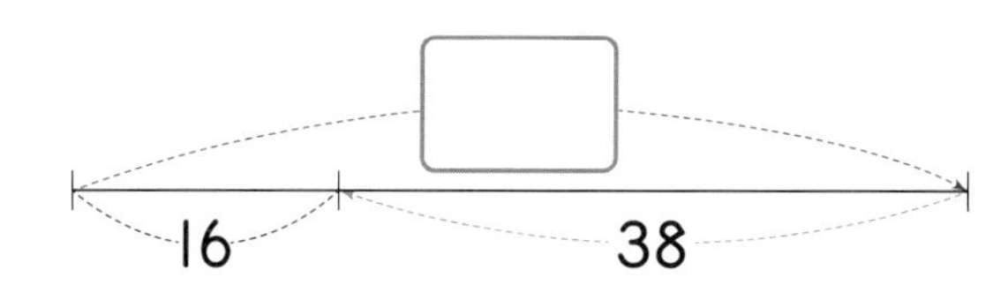

서술형 241004-0522

15 주어진 조건을 보고 어떤 수보다 23 큰 수는 얼마인지 풀이 과정을 쓰고 답을 구해 보세요.

어떤 수보다 6 작은 수는 48입니다.

풀이

답

학교 시험 만점왕 2회

3. 덧셈과 뺄셈

241004-0523

01 바르게 계산한 쪽에 ○표 하세요.

$$\begin{array}{r} 5\ 4 \\ +\quad 8 \\ \hline 5\ 2 \end{array} \qquad \begin{array}{r} 3\ 6 \\ +\quad 8 \\ \hline 4\ 4 \end{array}$$

(　　　　)　(　　　　)

241004-0524

02 두 수의 합을 구해 보세요.

27　　64

(　　　　　　　　)

241004-0525

03 계산 결과가 큰 순서대로 기호를 써 보세요.

㉠ 56+47　㉡ 38+88　㉢ 63+29

(　　　　　　　　)

241004-0526

04 두 수의 차를 구해 보세요.

33　　5

(　　　　　　　　)

241004-0527

05 빈칸에 알맞은 수를 써넣으세요.

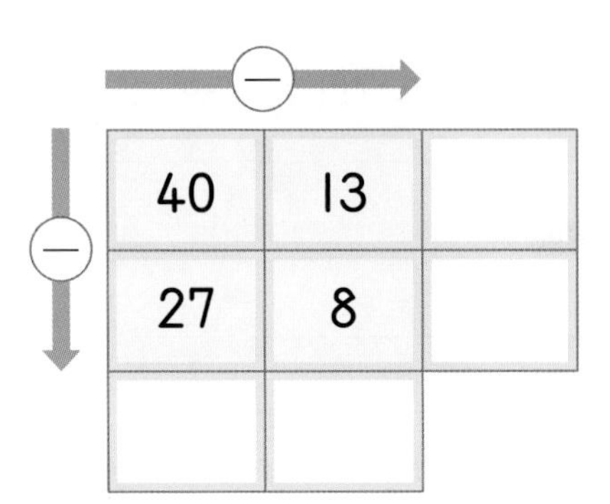

241004-0528

06 □ 안에 들어갈 수 있는 뺄셈식을 골라 ○표 하세요.

25+38<□

(77−19 , 83−17 , 91−29)

241004-0529

07 □ 안에 알맞은 수를 써넣으세요.

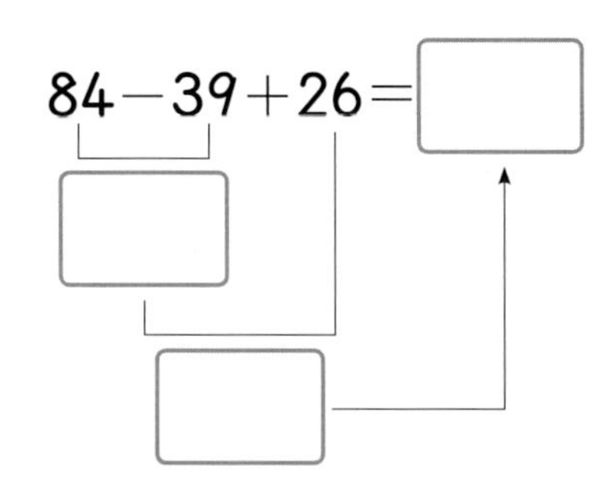

241004-0530

08 같은 것끼리 선으로 이어 보세요.

23+48+19 •　　　• 66

37−16+45 •　　　• 90

55−19−23 •　　　• 13

서술형 241004-0531

09 □ 안에 들어갈 수 있는 수 중에서 가장 큰 수는 얼마인지 풀이 과정을 쓰고 답을 구해 보세요.

$13+28-8>\square$

풀이

답

241004-0532

10 뺄셈식을 덧셈식 2개로 나타내 보세요.

$77-39=38$

(,)

241004-0533

11 그림을 보고 덧셈식을 뺄셈식으로 나타내 보세요.

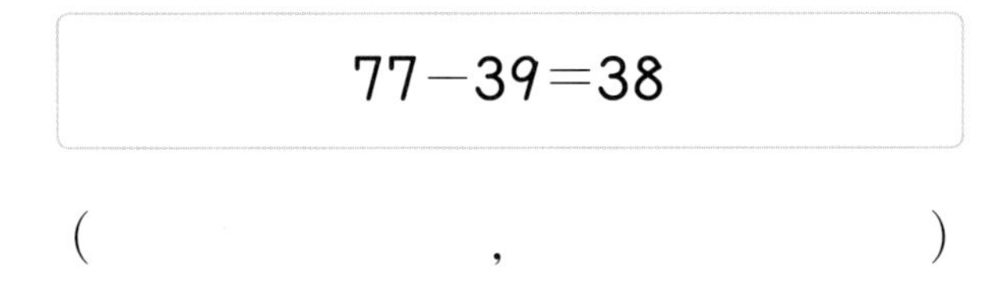

$18+26=\square$

$\square-\square=26$

$\square-\square=\square$

241004-0534

12 □ 안에 알맞은 수를 써넣으세요.

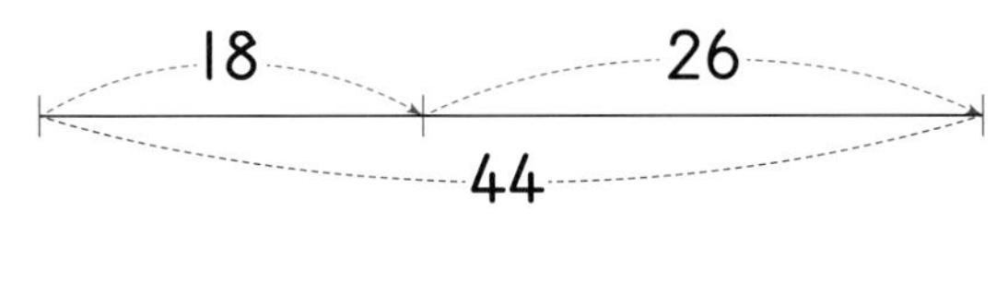

241004-0535

13 그림을 보고 □를 사용하여 알맞은 식으로 나타내 보세요.

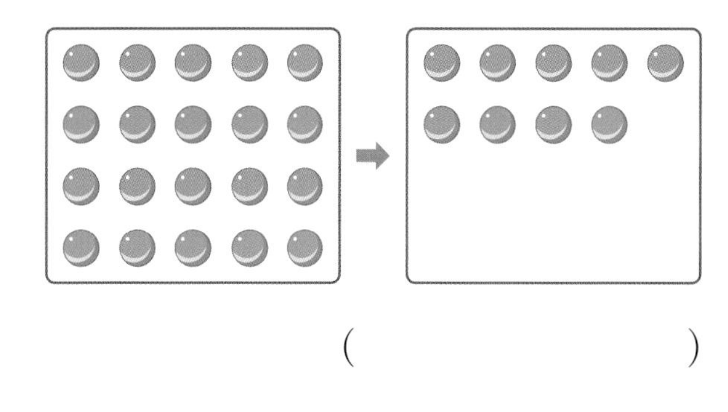

( )

241004-0536

14 어떤 수를 □를 사용하여 식으로 나타낸 것입니다. 잘못 나타낸 것을 찾아 기호를 써 보세요.

㉠ 어떤 수에 15를 더하면 42입니다.
➡ $\square+15-42$

㉡ 73에서 어떤 수를 빼면 46입니다.
➡ $\square-73=46$

㉢ 65에 어떤 수를 더하면 89입니다.
➡ $65+\square=89$

( )

서술형 241004-0537

15 어떤 수와 38의 합은 66입니다. 어떤 수를 구하는 풀이 과정을 쓰고 답을 구해 보세요.

풀이

답

❶ 여러 가지 단위로 길이 재기

- 연필의 길이는 클립으로 6번입니다.
- 연필의 길이는 막대자석으로 3번입니다.

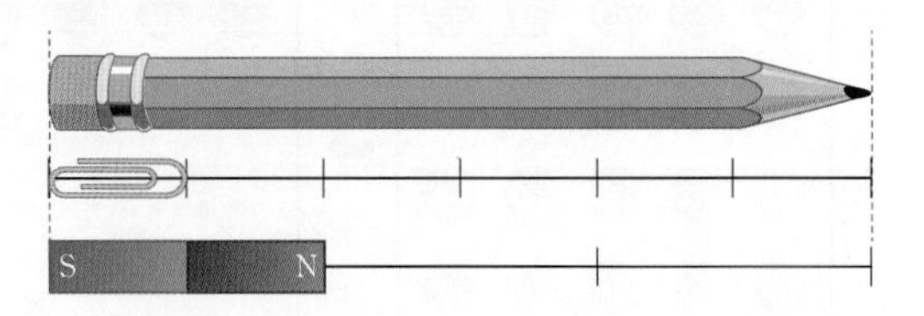

❷ 1 cm 알기

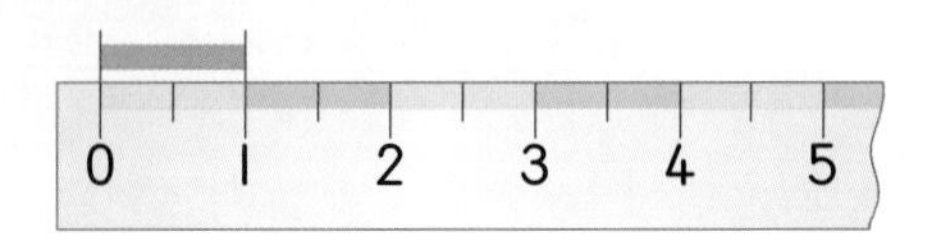

- ▭의 길이를 1 cm라 쓰고 1 센티미터라고 읽습니다.

❸ 자로 길이 재기

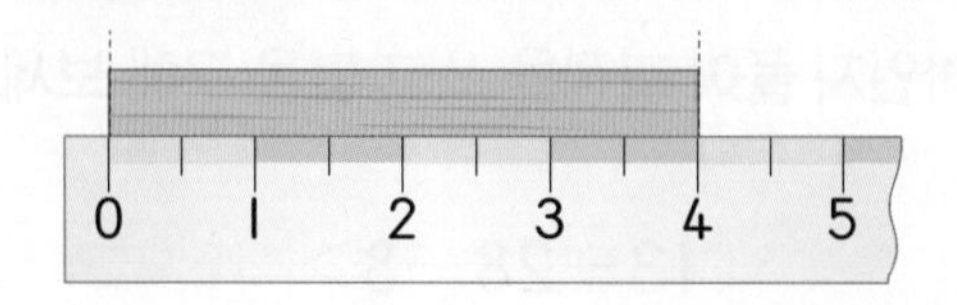

① 막대의 한쪽 끝을 자의 눈금 0에 맞춥니다.

② 막대의 다른 쪽 끝에 있는 자의 눈금을 읽습니다.

➡ 막대의 길이는 4 cm입니다.

❹ 길이 어림하기

- 어림한 길이를 말할 때는 약 □ cm라고 합니다.

241004-0538

01 삼각형의 두 변 가와 나의 길이만큼 색 테이프를 자른 다음 길이를 비교했습니다. 가와 나 중에서 더 긴 것은 어느 것인가요?

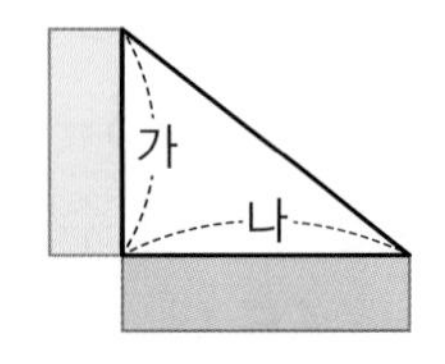

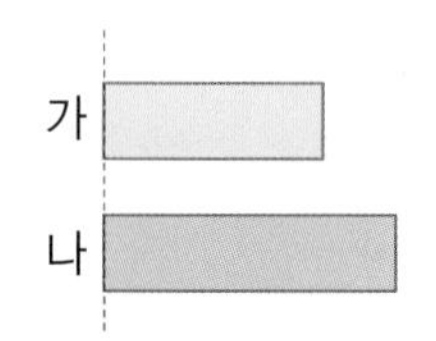

(　　　　　　　　)

> 직접 비교할 수 없는 경우는 색 테이프나 리본과 도구를 사용하여 길이를 비교합니다.

241004-0539

02 붓의 길이는 집게로 몇 번인가요?

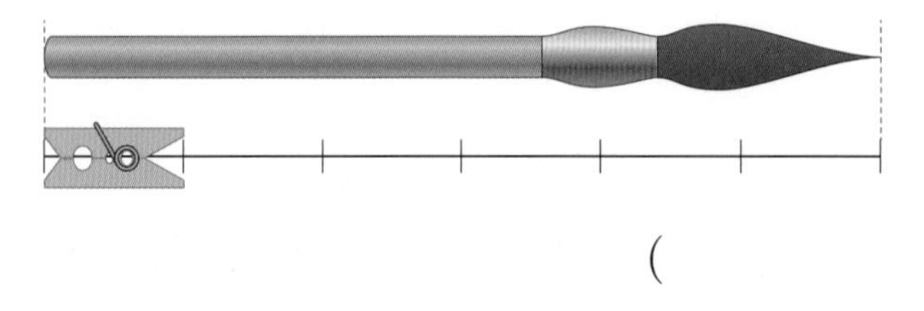

(　　　　　　　　)

241004-0540

03 책장의 짧은 쪽의 길이를 민수의 뼘으로 재었더니 8뼘쯤이고, 준우의 뼘으로 재었더니 7뼘쯤이었습니다. 민수와 준우 중 뼘의 길이가 더 긴 친구는 누구일까요?

(　　　　　　　　)

> 단위길이가 길수록 어떤 물건의 길이를 잰 횟수는 적어집니다.

241004-0541

04 길이가 2 cm인 종이 띠를 찾아 기호를 써 보세요.

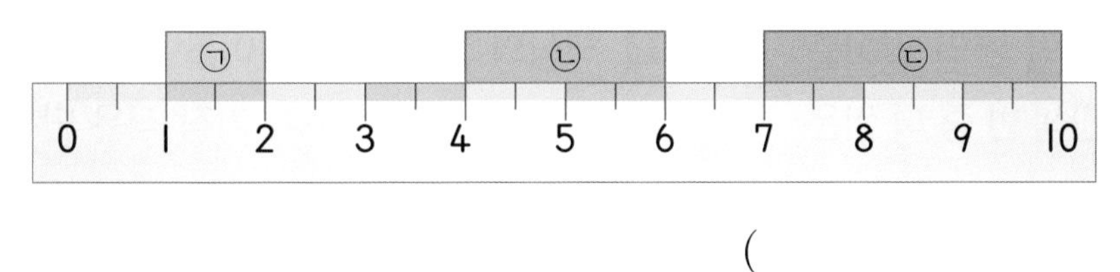

( )

1 cm가 2번이면 2 cm입니다.

241004-0542

05 5 cm만큼 점선을 따라 선을 그어 보세요.

5 cm는 1 cm가 5번입니다.

241004-0543

06 클립의 길이를 바르게 잰 것을 찾아 ○표 하세요.

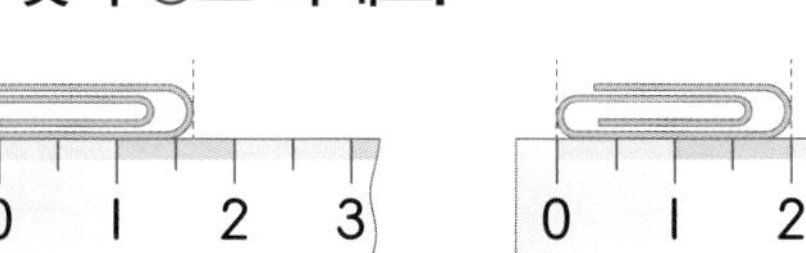

( ) ( ) ( )

클립의 한쪽 끝을 자의 눈금 0에 맞춥니다.

241004-0544

07 풀의 길이를 자로 재어 보세요.

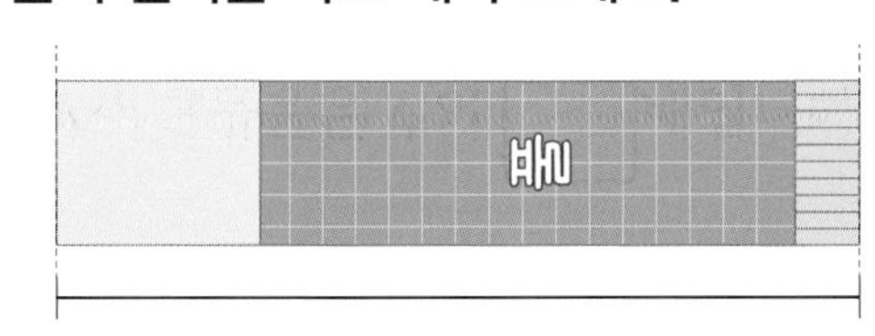

( )

풀의 한쪽 끝을 자의 눈금 0에 맞춘 후 다른 쪽 끝에 있는 자의 눈금을 읽습니다.

241004-0545

08 과자의 길이는 약 몇 cm인가요?

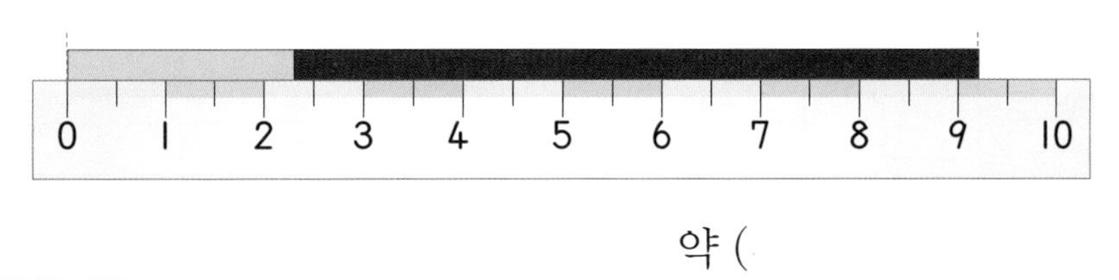

약 ( )

과자의 한쪽 끝이 0일 때 다른 쪽 끝이 어느 눈금의 숫자에 더 가까운지 확인합니다.

241004-0546

09 바늘의 길이를 어림하고 자로 재어 확인해 보세요.

어림한 길이 ➡ 약 ( )

자로 잰 길이 ➡ ( )

1 cm가 몇 번쯤 들어가는지 생각해 봅니다.

241004-0547

10 무릎에서 발바닥까지의 길이에 가장 가까운 길이를 찾아 ○표 하세요.

4 cm	40 cm	400 cm

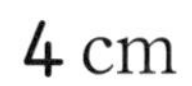

한 뼘의 길이는 약 10 cm입니다.

학교 시험 만점왕 1회

4. 길이 재기

241004-0548

01 길이가 같은 색 막대로 삼각형의 변의 길이를 비교했습니다. 초록색 변과 빨간색 변 중 더 짧은 변은 어느 것인가요?

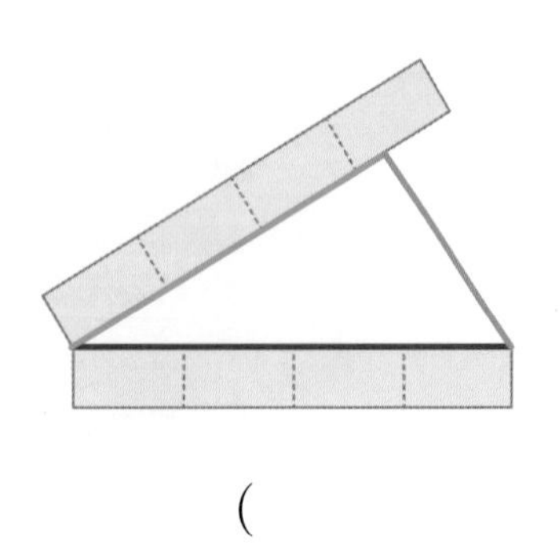

(　　　　　　　　　　)

241004-0549

02 창문의 긴 쪽 길이를 연필과 풀로 재어 보았습니다. □ 안에 알맞은 수를 써넣으세요.

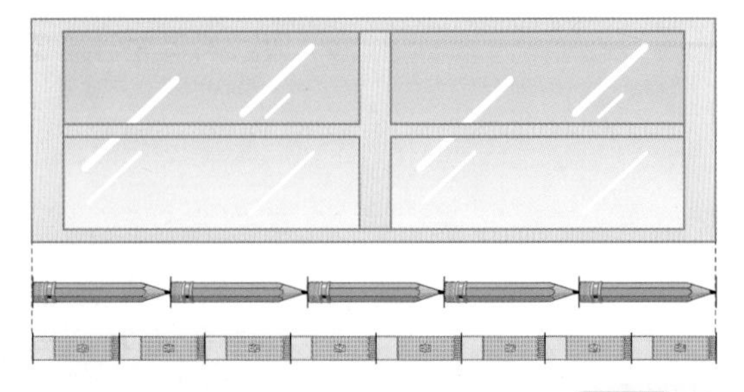

창문의 긴 쪽 길이는 연필로 □ 번이고, 풀로 □ 번입니다.

241004-0550

03 엄지손톱으로 길이가 4번쯤 되는 막대를 찾아 색칠해 보세요.

241004-0551

04 책상의 짧은 쪽의 길이를 여러 가지 단위로 재었습니다. 잰 횟수가 가장 적은 단위를 찾아 기호를 써 보세요.

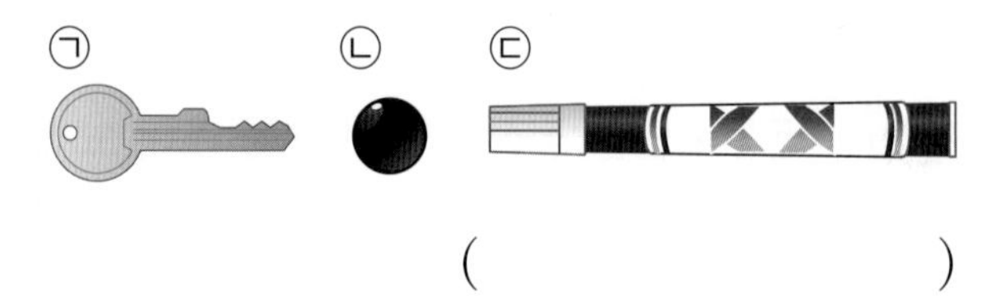

(　　　　　　　　　　)

서술형 241004-0552

05 교실의 칠판의 길이는 선생님의 뼘으로 15뼘쯤이고, 민수의 뼘으로 20뼘쯤입니다. 같은 길이를 재었는데 두 사람이 잰 횟수가 다른 이유를 써 보세요.

이유 ______________________________

____

241004-0553

06 막대를 한 번 잘라서 길이가 4 cm인 막대를 만들려고 합니다. 잘라야 하는 선을 표시해 보세요.

1 cm

241004-0554

07 ▭의 길이를 1 cm라고 할 때 머리핀의 길이를 쓰고 읽어 보세요.

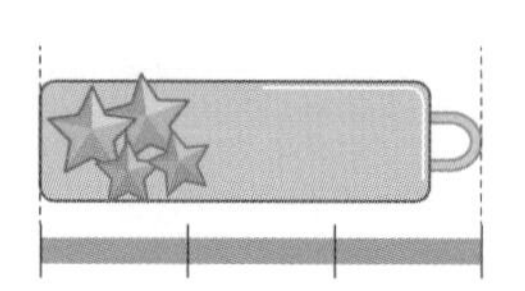

쓰기	읽기

241004-0555

08 길이가 가장 긴 변을 찾아 자로 재어 보세요.

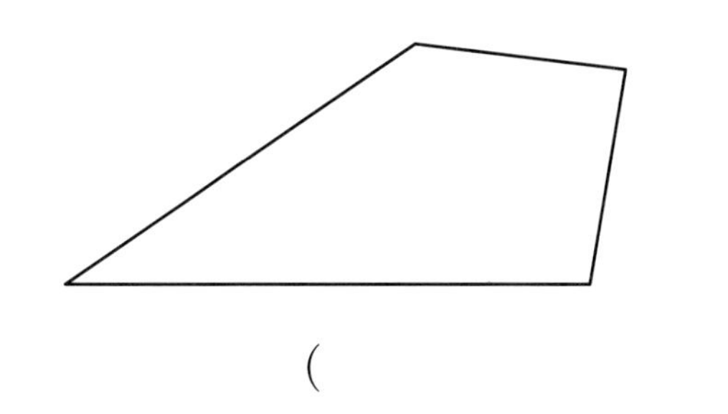

( )

서술형 241004-0556

09 은우는 길이가 6 cm인 열쇠로 그림책의 긴 쪽의 길이를 재었더니 5번쯤이었습니다. 그림책의 긴 쪽의 길이는 약 몇 cm인지 풀이 과정을 쓰고 답을 구해 보세요.

풀이 ______________________

____

____

답 약 ____________

241004-0557

10 포크의 길이는 약 몇 cm인가요?

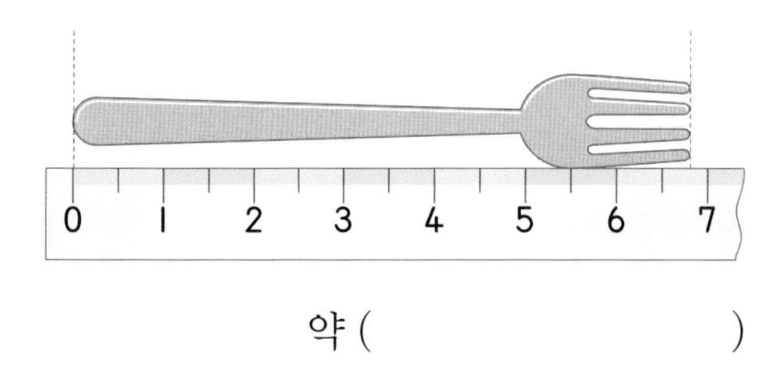

약 ( )

241004-0558

11 키보드의 긴 쪽의 길이를 어림한 다음 자로 재어 보았더니 40 cm였습니다. 가장 잘 어림한 친구는 누구일까요?

지민	하연	한비
약 38 cm	약 50 cm	약 45 cm

( )

241004-0559

12 지갑의 긴 쪽의 길이를 어림하고 자로 재어 보세요.

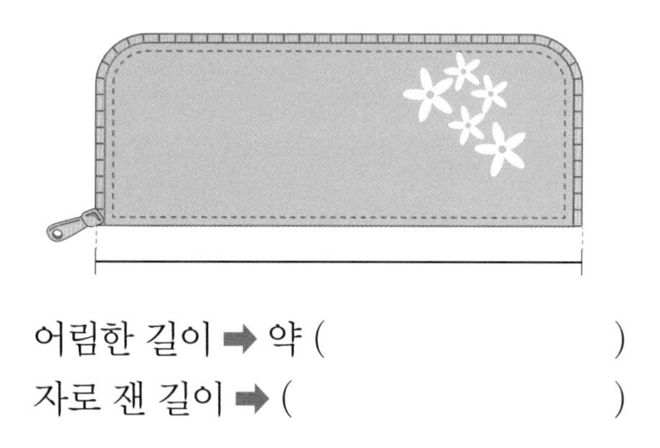

어림한 길이 ➡ 약 ( )

자로 잰 길이 ➡ ( )

241004-0560

13 가의 길이는 6 cm입니다. 나의 길이는 약 몇 cm일까요?

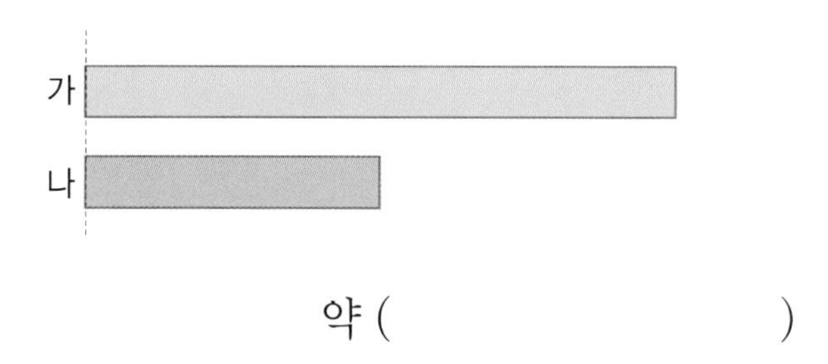

약 ( )

241004-0561

14 길이를 바르게 어림한 친구는 누구일까요?

하빈: 지우개의 짧은 쪽의 길이는 약 3 cm야.

다준: 만점왕 문제집의 긴 쪽의 길이는 약 10 cm야.

( )

241004-0562

15 분홍색 리본과 연두색 리본의 길이를 더하면 몇 cm일까요?

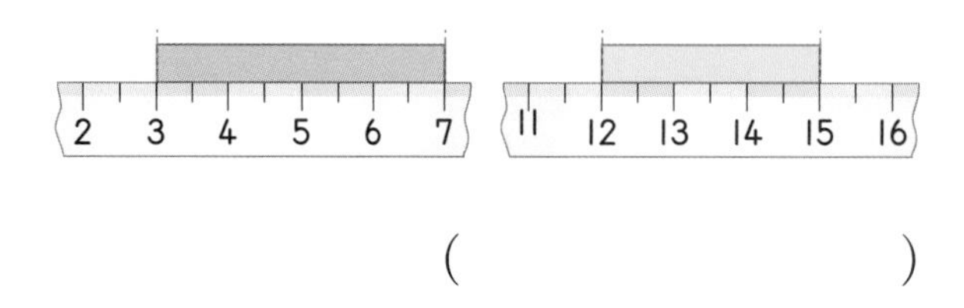

( )

학교 시험 만점왕 2회

241004-0563

01 길이가 가장 긴 줄의 기호를 써 보세요.

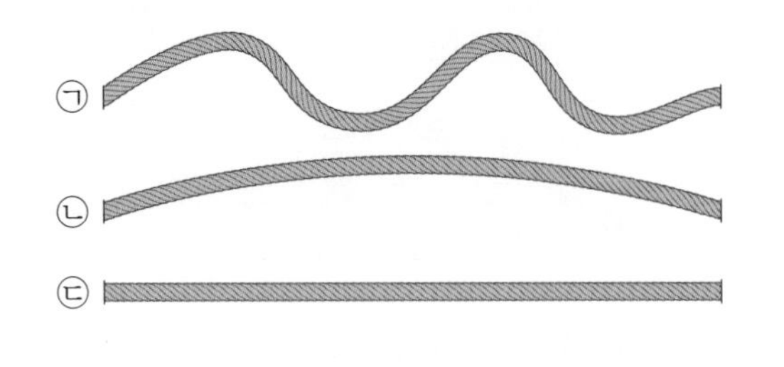

(　　　　　　　　)

241004-0564

02 우유팩의 긴 쪽과 짧은 쪽의 길이는 ▬로 몇 번인가요?

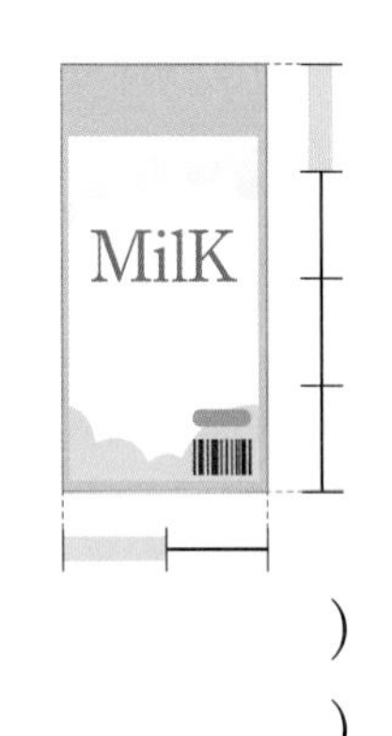

긴 쪽 (　　　　　　　　)

짧은 쪽 (　　　　　　　　)

241004-0565

03 책장의 긴 쪽의 길이를 각자의 연필로 재었습니다. 더 긴 연필을 가진 친구는 누구일까요?

책장의 긴 쪽의 길이는 내 연필로 10번쯤이야.

책장의 긴 쪽의 길이는 내 연필로는 12번쯤이야.

현진　　태윤

(　　　　　　　　)

241004-0566

04 냉장고의 높이를 잴 때 단위로 사용할 수 있는 것을 주변에서 찾아 2가지 써 보세요.

(　　　　　　　　)

241004-0567

05 머리핀의 길이는 몇 cm인가요?

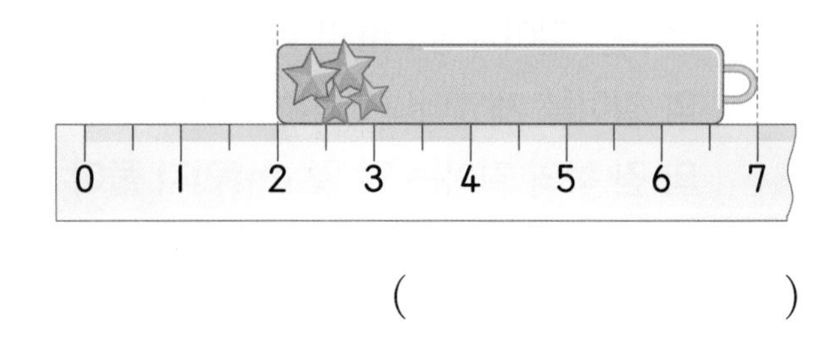

(　　　　　　　　)

서술형

241004-0568

06 네 변의 길이가 모두 1 cm인 사각형 4개로 모양을 만들었습니다. 파란색 선의 길이는 모두 몇 cm인지 풀이 과정을 쓰고 답을 구해 보세요.

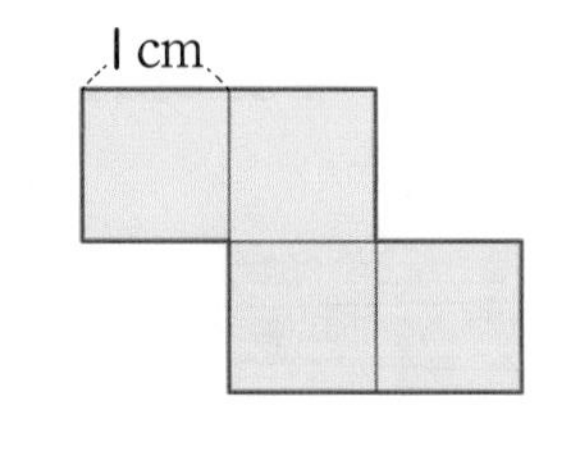

풀이 ____________________

____

____

답 ____________

241004-0569

07 1 cm가 7번인 색 테이프의 기호를 써 보세요.

가

나

(　　　　　　　　)

241004-0570

08 주어진 길이만큼 점선을 따라 선을 그려 보세요.

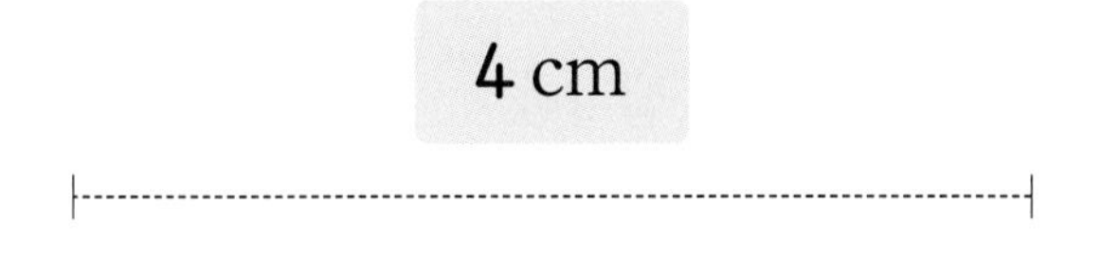

241004-0571

09 길이가 2 cm인 변은 모두 몇 개인가요?

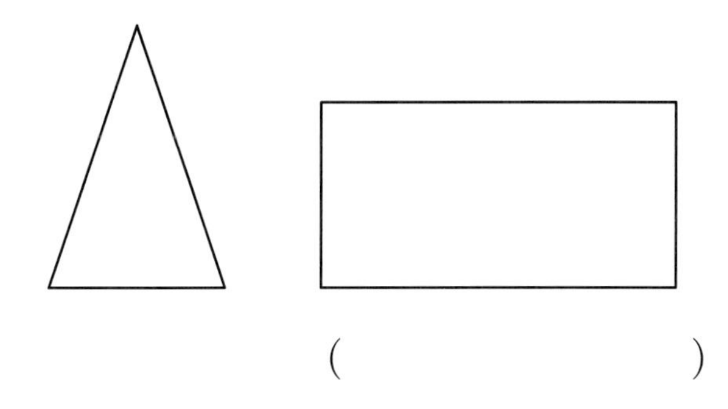

( )

241004-0572

10 선의 길이는 약 몇 cm인가요?

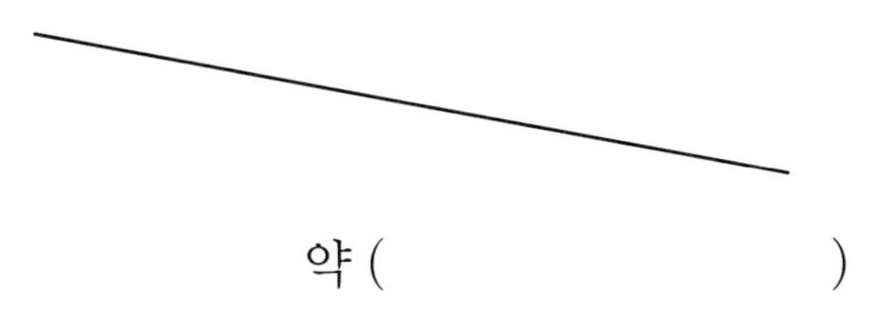

약 ( )

241004-0573

11 2 cm보다 길고 3 cm보다 짧은 클립을 찾아 기호를 써 보세요.

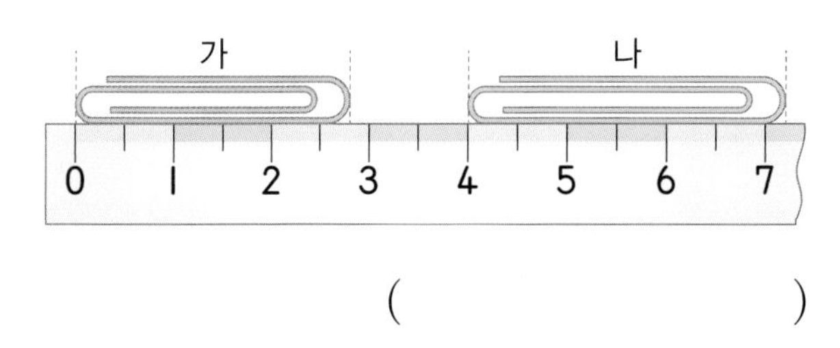

( )

241004-0574

12 두 막대의 길이를 이용해 막대를 약 5 cm만큼 색칠해 보세요.

2 cm

3 cm

서술형

241004-0575

13 크레파스의 길이를 가장 바르게 나타낸 것을 찾는 풀이 과정을 쓰고 답을 구해 보세요.

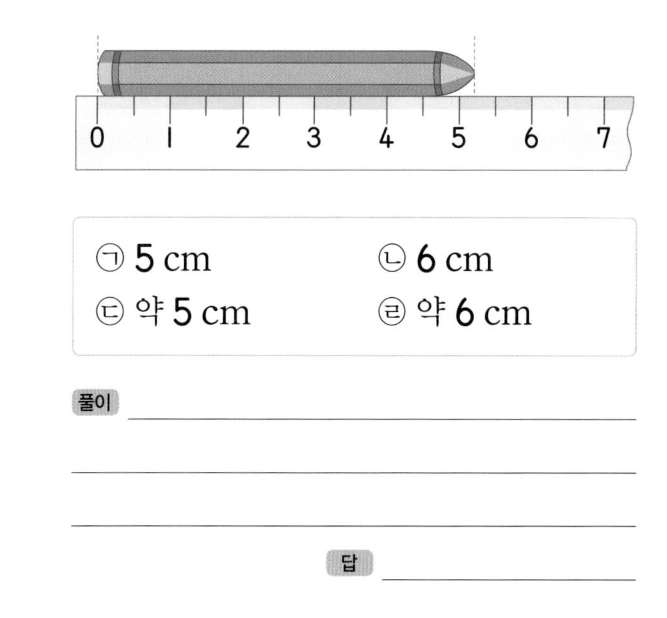

풀이

답

241004-0576

14 □ 안에 알맞은 수를 보기 에서 찾아 써 보세요.

시장에서 사 온 오이의 길이는

약 □ cm입니다.

241004-0577

15 다음 몸의 부분 중 길이가 약 30 cm인 것은 어느 것일까요? ( )

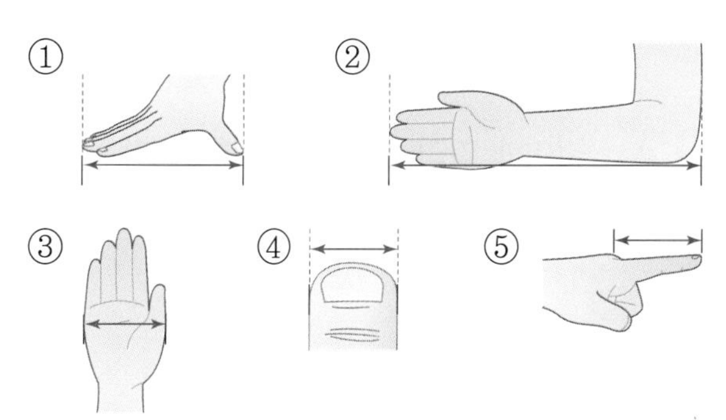

❶ 분류

- 어떤 기준을 정해서 나누는 것을 분류라고 합니다.
- 모양, 색깔 등 여러 가지 기준에 따라 분류할 수 있습니다.

❷ 분류 기준 정하는 방법

- 모두가 인정하는 분명한 기준
- 누가 분류하더라도 같은 결과가 나올 수 있는 기준
- 모든 물건이 나누어질 수 있는 기준

❸ 분류하여 세어 보기

- 조사한 자료를 셀 때 자료를 빠뜨리지 않기 위해 표시하며 셉니다.
- 모든 자료를 세어 본 후에는 전체 수와 센 결과가 일치하는지 확인합니다.

❹ 분류한 결과 말하기

- 분류되어 있으면 편리한 점
  ① 쉽게 찾을 수 있습니다.
  ② 정리되어 깔끔합니다.
  ③ 무엇이 더 많은지 비교하기 편리합니다.

[1-2] 학교에 우산이 여러 개 있습니다. 물음에 답하세요.

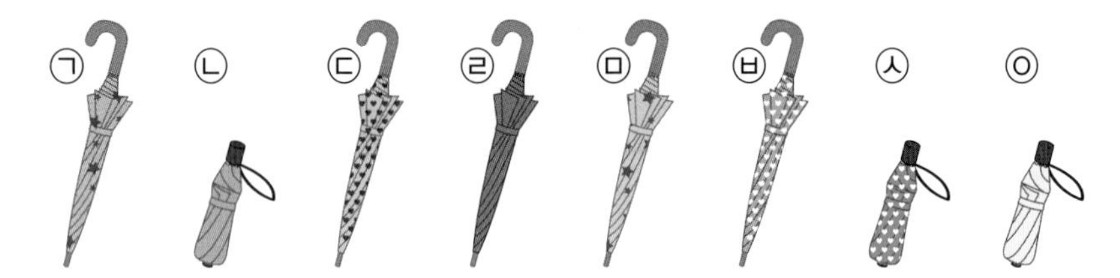

241004-0578

01 분류 기준으로 알맞은 것을 모두 찾아 기호를 써 보세요.

㉠ 예쁜 것과 예쁘지 않은 것
㉡ 무늬가 있는 것과 없는 것
㉢ 긴 것과 짧은 것
㉣ 비싼 것과 비싸지 않은 것

( )

누가 분류하더라도 같은 결과가 나올 수 있는 기준이어야 합니다.

241004-0579

02 길이에 따라 분류하여 기호를 써 보세요.

긴 것	
짧은 것	

분류한 다음에는 빠뜨리거나 중복하여 센 것이 있는지 확인해 봅니다.

[3~4] 다영이가 꽃 그림을 그렸습니다. 물음에 답하세요.

241004-0580

03 모양에 따라 분류하여 그 수를 세어 보세요.

모양		
세면서 표시하기		
그림 수(개)		

모든 자료를 세어 본 후에는 전체 수와 센 결과가 일치하는지 확인합니다.

241004-0581

04 색깔에 따라 분류하여 그 수를 세어 보세요.

색깔	빨간색	노란색	보라색
그림 수(개)			

[5~6] 지은이가 친구들이 먹고 싶은 음식을 조사하였습니다. 물음에 답하세요.

햄버거	햄버거	스파게티	김밥	햄버거	스파게티
김밥	김밥	햄버거	스파게티	김밥	김밥

241004-0582

05 음식을 종류에 따라 분류하여 그 수를 세어 보세요.

종류	스파게티	햄버거	김밥
친구 수(명)			

빠뜨리거나 중복되지 않게 수를 세어 봅니다.

241004-0583

06 먹고 싶은 친구가 가장 많은 음식은 무엇인가요?

(   )

분류하여 나타낸 것을 보면 쉽게 알 수 있습니다.

학교 시험 만점왕 1회

241004-0584

01 분류 기준으로 알맞지 않은 것을 찾아 ×표 하세요.

맛있는 것과 맛없는 것 ( )
과일과 야채 ( )
색깔 ( )

서술형 241004-0585

02 어떻게 분류하면 좋을지 분류 기준을 두 가지 써 보세요.

분류 기준 __________

241004-0586

03 다음과 같이 분류하였습니다. 분류 기준을 써 보세요.

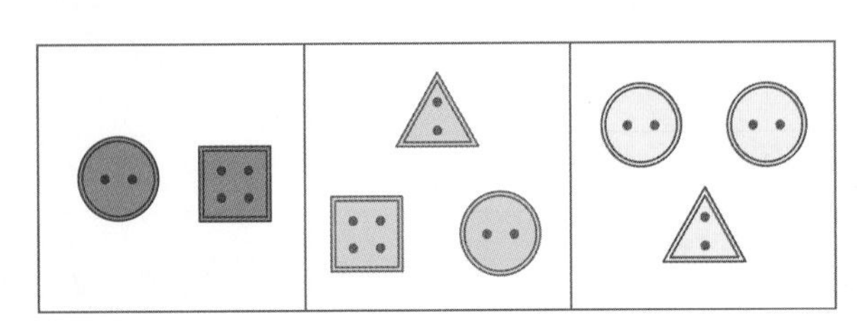

분류 기준 __________

[4~5] 그림을 보고 물음에 답하세요.

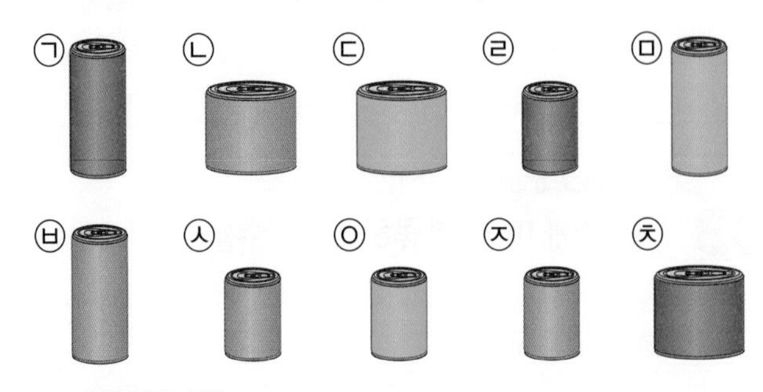

241004-0587

04 캔을 모양에 따라 분류하여 기호를 써 보세요.

모양			
기호			

241004-0588

05 캔을 색깔에 따라 분류하여 기호를 써 보세요.

색깔	빨간색	초록색	보라색
기호			

241004-0589

06 동물의 이름을 글자 수에 따라 분류하여 기호를 써 보세요.

㉥호랑이 ㉦말 ㉧돼지 ㉨하마

글자 수	1자	2자	3자
기호			

[7~8] 현빈이네 반에 있는 양치 컵입니다. 물음에 답하세요.

241004-0590

07 양치 컵을 손잡이 개수에 따라 분류하여 그 수를 세어 보세요.

손잡이 개수	0개	1개
컵 수(개)		

241004-0591

08 양치 컵을 무늬에 따라 분류하여 그 수를 세어 보세요.

무늬	있음	없음
컵 수(개)		

[9~10] 친척들이 모여 점심을 먹으려고 주문한 음식입니다. 물음에 답하세요.

짜장면	짬뽕	짜장면	짬뽕
짬뽕	짜장면	짬뽕	짬뽕
탕수육	짬뽕	짬뽕	탕수육

241004-0592

09 친척들이 주문한 음식을 종류에 따라 분류하여 그 수를 세어 보세요.

종류	짜장면	짬뽕	탕수육
음식 수(개)			

241004-0593

10 친척들이 가장 많이 주문한 음식은 무엇인가요?

( )

[11~12] 민아와 엄마는 곧 태어날 동생의 물건을 정리했습니다. 물음에 답하세요.

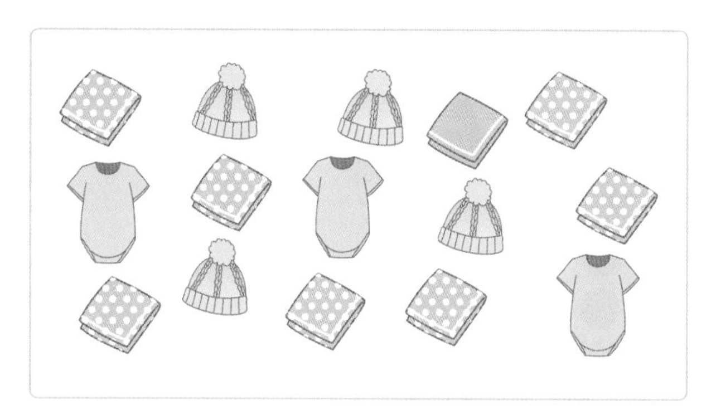

241004-0594

11 동생의 물건을 종류에 따라 분류하여 그 수를 세어 보세요.

종류	옷	모자	손수건
물건 수(개)			

241004-0595

12 동생을 위해 손수건을 더 사려고 합니다. 무늬가 있는 손수건과 무늬가 없는 손수건의 수가 같게 하려고 할 때 무늬가 없는 손수건을 몇 장 더 사야 할까요?

( )

서술형

241004-0596

13 호진이네 반 학생들이 체육 시간에 하고 싶은 운동을 조사하였습니다. 체육 시간에 어떤 운동을 하면 좋을지 풀이 과정을 쓰고 답을 구해 보세요.

축구	피구	야구	축구	피구
농구	농구	축구	농구	축구
피구	축구	피구	야구	축구

풀이 ____________________

답 ____________________

학교 시험 만점왕 2회

5. 분류하기

241004-0597

01 알맞은 분류 기준을 찾아 선으로 이어 보세요.

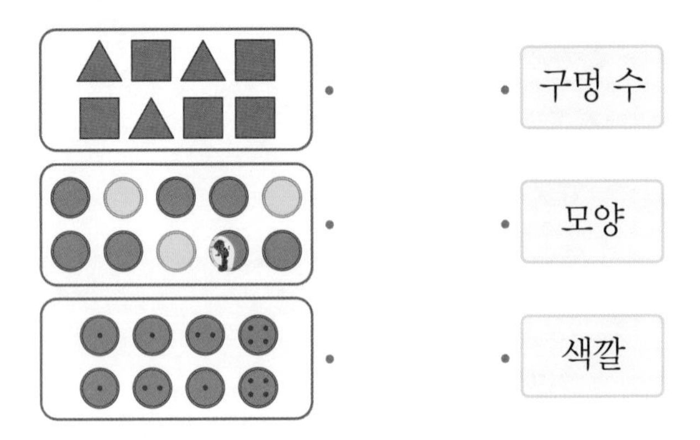

241004-0598

02 모양을 기준으로 분류할 수 있는 것을 찾아 기호를 써 보세요.

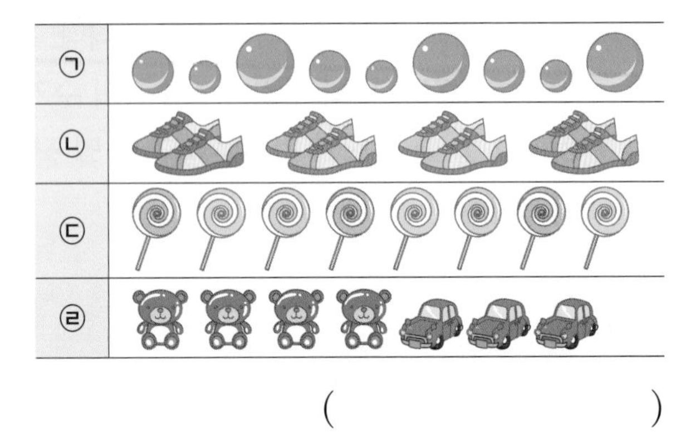

( )

241004-0599

03 어떻게 분류하면 좋을지 분류 기준을 한 가지만 써 보세요.

분류 기준 ______________________

241004-0600

04 동물을 활동하는 곳에 따라 분류하여 동물 이름을 써 보세요.

활동하는 곳	하늘	땅	물
동물 이름			

[5~6] 탈것을 보고 물음에 답하세요.

241004-0601

05 탈것을 이용하는 장소에 따라 분류하여 기호를 써 보세요.

이용하는 장소	땅	하늘	물
기호			

241004-0602

06 비행기는 어디에 분류해야 하나요?

( )

[7~9] 수 카드를 보고 물음에 답하세요.

15	5	17	9
121	26	135	88
100	78	111	1

241004-0603

07 자릿수에 따라 분류하여 그 수를 세어 보세요.

자릿수	한 자리 수	두 자리 수	세 자리 수
카드 수(장)			

241004-0604

08 색깔에 따라 분류하여 그 수를 세어 보세요.

색깔	주황색	보라색	초록색
카드 수(장)			

241004-0605

09 다음과 같은 기준에 알맞은 것은 모두 몇 장인가요?

- 보라색입니다.
- 세 자리 수입니다.

( )

서술형

241004-0606

10 집에 있는 책을 종류에 따라 분류하였습니다. 집에 있는 종류별 책 수가 같아지려면 어느 것을 몇 권 더 사야 하는지 풀이 과정을 쓰고 답을 구해 보세요.

종류	과학책	문학책	역사책
권수(권)	4	4	1

풀이

답

[11~12] 공을 크기가 다른 상자 세 개에 정리하려고 합니다. 물음에 답하세요.

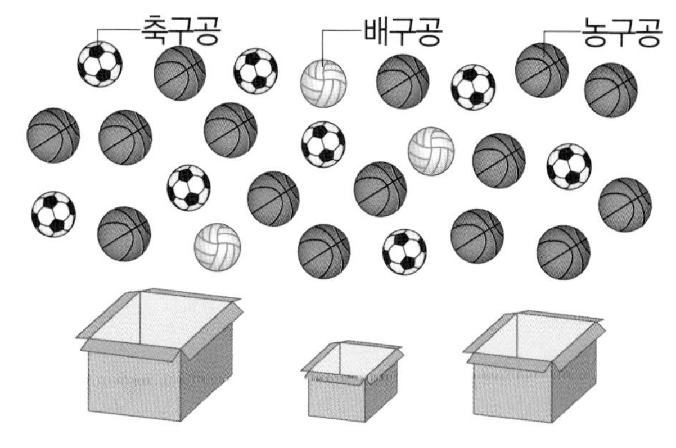

241004-0607

11 공을 분류하여 그 수를 세어 보세요.

종류	농구공	배구공	축구공
공의 수(개)			

서술형

241004-0608

12 가장 큰 상자와 가장 작은 상자에 각각 어떤 공을 넣으면 좋은지 풀이 과정을 쓰고 답을 구해 보세요.

풀이

답 가장 큰 상자:

가장 작은 상자:

241004-0609

13 친구들이 좋아하는 계절을 조사한 것을 보고 계절별로 분류하여 센 것입니다. ㉠에 알맞은 계절과 ㉡에 알맞은 수를 각각 구해 보세요.

봄	여름	여름	가을	겨울	㉠
가을	봄	여름	봄	여름	여름
가을	겨울	여름	가을	가을	봄

계절	봄	여름	가을	겨울
친구 수(명)	4	6	㉡	3

㉠ ( )

㉡ ( )

❶ 여러 가지 방법으로 세어 보기

- 1, 2, 3, ...으로 세어 보면 모두 8개입니다.
- 2, 4, 6, 8로 뛰어서 세어 보면 모두 8개입니다.
- 4개씩 2묶음으로 묶어서 세어 보면 모두 8개입니다.

❷ 묶어 세기

5	5	5

5 - 10 - 15

➡ 모두 15개입니다.

❸ 곱셈 알아보기

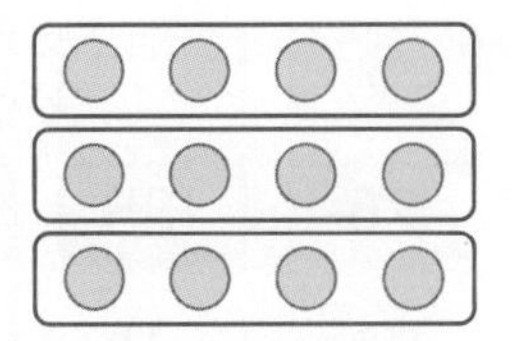

- 4씩 3묶음은 4의 3배입니다.
- 4의 3배는 4×3이라고 씁니다.
- 4×3은 4 곱하기 3이라고 읽습니다.

❹ 곱셈식으로 나타내기

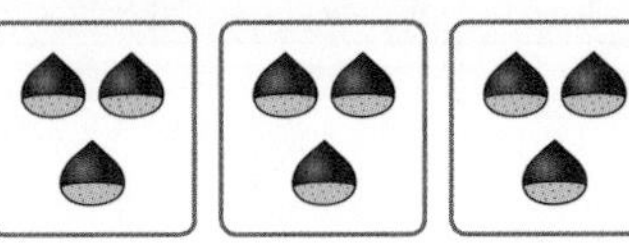
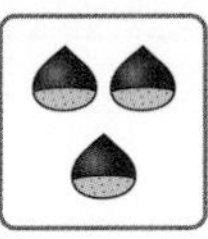
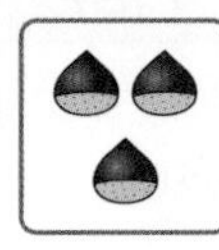

- 밤의 수는 3씩 4묶음이므로 3의 4배입니다.
- 덧셈식으로 나타내면 $3+3+3+3=12$입니다.
- 곱셈식으로 나타내면 $3\times4=12$입니다.

[1~3] 쌓기나무의 수를 알아보려고 합니다. □ 안에 알맞은 수를 써넣으세요.

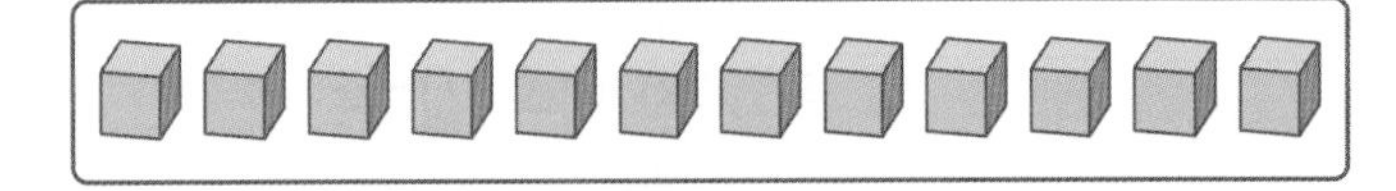

241004-0610

01 쌓기나무를 하나씩 세어 보면 1, 2, 3, ... , □이므로 모두 □개입니다.

241004-0611

02 쌓기나무를 2씩 뛰어서 세면 2, 4, □, □, □, □이므로 모두 □개입니다.

241004-0612

03 3개씩 4묶음으로 묶어서 세어 보면 모두 □개입니다.

■씩 뛰어 세면 ■씩 묶어 세는 것과 같아요.

[4~5] 그림을 보고 물음에 답하세요.

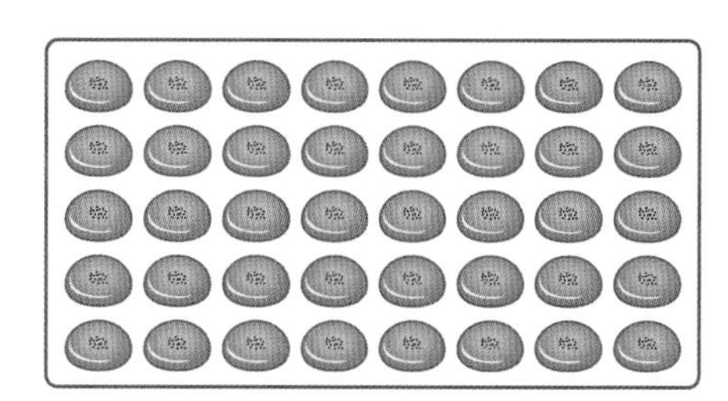

241004-0613

04 빵을 8개씩 묶어 세려고 합니다. □ 안에 알맞은 수를 써넣으세요.

241004-0614

05 빵은 모두 몇 개인가요? (　　　　　　)

■씩 ●묶음은 ▲
➡ ■의 ●배는 ▲
➡ ▲은 ■의 ●배

[6~8] 그림을 보고 □ 안에 알맞은 수를 써넣으세요.

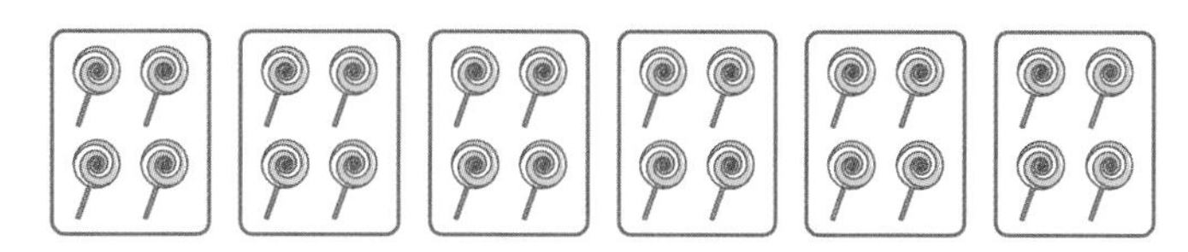

241004-0615

06 4씩 6묶음은 4의 □배입니다.

241004-0616

07 4+4+4+4+4+4=4×□=□

241004-0617

08 사탕은 □개입니다.

241004-0618

09 6의 5배를 보기 와 같이 덧셈식으로 나타내 보세요.

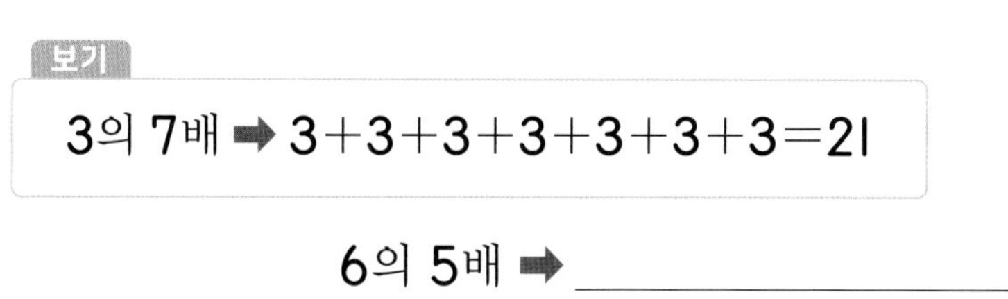

6의 5배 ➡ ______________________

■의 ●배는 ■를 ●번 더한 것으로 나타낼 수 있어요.

241004-0619

10 서진이네 반 학생들을 한 모둠에 4명씩 5모둠으로 만들었습니다. 서진이네 반 학생은 모두 몇 명인지 곱셈식으로 나타내 보세요.

곱셈식 ______________________

학교 시험 만점왕 1회

6. 곱셈

[1~2] 수박은 모두 몇 통인지 알아보려고 합니다. 물음에 답하세요.

241004-0620

01 2씩 묶어서 세어 보세요.

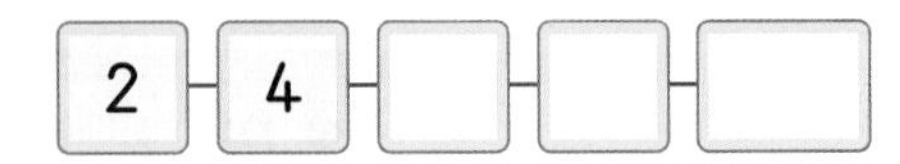

241004-0621

02 수박은 모두 몇 통인가요?

(　　　　　　　　)

[3~4] 수진이는 쌓기나무를 4개씩 묶어서 세었습니다. 물음에 답하세요.

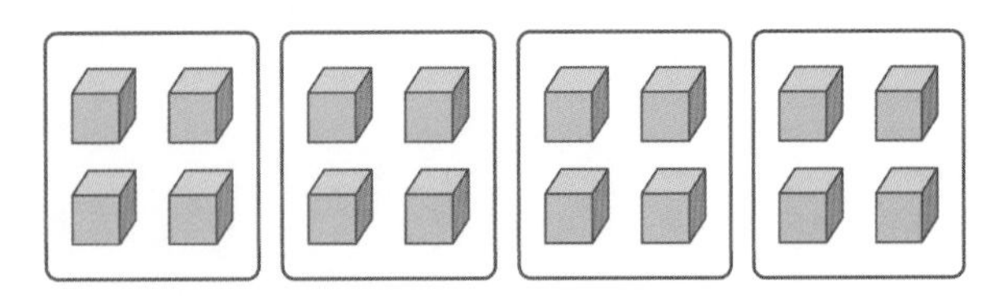

241004-0622

03 빈칸에 알맞은 수를 써넣으세요.

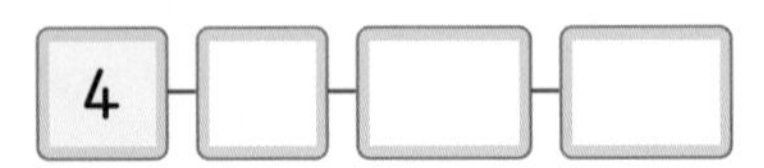

241004-0623

04 쌓기나무의 수를 덧셈식으로 나타내 보세요.

4+□+□+□=□

241004-0624

05 □ 안에 알맞은 수를 써넣으세요.

6씩 3묶음 ➡ □의 □배

241004-0625

06 그림을 보고 □ 안에 알맞은 수를 써넣으세요.

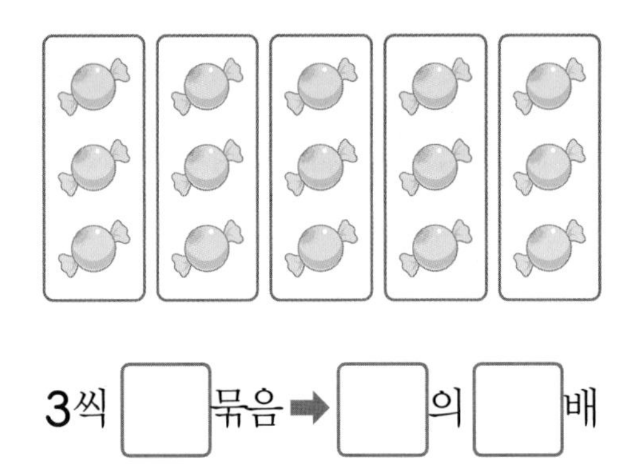

3씩 □묶음 ➡ □의 □배

241004-0626

07 □ 안에 알맞은 수를 써넣으세요.

9씩 3묶음

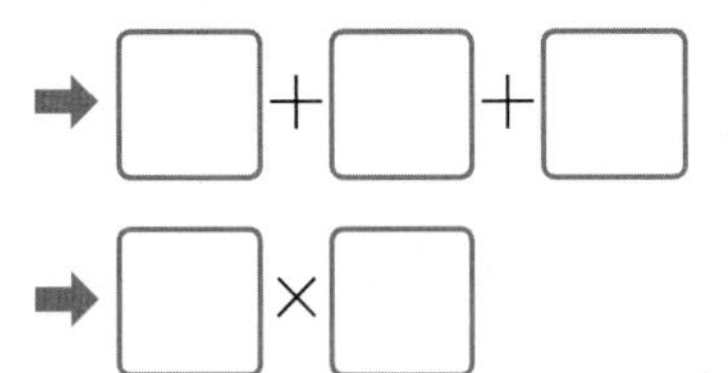

➡ □+□+□

➡ □×□

241004-0627

08 그림을 보고 빈칸에 알맞은 곱셈식을 써넣으세요.

	2×2

241004-0628

09 코스모스 한 송이의 꽃잎은 8장입니다. 코스모스 6송이의 꽃잎의 수를 곱셈식으로 나타내 보세요.

$8 \times \square = \square$

서술형

241004-0629

10 ㉠과 ㉡에 알맞은 수의 합을 구하는 풀이 과정을 쓰고 답을 구해 보세요.

- $2+2+2+2+2+2+2$ ➡ 2의 ㉠배
- $5+5+5+5+5+5$ ➡ 5의 ㉡배

풀이 ____________________

답 __________

241004-0630

11 바르게 나타낸 것을 모두 찾아 기호를 써 보세요.

㉠ 2씩 9묶음 ➡ 2×9
㉡ 6의 8배 ➡ $6+8$
㉢ 3과 7의 곱 ➡ 3×7
㉣ 7씩 4묶음 ➡ $7-4$

(　　　　　　　　)

241004-0631

12 계산 결과가 다른 하나를 찾아 기호를 써 보세요.

㉠ 4×7　㉡ 6×5　㉢ 7×4

(　　　　　　　　)

241004-0632

13 도영이는 쿠키를 4개 먹었고, 예나는 도영이가 먹은 쿠키의 3배를 먹었습니다. 예나가 먹은 쿠키는 몇 개일까요?

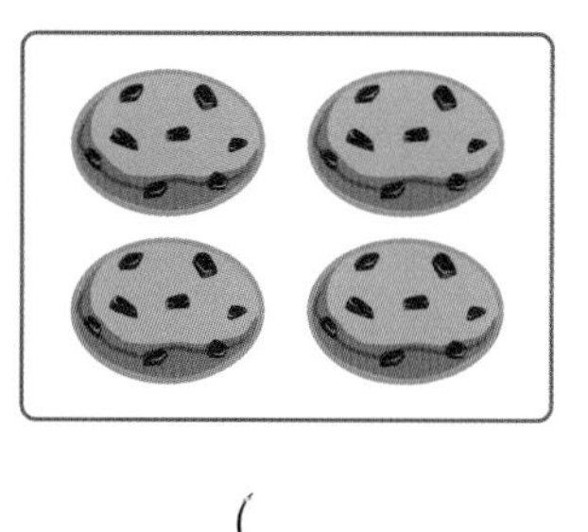

(　　　　　　　　)

241004-0633

14 그림을 보고 만들 수 있는 곱셈식을 모두 나타내려고 합니다. □ 안에 알맞은 수를 써넣으세요.

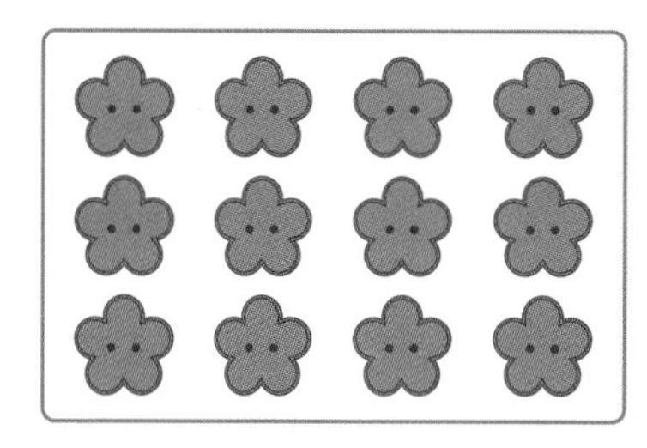

$3 \times 4 = 12$

$4 \times \square = \square$

$2 \times \square = \square$

$6 \times \square = \square$

서술형

241004-0634

15 도넛이 한 상자에 9개씩 8상자 있습니다. 도넛은 모두 몇 개인지 풀이 과정을 쓰고 답을 구해 보세요.

풀이 ____________________

답 __________

학교 시험 만점왕 2회

6. 곱셈

[1~2] 종이배의 수를 알아보려고 합니다. □ 안에 알맞은 수를 써넣으세요.

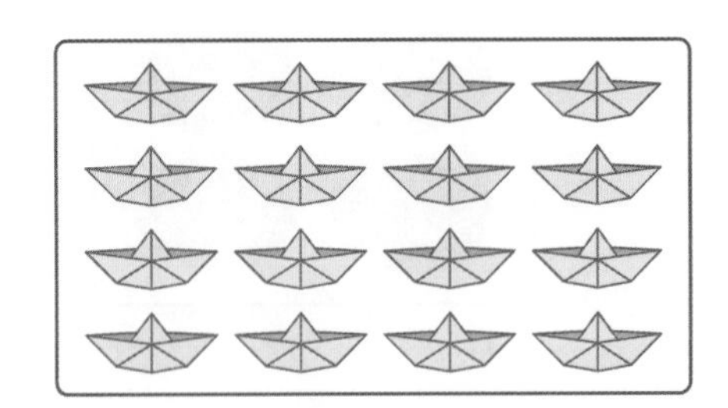

241004-0635

01 종이배를 하나씩 세면 모두 □개입니다.

241004-0636

02 종이배를 2씩 뛰어서 세면 2, 4, □, □, □, □, □, □이므로 모두 □개입니다.

[3~4] 그림을 보고 물음에 답하세요.

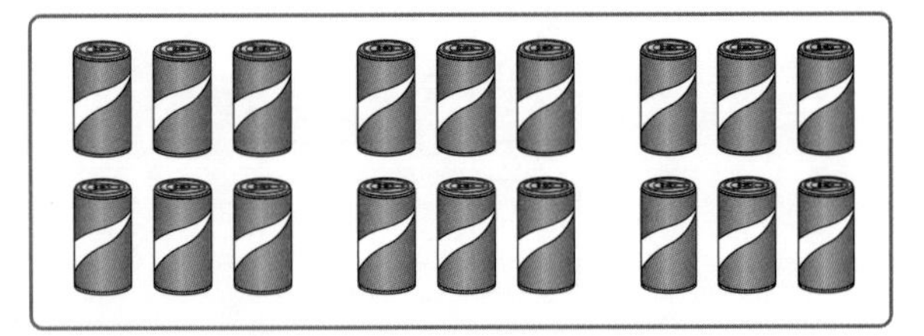

241004-0637

03 음료수를 3씩 묶어서 세어 보세요.

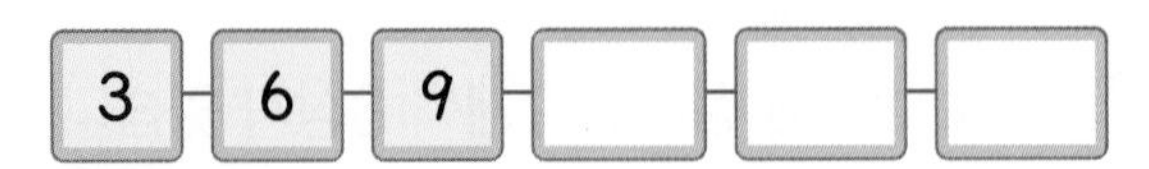

241004-0638

04 □ 안에 알맞은 수를 써넣고 음료수는 모두 몇 개인지 구해 보세요.

(   )

241004-0639

05 그림을 보고 □ 안에 알맞은 수를 써넣으세요.

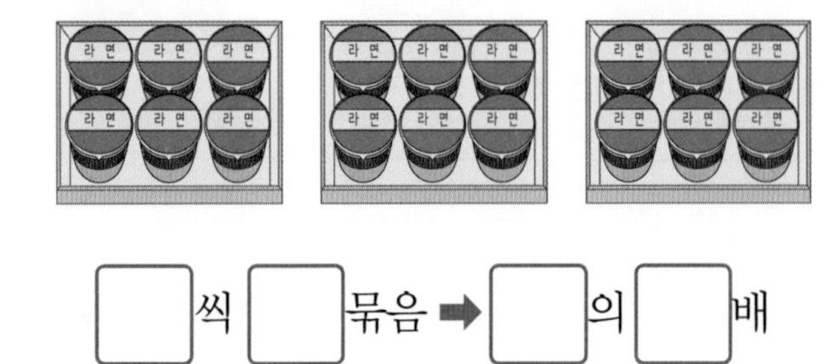

□씩 □묶음 ➡ □의 □배

241004-0640

06 화단의 꽃은 5씩 몇 묶음인지 쓰고 꽃은 모두 몇 송이인지 구해 보세요.

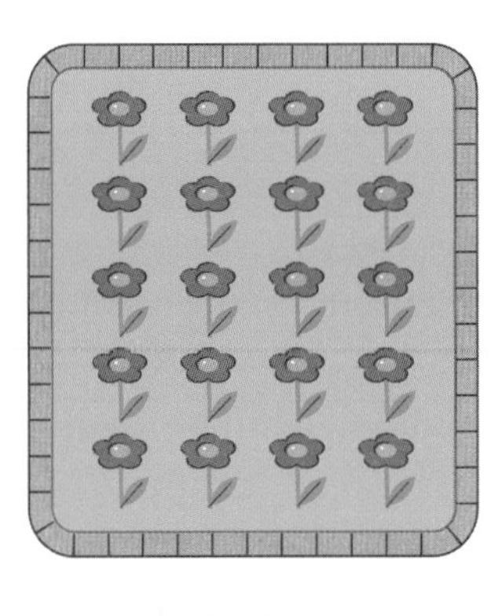

5씩 □묶음

(   )

241004-0641

07 치즈는 모두 몇 조각인지 □ 안에 알맞은 수를 써넣으세요.

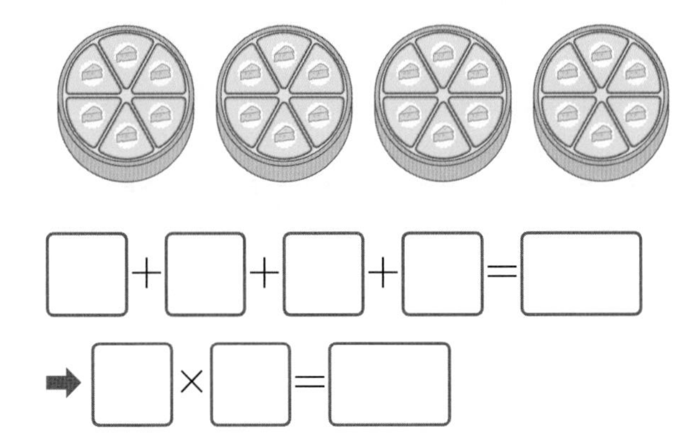

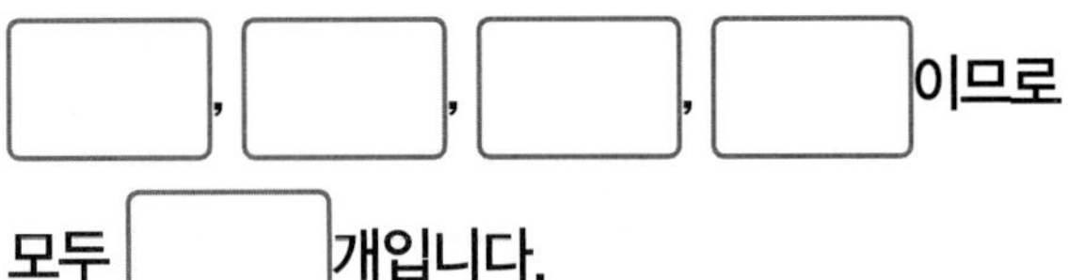

□ + □ + □ + □ = □

➡ □ × □ = □

241004-0642

08 그림을 보고 □ 안에 알맞은 수를 써넣으세요.

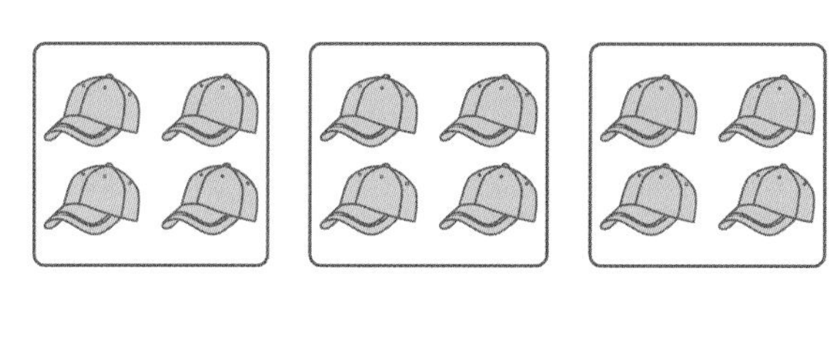

4의 □배는 □입니다.

241004-0643

09 □ 안에 알맞은 수를 써넣으세요.

- $9+9+9=9\times$ □
- $5+5+5+5+5=5\times$ □

241004-0644

10 8의 3배를 보기 와 같이 나타내 보세요.

보기

2의 4배 ➡ $2+2+2+2=8$

8의 3배 ➡ ______

241004-0645

11 관계 있는 것끼리 선으로 이어 보세요.

8씩 3묶음 •	• 9의 2배
9씩 2묶음 •	• 8의 3배
	• 8의 2배

241004-0646

12 비행기의 수를 곱셈식으로 바르게 나타낸 것의 기호를 써 보세요.

㉠ $8\times2=16$ ㉡ $7\times2=14$

( )

서술형

241004-0647

13 서우는 동화책을 2권, 지수는 동화책을 10권 가지고 있습니다. 지수가 가진 동화책 수는 서우가 가진 동화책 수의 몇 배인지 풀이 과정을 쓰고 답을 구해 보세요.

풀이 ______

답 ______

241004-0648

14 훈이네 반 학생은 운동장에 9명씩 2줄로 섰습니다. 훈이네 반 학생은 모두 몇 명일까요?

( )

서술형

241004-0649

15 사랑이 나이는 9세이고 아버지의 나이는 사랑이 나이의 4배보다 7세 더 많습니다. 아버지의 나이는 몇 세인지 풀이 과정을 쓰고 답을 구해 보세요.

풀이 ______

답 ______

MEMO

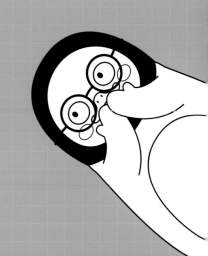

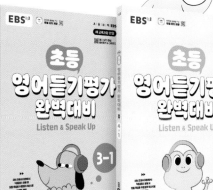

BOOK 3

풀이책

BOOK 3 풀이책으로
틀린 문제의 풀이도 확인해 보세요!

EBS

EBS 초등

인터넷·모바일·TV
무료 강의 제공

초 | 등 | 부 | 터 EBS

'한눈에 보는 정답' 보기
& **풀이책** 내려받기

수학 2-1

예습, 복습, 숙제까지 해결되는
교과서 완전 학습서

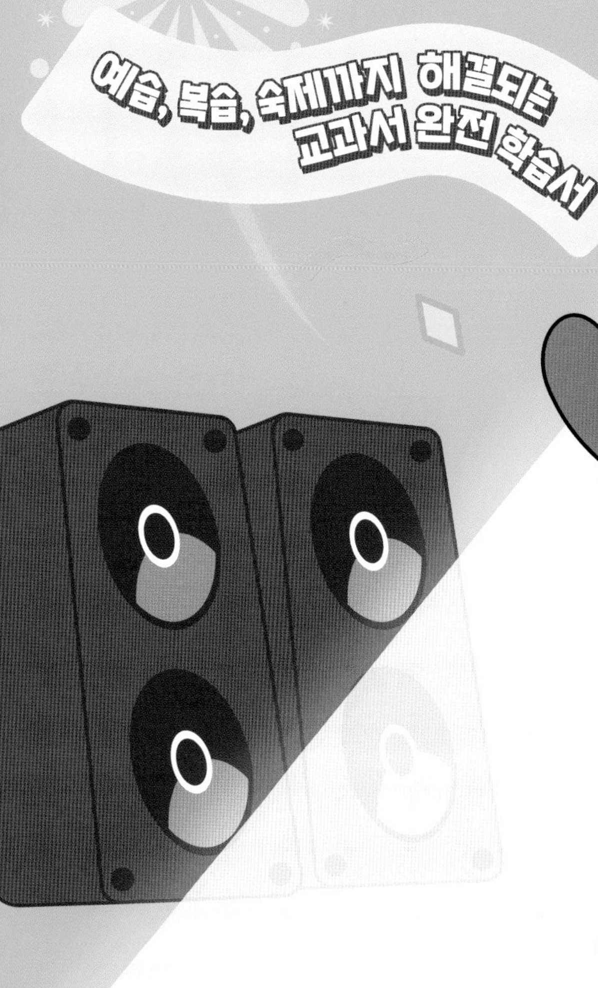

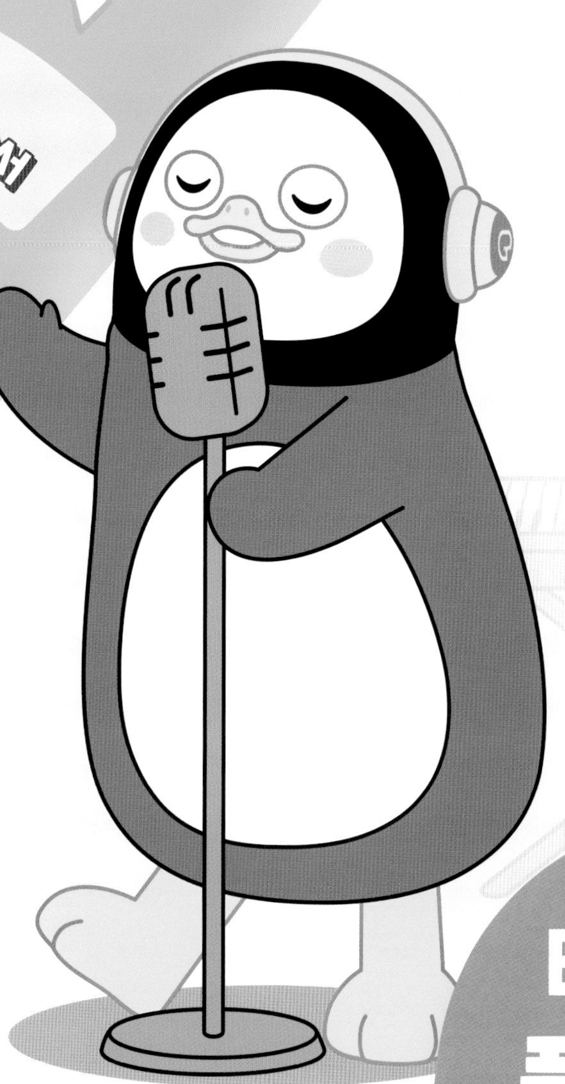

BOOK 3
풀이책

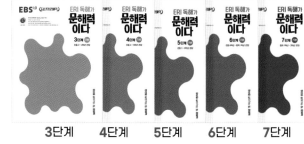

수학 2-1

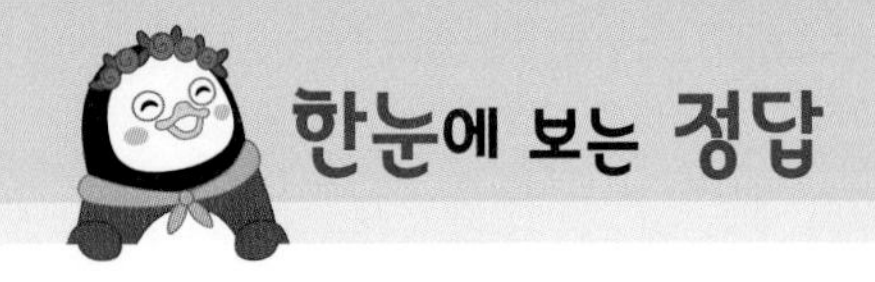

BOOK 1 개념책

1 세 자리 수

문제를 풀며 이해해요 9쪽

1 (1) 1 (2) 10

2 (1) 예 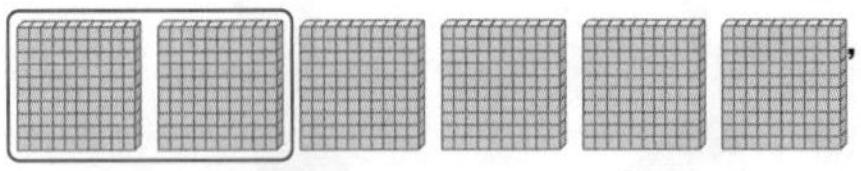, 이백

(2) 예 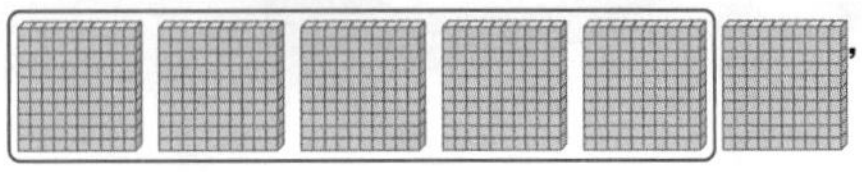, 오백

교과서 문제 해결하기 10~11쪽

01 30, 100　02 4개

03 (1) ○ (2) × (3) ×　04 

05 2

06 600　07 (1) 구백 (2) 삼백 (3) 700

08 800개　09 100이 6개, 육백에 ○표

10 500원

실생활 활용 문제

11 예 연필 10자루 묶음을 30개 삽니다.

문제를 풀며 이해해요 13쪽

1 3, 4, 7 / 347, 삼백사십칠

2 (1) 백, 200 (2) 십, 40 (3) 일, 3 (4) 200, 3

교과서 문제 해결하기 14~15쪽

01 3, 300　02 2, 20

03 320, 삼백이십　04 구백팔십구

05 501　06 745, 칠백사십오

07 900, 60, 3　08 700　09 7

10 예 □□□□ ♡♡♡ △△△△△△△

실생활 활용 문제

11 (1) 118 (2) 402

문제를 풀며 이해해요 17쪽

1 (1) 300, 400, 500

(2) 530, 540, 550, 560

(3) 564, 565, 566, 567

2 440, 540, 640　3 528, 548

4 863, 866

교과서 문제 해결하기 18~19쪽

01 405, 605, 805

02 

03 10　04 1000

05 382, 582, 682

06 961, 951, 931

07 2개

08 (위에서부터) 978, 979 / 988, 990 / 999, 1000

09 ④　10 855

실생활 활용 문제

11 4번

문제를 풀며 이해해요 21쪽

1 $>$　2 5, 6, $<$　3 (1) $>$, $>$ (2) $<$, $<$

교과서 문제 해결하기 22~23쪽

01 (1) $<$ (2) $>$

02 (　) (○) (○)

03 (1) 835에 △표 (2) 108에 △표

04 $918 < 922$

05 승욱　06 분홍색 저금통

07 638에 ○표　08 352

09 945, 954　10 1, 3에 ○표

실생활 활용 문제

11 오늘

단원평가로 완성하기

24~27쪽

01 10

02 예 

03 500, 오백

04 600권

05 바나나

06 295

07 453이 쓰인 버스에 ○표

08 예 

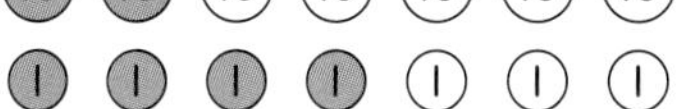

09 834, 팔백삼십사

10 500, 80, 7

11 (1) 200 (2) 8

12 ㉢

13 782, 783, 784

14 ④

15 (위에서부터) 509, 419 / 609, 519, 429

16 ④

17 (1) < (2) >

18 408, 409

19 ㉠

20 (1) 400, 435 (2) 430
(3) 435, 430, 검은 / 검은색

2 여러 가지 도형

문제를 풀며 이해해요

31쪽

1 (1) 삼각형 (2) 사각형

2 (위에서부터) 꼭짓점, 변

교과서 문제 해결하기

32~33쪽

01 (○) ( ) ( )

02 (1) ○ (2) ×

03 사각형

04 ②

05 ㉡, ㉣, ㉥

06 7

07 예 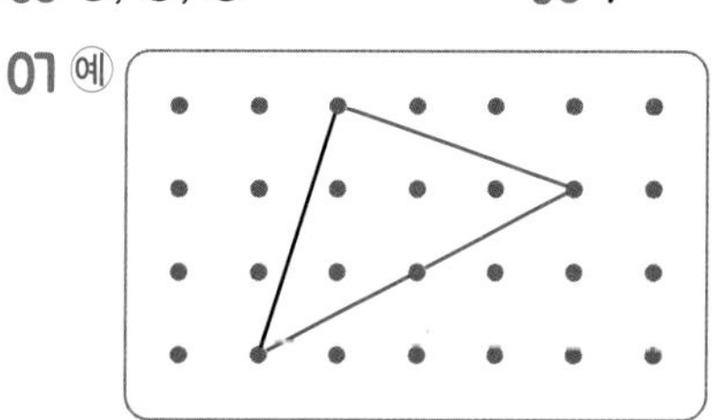

08 예 교과서, 모니터

09 ①, ②

10 3개

실생활 활용 문제

11 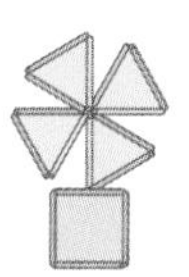 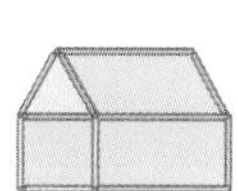

문제를 풀며 이해해요

35쪽

1 원

2 굽은, 크기, 모양에 ○표

3 (1) ①, ②, ③, ⑤, ⑦ / ④, ⑥ (2) 5, 2

교과서 문제 해결하기

36~37쪽

01 원

02 ④

03 (1) × (2) ○

04 ②, ③

05 5개

06 13

07 2개

08 예 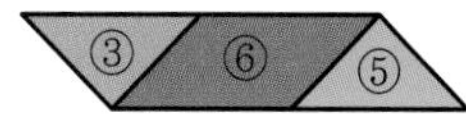

09 3

10 예 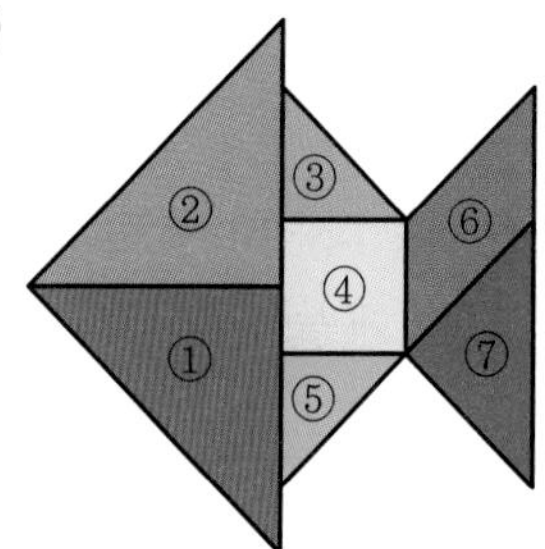

실생활 활용 문제

11 예

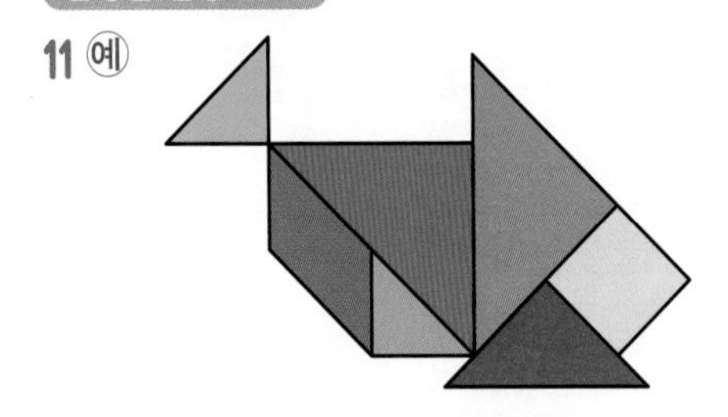

헬리콥터,
내가 어른이 되면 자동차 대신에 헬리콥터를 타고 회사에 출근할 것 같아요.

문제를 풀며 이해해요

39쪽

1 (1) 3개 (2) 4개
2 (1) 왼쪽, 뒤 (2) 오른쪽, 앞
(3) 왼쪽, 위

교과서 문제 해결하기

40~41쪽

01 ④
02 5개
03 6개
04

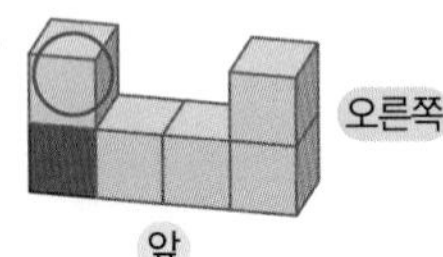

05
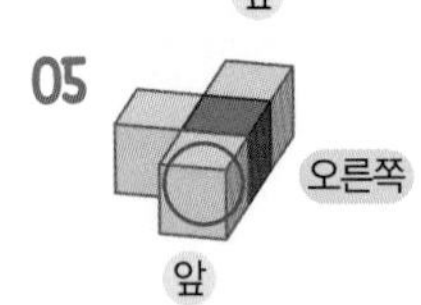

06 2, 1, 앞, 1
07 3, 뒤, 1
08 3개
09 ( ) (○) ( ) (○) (○)
10 9개

실생활 활용 문제

11 예 쌓기나무 3개를 옆으로 나란히 놓고, 가장 왼쪽 쌓기나무 위에 쌓기나무를 1개 놓고, 가운데 쌓기나무 앞에 쌓기나무를 1개 놓습니다.

단원평가로 완성하기

42~45쪽

01 ( ) (○) ( )
02 삼각형 03 삼각형, 4 04 2개 / 2개
05 (위에서부터) 꼭짓점, 변
06 사각형 07 4, 4
08 예

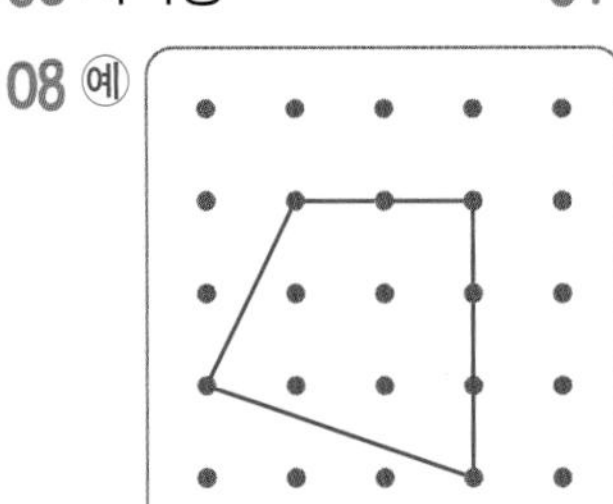

09 7
10 13개
11 원
12 ④
13 ②
14 ④
15 예

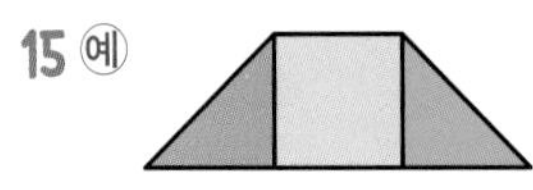

16 예

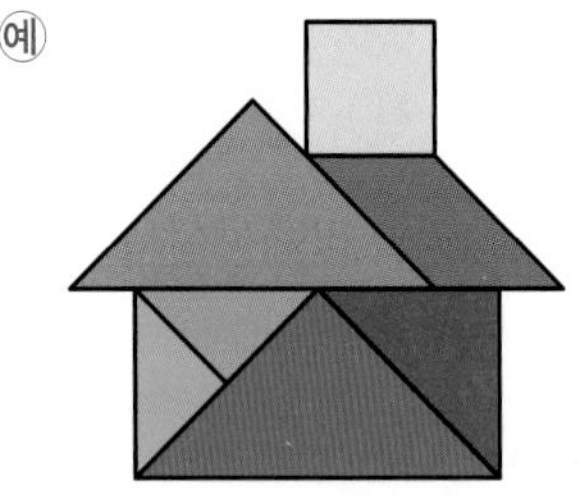

17 ②
18 ㉢
19 3, 옆, 오른쪽, 위, 2
20 ④

3 덧셈과 뺄셈

문제를 풀며 이해해요

49쪽

1 (1) 4 (2) 54 2 (왼쪽에서부터) 1, 1 / 1, 2, 1

교과서 문제 해결하기

50~51쪽

01 33
02
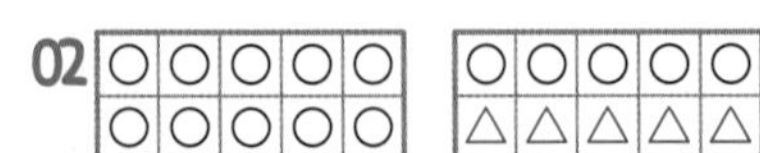
, 21
03 23, 73
04 61, 62, 63 / 63
05 53 06 73 07 16+19에 ○표
08 44개 09 $\begin{array}{r} {}^{1} \\ 75 \\ +\ 16 \\ \hline 91 \end{array}$ 10 7, 35(또는 35, 7)

실생활 활용 문제

11 24, 18, 42 (또는 18, 24, 42)

문제를 풀며 이해해요 53쪽

1 (1) 3 (2) 139

2 1, 3 / 1, 1, 5, 3 / 1, 1, 1, 5, 3

교과서 문제 해결하기 54~55쪽

01 110, 7, 117

02 91, 131

03 127

04 135

05 100

06 >

07 83+45에 ○표

08 3

09 121상자

10 13, 105

실생활 활용 문제

11 74, 65, 139

문제를 풀며 이해해요 57쪽

1 (1) 10, 10, 2 (2) 4 (3) 42

2 (왼쪽에서부터) 2, 10, 6 / 2, 10, 2, 6

교과서 문제 해결하기 58~59쪽

01 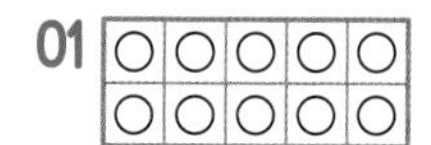 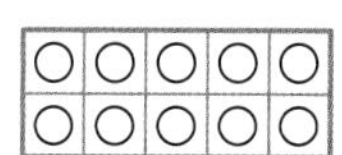

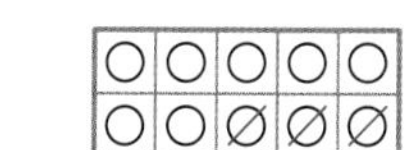  , 27

02 20, 7 / 7, 60, 7, 53

03 27

04 32

05 70

06 <

07 18자루

08 $\begin{array}{r} 55 \\ -\ 7 \\ \hline 48 \end{array}$

09 7, 8, 9

10 27

실생활 활용 문제

11 50, 12, 38

문제를 풀며 이해해요 61쪽

1 (1) 10, 6 (2) 1 (3) 16

2 (왼쪽에서부터) 3, 10, 8 / 3, 10, 2, 8

교과서 문제 해결하기 62~63쪽

01 48

02 27

03 5

04 38

05 (선 잇기)

06 14

07 28세

08 1, 3, 2

09 47, 18

10 34, 29

실생활 활용 문제

11 56, 28, 28

문제를 풀며 이해해요 65쪽

1 (계산 순서대로) (1) 37, 53, 53 (2) 37, 37, 53

2 (계산 순서대로) (1) 41, 72, 72 (2) 48, 19, 19

교과서 문제 해결하기 66~67쪽

01 (계산 순서대로) 37, 37, 19

02 32−16+27=43

16

43

03 51

04 61

05 64

06 ( ) (○)

07 <

08 ㉢, ㉠, ㉡

09 69마리

10 33, 34, 35

실생활 활용 문제

11 36대

문제를 풀며 이해해요 69쪽

1 23, 16 / 16, 23

2 81, 25 / 81, 56

3 9, 21 / 12, 21

4 35, 62 / 27, 62

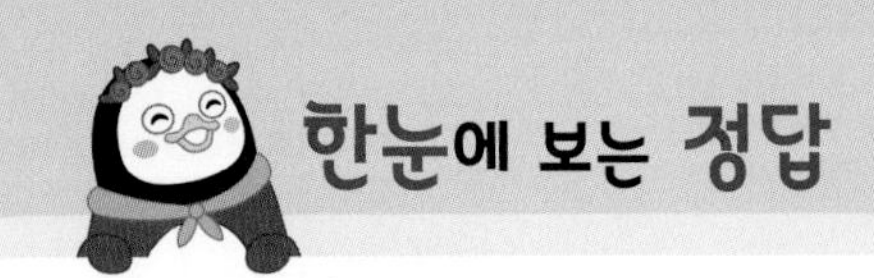

한눈에 보는 정답

교과서 문제 해결하기 70~71쪽

01 39, 64 02 64, 64, 39
03 10, 12 04 12, 10, 22
05 45 / 17, 45 06 32, 90 / 32, 58, 90
07 ( )(○) 08 36, 36
09 93, 16
10 47, 36, 83 (또는 36, 47, 83) /
83, 47, 36 (또는 83, 36, 47)

실생활 활용 문제

11 (1) 24, 17, 41(또는 17, 24, 41)
(2) 41, 24, 17(또는 41, 17, 24)

문제를 풀며 이해해요 73쪽

1 (1) ○○○○○ / 5
(2) ○○○○○○○ ○○○○○○○ / 14

2 (1)

☆☆☆☆☆
☆☆☆☆☆
☆☆☆☆☆

/ 6

(2) 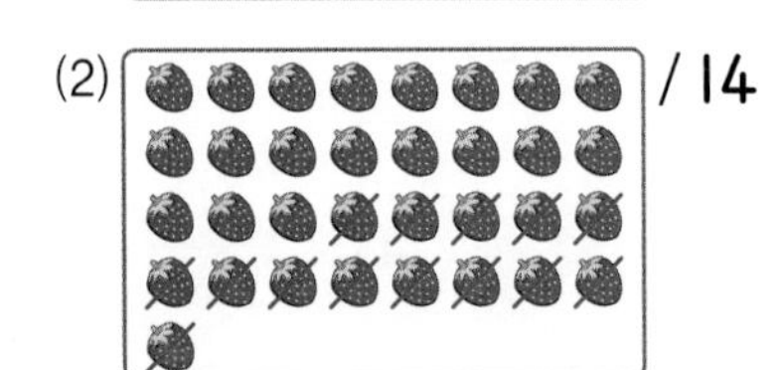 / 14

교과서 문제 해결하기 74~75쪽

01 23+□=30에 ○표
02 16−□=5에 ○표
03 11+□=18
04 26+□=45 / 19
05 □−13=19 / 32 06 12
07 83 08 57+□=85 / 28
09 50−□=31 / 19개 10 78

실생활 활용 문제

11 (1) 33−□=7 (2) 26개

단원평가로 완성하기 76~79쪽

01 31 02 70, 71, 72, 73 / 73

03

○○○○○ ○○○○○ | ○○○○○ ○○○○○
○○○○○ ○○○○△ | △△△△△ △△

, 37

04 (위에서부터) 61, 27, 42, 46
05 55

06

○○○○○ ○○○○○ | ○○○○○ ○○○⌀⌀
⌀⌀⌀⌀⌀ ⌀⌀⌀⌀⌀ |

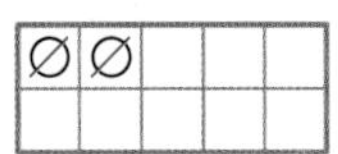

07 10, 7 / 10, 7, 20, 7, 13
08 ㉢ 09 > 10 24개
11 (계산 순서대로) 52, 52, 27 12 12
13 ㉠, ㉢, ㉡
14 82, 28 / 82, 54
15

16 , 17

17 ㉠
18 78+□=93 / 15
19 (1) 32−□=15 (2) 17 (3) 17 / 17개
20 (위에서부터) 3, 2, 8

4 길이 재기

문제를 풀며 이해해요 83쪽

1 경수 2 (1) 3 (2) 6

교과서 문제 해결하기

84~85쪽

01 가 02 대영 03 풀
04 6, 3 05 연필
06 적습니다에 ○표 07 8, 5
08 ㉡ 09 ② 10 지민

실생활 활용 문제

11 5

문제를 풀며 이해해요

87쪽

1 (1) 3 / 3 cm / 3 센티미터
(2) 4 / 4 cm / 4 센티미터
2 (1) 6 cm (2) 9 cm

교과서 문제 해결하기

88~89쪽

01 1 cm, 1 센티미터
02 예
03 (1) 10 (2) 7
04 예
05 8 cm 06 3 cm 07 8 cm
08 ㉢ 09 1 cm 10 6 cm

실생활 활용 문제

11 2 cm

문제를 풀며 이해해요

91쪽

1 (1) 6, 7, 6, 6 (2) 9, 10, 10, 10 2 예 11, 11

교과서 문제 해결하기

92~93쪽

01 3, 4 02 ㉠, ㉣ 03 7 cm
04 6 cm 05 짧습니다에 ○표
06 3 cm 07 예 9 cm, 9 cm
08 6 cm 09 50 cm 10 나연

실생활 활용 문제

11 ㉠

단원평가로 완성하기

94~97쪽

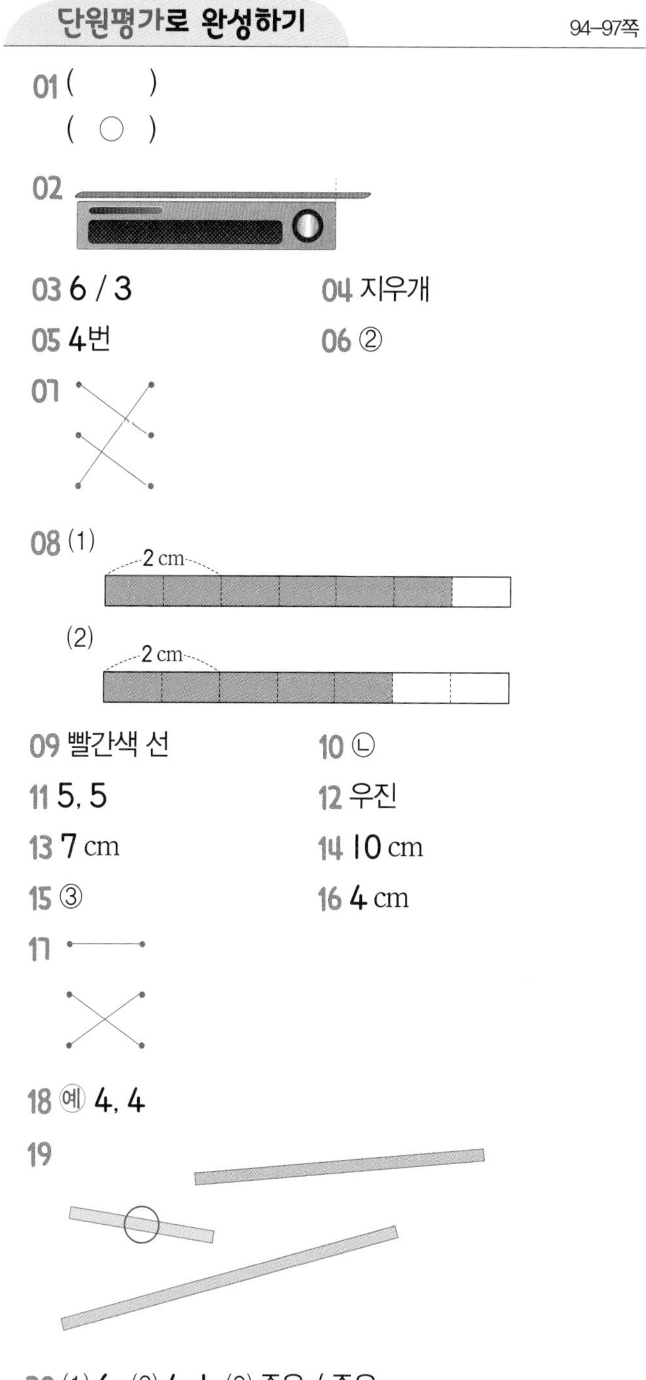

01 ( )
(○)
02
03 6 / 3 04 지우개
05 4번 06 ②
07
08 (1)
2 cm
(2)
2 cm
09 빨간색 선 10 ㉡
11 5, 5 12 우진
13 7 cm 14 10 cm
15 ③ 16 4 cm
17
18 예 4, 4
19

20 (1) 6 (2) 4, 1 (3) 준우 / 준우

5 분류하기

문제를 풀며 이해해요

101쪽

1 ㉠ 2 ㉡, ㉢, ㉤, ㉦, ㉧ / ㉠, ㉣, ㉥, ㉨, ㉩

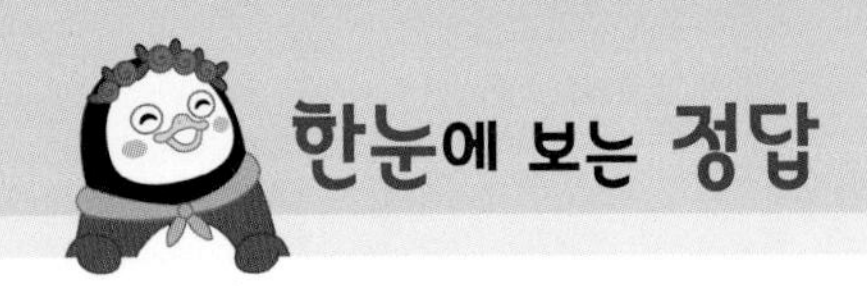

한눈에 보는 정답

교과서 문제 해결하기 102~103쪽

01 색깔

02 예 지우개가 달린 연필과 지우개가 달리지 않은 연필로 분류합니다.

03 예 분류 기준이 분명하지 않습니다.
예 아이스크림 맛

04 색깔 / 보라색, 빨간색, 노란색

05 ㉢

06 예 모양 / 색깔

07 ④

실생활 활용 문제

08 (1) 과일과 고기

(2)

종류	과일	고기
음식 이름	사과, 복숭아, 감	닭고기, 돼지고기, 소고기

문제를 풀며 이해해요 105쪽

1 (1)

곤충	장수풍뎅이	사슴벌레	매미	나비
세면서 표시하기	~~////~~	~~////~~ //	//	////
학생 수(명)	5	7	2	4

(2) 사슴벌레 (3) 매미 (4) 사슴벌레

교과서 문제 해결하기 106~107쪽

01 17, 13

02 혁수네 모둠

03 6, 4, 4

04 5, 6, 3

05 3개

06 15, 8, 7

07 맑은 날에 ○표, 15, 비 온 날에 ○표, 7

실생활 활용 문제

08 (1) 그릇의 크기
(2) 2개

단원평가로 완성하기 108~109쪽

01 ( )
( )
(○)

02 같은, 알맞지 않습니다에 ○표

03 ㉢

04 예 상의와 하의로 분류할 수 있습니다.

05 예 동전과 지폐로 분류할 수 있습니다.

06 ㉡, ㉣, ㉤ / ㉢, ㉥, ㉧ / ㉠, ㉦

07 ㉡, ㉥, ㉦ / ㉣, ㉧ / ㉠, ㉢, ㉤

08 예 자음과 모음 / 풀이 참조

09 ㉠, ㉤, ㉦ / ㉡, ㉢, ㉧ / ㉣, ㉥, ㉨

10 과일

11 풀이 참조, 6, 5, 4

12 풀이 참조, 7, 3, 5

13 풀이 참조, 4, 5, 6

14 12, 8, 8

15 10, 10, 8

16 예 종류

17 풀이 참조

18 포도, 사과

19

배구공	농구공	축구공
15	10	5

20 (1) 축구공, 5 (2) 배구공, 15 (3) 축구공, 10 / 축구공, 10개

6 곱셈

문제를 풀며 이해해요 115쪽

1 (1) 5 (2) 9, 12, 15 (3) 15

2 (1) 4 (2) 12, 18, 24 (3) 24

교과서 문제 해결하기 116~117쪽

01 6, 8, 10, 12

02 4

03 12개

04 10, 12, 14

05 15, 20

06 ⑤

07 9, 12, 15, 18

08 12, 18

09 18개

10

실생활 활용 문제

11 (1) 5묶음 (2) 4묶음

문제를 풀며 이해해요 119쪽

1 (1) 6 (2) 3 (3) 6 (4) 3

교과서 문제 해결하기 120~121쪽

01 6　02 4　03 3
04 5배　05 2, 7　06 6, 3
07 5, 4, 5　08 4, 7, 4　09 ④
10 3배

실생활 활용 문제

11 (1) 5개 (2) 10개

문제를 풀며 이해해요 123쪽

1 (1) 6 (2) 6 (3) 24 (4) 6, 24
2 (1) 4 (2) 4 (3) 24 (4) 4, 24

교과서 문제 해결하기 124~125쪽

01 6, 6, 18 / 3, 18　02 12 / 4, 12
03 $4+4+4=12$ / $4\times3=12$
04 (1) 3, 7, 21 (2) 6, 9, 54
05 ③　06 $5\times7=35$
07 ㉡, ㉢　08 ㉣
09 ④　10 15개

실생활 활용 문제

11 $8+8+8+8+8=40$ / $8\times5=40$

문제를 풀며 이해해요 127쪽

1 (1) 2, 2 (2) 16 (3) 2, 16 (4) 8, 16 / 4, 16
2 (1) 4, 4 (2) 24 (3) 4, 24
(4) 6, 24 / 8, 24 / 3, 24

교과서 문제 해결하기 128~129쪽

01 $4\times3=12$, $4\times4=16$
02 5, 4, 20
03 (왼쪽에서부터) 6, 24 / 3, 24 / 8, 24
04 ㉣　05 $6\times3=18$
06 $3\times7=21$　07 $4\times8=32$

08 9살　09 54개　10 7, 8, 9

실생활 활용 문제

11 $8\times3=24$

단원평가로 완성하기 130~133쪽

01 12, 16　02 5배
03 7, 9　04 5배
05 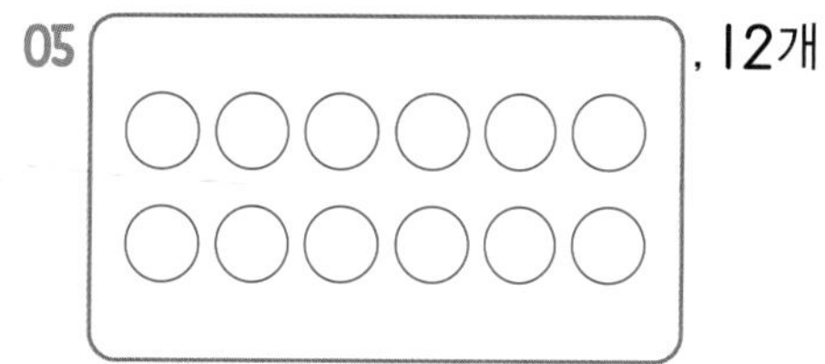, 12개
06 5, 5 / 5, 5, 5, 5, 5, 25
07 4, 4 / 3, 3, 3, 3, 12
08 3, 27 / 3, 27 / 9, 9, 9, 27 / 9, 3, 27
09 4 / 4, 20　10 $7\times3=21$
11 8, 8, 24 / 3, 24　12 7, 5, 35
13 예 7, 4, 28 / 4, 7, 28
14 $6\times8=48$　15 ③
16　17 $8+8+8+8=32$ / $8\times4=32$
18 $3\times7=21$ / 21개　19 24개
20 (1) 24 (2) 28 (3) 52 / 52개

BOOK 2 실전책

1단원 핵심+문제 복습 4~5쪽

01 10　02 700, 칠백
03 467　04 (1) 595 (2) 409
05 5, 4, 7　06 860에 색칠
07 441, 541, 641　08 1000, 천
09 (1) < (2) >　10 142

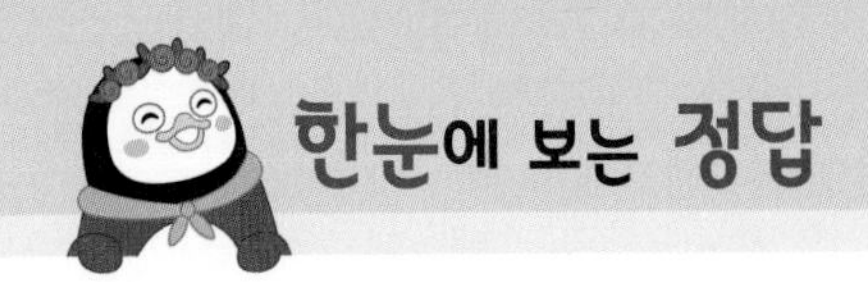

한눈에 보는 정답

학교 시험 만점왕 1회
1. 세 자리 수
6~7쪽

01 100

02 예 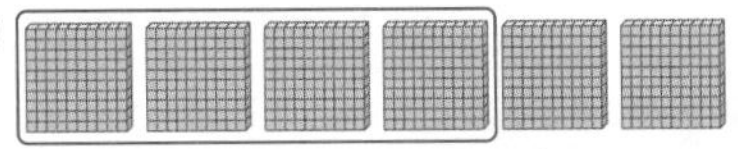

03 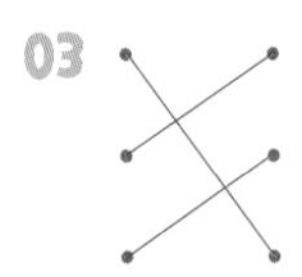

04 840원
05 유정
06 285, 이백팔십오
07 풀이 참조, 300
08 600, 20, 9
09 ③
10 900, 20, 8
11 100
12 (시계 반대 방향으로) 285, 385, 485, 585, 595, 695, 795
13 572
14 동화책
15 풀이 참조, 199개

학교 시험 만점왕 2회
1. 세 자리 수
8~9쪽

01 96, 100
02 10, 10, 1
03 600, 육백
04 풀이 참조, 8개
05 예 (100) (100) (1) (1) (1)
06 497장
07 583
08 (1) 70 (2) 800
09 954
10 (1) 100 (2) 4
11 641, 621, 611
12 586, 595, 685
13 671에 ○표
14 풀이 참조, 5개
15 985, 589

2단원 핵심+문제 복습
10~11쪽

01 다, 바
02 가, 라
03 나
04 ㉢
05
06 ③, ⑤
07 3개
08 예
09 ㉣
10 3, 2

학교 시험 만점왕 1회
2. 여러 가지 도형
12~13쪽

01 3개, 3개
02 ( ) (○) ( )
03 원
04 4개
05 1, 3, 2
06 풀이 참조
07 ( ) ( ) (○)
08 ⑤
09 ①, ②, ③, ⑤, ⑦
10 예 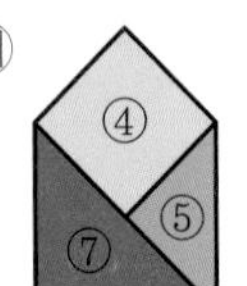

11 6개
12 ( ) (○) ( )
13 ( ) ( ) (○)
14 풀이 참조
15 7개

학교 시험 만점왕 2회
2. 여러 가지 도형
14~15쪽

01 (위에서부터) 3, 4 / 3, 4
02 삼각형, 사각형
03
04 7
05 풀이 참조
06 ㉢, ㉣
07 3개
08 ①, ④, ⑤
09 7개
10 5개
11 예 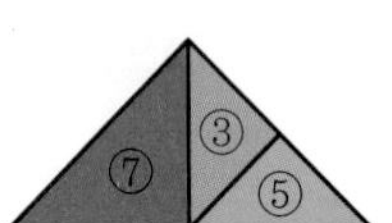

12 지원
13 ㉠
14 3, 오른쪽, 앞, 1
15 풀이 참조, 2개

3단원 핵심+문제 복습 ▸▸▸ 16~17쪽

01 (1) 34 (2) 52
02 84
03 (위에서부터) 121, 114
04 (1) 14 (2) 46
05 28
06 35
07 (계산 순서대로) 34, 9, 9
08 (1) 77 (2) 63
09 $91-52=39$, $91-39=52$
10 25

학교 시험 만점왕 1회 — 3. 덧셈과 뺄셈 18~19쪽

01 21
02 (1) 31 (2) 92
03 $<$
04 29
05 ㉡
06 15개
07 풀이 참조, 32
08 (계산 순서대로) 37, 37, 62, 62
09 50
10 36자루
11 $76-28=48$, $76-48=28$
12 52, 17
13 $35+17=52$, $17+35=52$
14 54
15 풀이 참조, 77

학교 시험 만점왕 2회 — 3. 덧셈과 뺄셈 20~21쪽

01 (   ) (○)
02 91
03 ㉡, ㉠, ㉢
04 28
05 (위에서부터) 27, 19, 13, 5
06 $83-17$에 ○표
07 (계산 순서대로) 45, 71, 71
08 (선 잇기 그림)
09 풀이 참조, 32
10 $38+39=77$, $39+38=77$
11 44 / 44, 18 / 44, 26, 18
12 35, 35
13 $20-\square=9$
14 ㉡
15 풀이 참조, 28

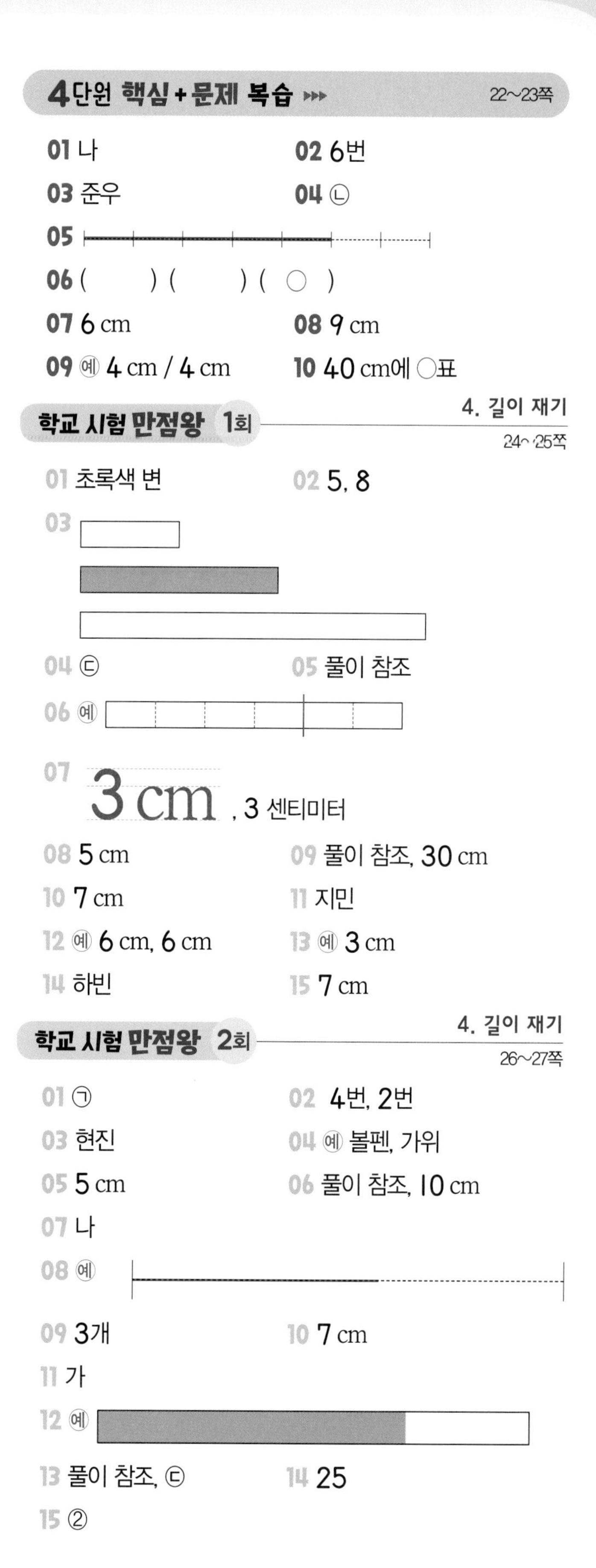

4단원 핵심+문제 복습 ▸▸▸ 22~23쪽

01 나
02 6번
03 준우
04 ㉡
05 (그림)
06 (   ) (   ) (○)
07 6 cm
08 9 cm
09 예 4 cm / 4 cm
10 40 cm에 ○표

학교 시험 만점왕 1회 — 4. 길이 재기 24~25쪽

01 초록색 변
02 5, 8
03 (그림)
04 ㉢
05 풀이 참조
06 예 (그림)
07 3 cm, 3 센티미터
08 5 cm
09 풀이 참조, 30 cm
10 7 cm
11 지민
12 예 6 cm, 6 cm
13 예 3 cm
14 하빈
15 7 cm

학교 시험 만점왕 2회 — 4. 길이 재기 26~27쪽

01 ㉠
02 4번, 2번
03 현진
04 예 볼펜, 가위
05 5 cm
06 풀이 참조, 10 cm
07 나
08 예 (그림)
09 3개
10 7 cm
11 가
12 예 (그림)
13 풀이 참조, ㉢
14 25
15 ②

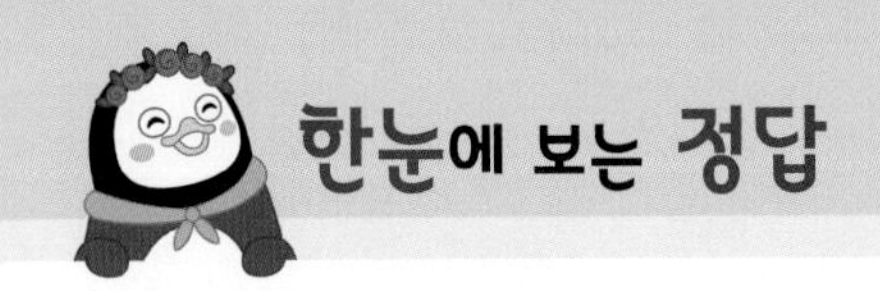

한눈에 보는 정답

5단원 핵심+문제 복습 28~29쪽

01 ㉡, ㉢

02 ㉠, ㉢, ㉣, ㉤, ㉥ / ㉡, ㉦, ㉧

03

모양	(꽃 모양 1)	(꽃 모양 2)
세면서 표시하기	𝍸	𝍸 //
그림 수(개)	5	7

04 4, 6, 2

05 3, 4, 5

06 김밥

학교 시험 만점왕 1회 5. 분류하기 30~31쪽

01 (×) ( ) ( )

02 풀이 참조

03 색깔

04 ㉠, ㉤, ㉥ / ㉣, ㉦, ㉧, ㉨ / ㉡, ㉢, ㉩

05 ㉠, ㉣, ㉩ / ㉢, ㉤, ㉧ / ㉡, ㉥, ㉦, ㉨

06 ㉠, ㉦ / ㉡, ㉢, ㉤, ㉧, ㉨ / ㉣, ㉥

07 5, 5

08 4, 6

09 3, 7, 2

10 짬뽕

11 3, 4, 8

12 6장

13 풀이 참조, 축구

학교 시험 만점왕 2회 5. 분류하기 32~33쪽

01 

02 ㉣

03 예 아이스크림 모양에 따라 분류할 수 있습니다.

04 독수리, 참새 / 코끼리, 말, 사자, 기린, 사슴 / 상어, 돌고래

05 ㉠, ㉡, ㉣, ㉧ / ㉢, ㉦ / ㉤, ㉥

06 하늘

07 3, 5, 4

08 2, 6, 4

09 2장

10 풀이 참조, 역사책, 3권

11 15, 3, 8

12 풀이 참조, 농구공, 배구공

13 겨울 / 5

6단원 핵심+문제 복습 34~35쪽

01 12, 12

02 6, 8, 10, 12, 12

03 12

04 16, 24, 32, 40

05 40개

06 6

07 6, 24

08 24

09 $6+6+6+6+6=30$

10 $4\times5=20$

학교 시험 만점왕 1회 6. 곱셈 36~37쪽

01 6, 8, 10

02 10통

03 8, 12, 16

04 4, 4, 4, 16

05 6, 3

06 5, 3, 5

07 9, 9, 9 / 9, 3

08 2×3 / 2×4

09 6, 48

10 풀이 참조, 13

11 ㉠, ㉢

12 ㉡

13 12개

14 3, 12 / 6, 12 / 2, 12

15 풀이 참조, 72개

학교 시험 만점왕 2회 6. 곱셈 38~39쪽

01 16

02 6, 8, 10, 12, 14, 16, 16

03 12, 15, 18

04 6 / 18개

05 6, 3, 6, 3

06 4 / 20송이

07 6, 6, 6, 6, 24 / 6, 4, 24

08 3, 12

09 3, 5

10 $8+8+8=24$

11 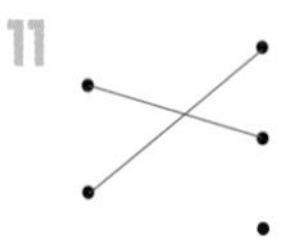

12 ㉡

13 풀이 참조, 5배

14 18명

15 풀이 참조 , 43세

1 세 자리 수

문제를 풀며 이해해요 9쪽

1 (1) 1 (2) 10

2 (1) 예, 이백

(2) 예, 오백

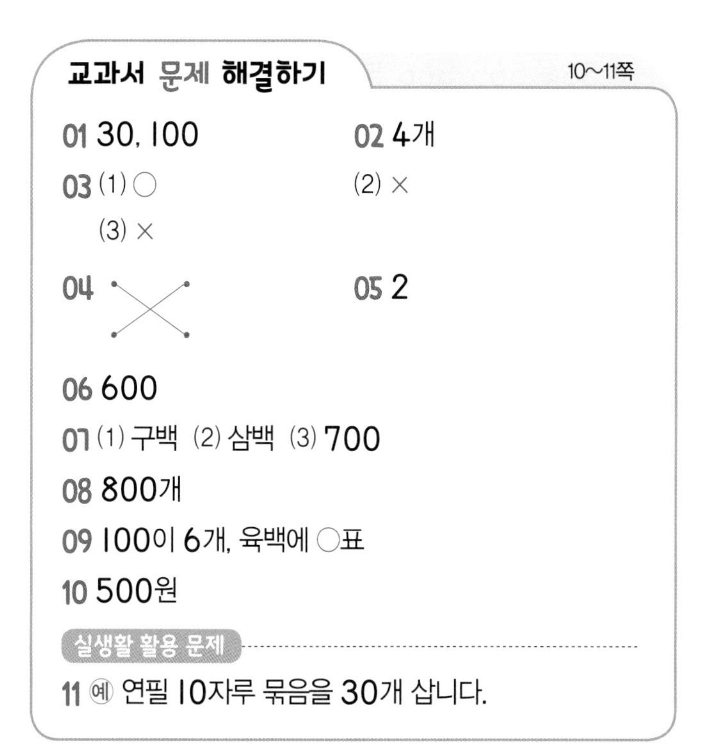

교과서 문제 해결하기 10~11쪽

01 30, 100

02 4개

03 (1) ○ (2) × (3) ×

04

05 2

06 600

07 (1) 구백 (2) 삼백 (3) 700

08 800개

09 100이 6개, 육백에 ○표

10 500원

실생활 활용 문제

11 예 연필 10자루 묶음을 30개 삽니다.

01 20보다 10만큼 더 큰 수는 30입니다.
90보다 10만큼 더 큰 수는 100입니다.

02 십 모형이 6개이면 60입니다.
100은 60보다 40만큼 더 큰 수입니다.
100을 만들려면 더 필요한 십 모형은 4개입니다.

03 (2) 100은 백이라고 읽습니다.
(3) 70보다 20만큼 더 큰 수는 90입니다.
70보다 30만큼 더 큰 수가 100입니다.

04 10원짜리 동전이 10개 있으면 100원이므로 10원짜리 동전이 10개가 되도록 선을 이어 봅니다.

05 100은 98보다 2만큼 더 큰 수이므로 블록을 2개 더 쌓으면 100개가 됩니다.

06 백 모형이 6개이면 600입니다.

07 (1) 900은 구백이라고 읽습니다.
(2) 300은 삼백이라고 읽습니다.
(3) 칠백은 700이라고 씁니다.

08 100이 8개이면 800입니다. 8봉지에 들어 있는 사탕은 모두 800개입니다.

09 100이 6개이면 600이라 쓰고 육백이라고 읽습니다.
오백은 500이라고 씁니다.
100이 7개인 수는 700입니다.

10 10원이 10개면 100원이므로 10원이 50개이면 500원입니다.
우영이가 가진 돈은 500원입니다.

11 100은 10이 10개인 수이므로 300은 10이 30개인 수입니다.
연필 300자루를 사려면 10자루 묶음을 30개 삽니다.
100자루 묶음 1개와 10자루 묶음 20개를 사거나 100자루 묶음 2개와 10자루 묶음 10개를 사는 방법도 있습니다.

문제를 풀며 이해해요 13쪽

1 3, 4, 7 / 347, 삼백사십칠
2 (1) 백, 200 (2) 십, 40
(3) 일, 3 (4) 200, 3

교과서 문제 해결하기 14~15쪽

01 3, 300 02 2, 20
03 320, 삼백이십 04 구백팔십구
05 501 06 745, 칠백사십오
07 900, 60, 3 08 700
09 7
10 예 □□□□ ♡♡♡ △△△△△△△

실생활 활용 문제

11 (1) 118 (2) 402

01 100장 묶음이 3개이면 300장입니다.

02 10장 묶음이 2개이면 20장입니다.

03 100이 3개이고, 10이 2개이면 320이라 쓰고 삼백이십이라고 읽습니다.

04 9 8 9
구백 팔십 구

05 오백 일
501

06 100이 7개이면 700, 10이 4개이면 40, 1이 5개이면 5이므로 745이고, 칠백사십오라고 읽습니다.

07 $963=900+60+3$

08 745에서 7은 백의 자리 숫자이고 700을 나타냅니다.

09 617에서 7은 일의 자리 숫자이고 7을 나타냅니다.

10 보기의 기호가 나타내는 수는 □이 100, ♡가 10, △이 1입니다.
437은 100이 4개, 10이 3개, 1이 7개인 수이므로 □는 4개, ♡는 3개, △는 7개로 나타냅니다.

11 (1) 백의 자리 숫자가 100을 나타내는 수는 백의 자리 숫자가 1인 수 118입니다.
(2) 118, 211, 918의 십의 자리 숫자는 1이고, 402에서 십의 자리 숫자는 0입니다.

문제를 풀며 이해해요 17쪽

1 (1) 300, 400, 500
(2) 530, 540, 550, 560
(3) 564, 565, 566, 567
2 440, 540, 640 3 528, 548
4 863, 866

교과서 문제 해결하기 18~19쪽

01 405, 605, 805
02
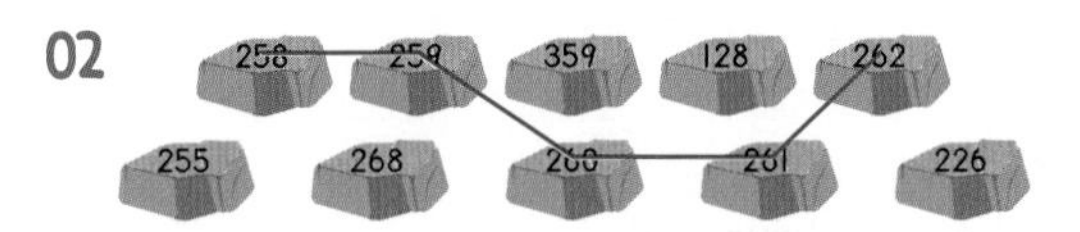

03 10 04 1000
05 382, 582, 682 06 961, 951, 931
07 2개
08 (위에서부터) 978, 979 / 988, 990 / 999, 1000
09 ④ 10 855

실생활 활용 문제

11 4번

01 100씩 뛰어 세면 백의 자리 숫자가 1씩 커집니다.
305−405−505−605−705−805

02 1씩 뛰어 세면 일의 자리 숫자가 1씩 커집니다.
258 − 259 − 260 − 261 − 262

03 653 − 663 − 673 − 683 − 693
십의 자리 숫자가 1씩 커지므로 10씩 뛰어 세었습니다.

04 999보다 1만큼 더 큰 수는 1000입니다.
990보다 10만큼 더 큰 수는 1000입니다.

05 보기 의 수는 백의 자리 숫자가 1씩 커지므로 100씩 뛰어 세는 규칙입니다.
100씩 뛰어 세면 백의 자리 숫자가 1씩 커집니다.
282 − 382 − 482 − 582 − 682 − 782

06 10씩 거꾸로 뛰어 세면 십의 자리 숫자가 1씩 작아집니다.
981 − 971 − 961 − 951 − 941 − 931

07 1000은 100이 10개인 수이므로 1000원이 되려면 더 필요한 100원짜리 동전은 2개입니다.

08 1씩 뛰어 세어 빈칸에 알맞은 수를 써넣습니다.

09 ➡ 방향으로 수가 1씩 커집니다.
⬇ 방향으로 수가 10씩 커집니다.

10 255에서 3번 뛰어 세었더니 300이 큰 555가 되었으므로 100씩 뛰어 세는 규칙입니다.
255 − 355 − 455 − 555 − 655 − 755 − 855
㉠에 들어갈 수는 855입니다.

11 150 − 160 − 170 − 180 − 190
150에서 10씩 4번 뛰어 세면 190이 되므로 이긴 경기는 4번입니다.

문제를 풀며 이해해요 (21쪽)

1 >
2 5, 6, <
3 (1) >, > (2) <, <

교과서 문제 해결하기 (22~23쪽)

01 (1) < (2) >
02 ( ) (○) (○)
03 (1) 835에 △표 (2) 108에 △표
04 918 < 922
05 승욱
06 분홍색 저금통
07 638에 ○표
08 352
09 945, 954
10 1, 3에 ○표

실생활 활용 문제

11 오늘

01 (1) 211 < 381
(2 < 3)

(2) 679 > 670
(9 > 0)

02 771 < 773
(1 < 3)

910 < 991
(1 < 9)

351 > 320
(5 > 2)

수의 크기를 바르게 비교한 것은 910 < 991과 351 > 321입니다.

03 (1) 835 < 837
(5 < 7)

➡ 더 작은 수는 835입니다.

(2) $123>108$
$2>0$

➡ 더 작은 수는 108입니다.

04 • 918은 922보다 작습니다.
➡ $918<922$
• 329는 288보다 큽니다.
➡ $329>288$

05 구백오십칠 ➡ 957
100이 9개, 10이 6개인 수 ➡ 960
하윤이가 쓴 수는 957이고, 승욱이가 쓴 수는 960입니다.
$957<960$
$5<6$
더 큰 수를 쓴 사람은 승욱이입니다.

06 100원짜리 동전의 수를 먼저 비교하면 분홍색 저금통에는 5개, 노란색 저금통에는 4개 들어 있습니다.
더 많은 돈이 들어 있는 저금통은 분홍색 저금통입니다.

07 백의 자리 숫자를 먼저 확인하면 632와 638이 509보다 큽니다.
일의 자리 숫자를 확인하면 638이 632보다 더 큽니다.
가장 큰 수는 638입니다.

08 300보다 크고 500보다 작은 수의 백의 자리 숫자는 3 또는 4이므로 458, 345, 352, 356입니다.
십의 자리 숫자가 50을 나타내고 일의 자리 숫자가 4보다 작은 수는 352입니다.

09 수 카드의 수를 이용해 800보다 더 큰 세 자리 수를 만들려면 백의 자리에는 9를 놓아야 합니다.
주어진 수 카드로 만들 수 있는 800보다 큰 세 자리 수는 945, 954입니다.

10 백의 자리 숫자가 같으므로 십의 자리 숫자는 4보다 작아야 합니다.
□ 안에 들어갈 수 있는 숫자는 1, 3입니다.

11 $125<132$이므로 준민이는 오늘 줄넘기를 더 많이 했습니다.

단원평가로 완성하기

24~27쪽

01 10
02 예

03 500, 오백
04 600권
05 바나나
06 295
07 453이 쓰인 버스에 ○표
08 예
09 834, 팔백삼십사
10 500, 80, 7
11 (1) 200 (2) 8
12 ㉢
13 782, 783, 784
14 ④
15 (위에서부터) 509, 419 / 609, 519, 429
16 ④
17 (1) $<$ (2) $>$
18 408, 409
19 ㉠
20 (1) 400, 435 (2) 430
(3) 435, 430, 검은 / 검은색

01 10이 10개이면 100입니다.
90보다 10만큼 더 큰 수는 100입니다.

02 10원이 10개이면 100원이므로 10원짜리 동전을 10개 묶습니다.

03 100이 5개이면 500이라 쓰고, 오백이라고 읽습니다.

04 100이 6개이면 600이므로 6상자에 들어 있는 책은 600권입니다.

05

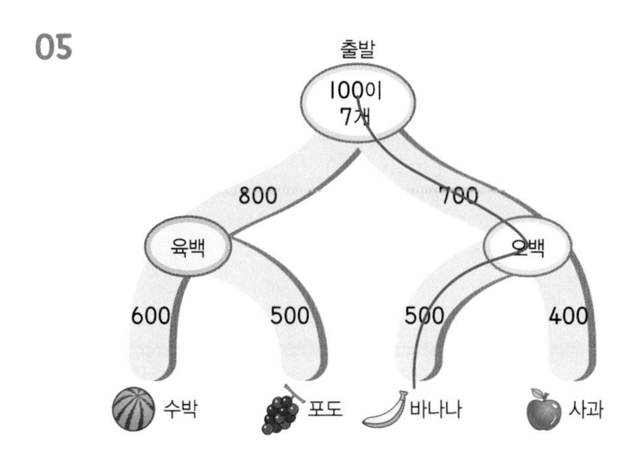

06 백 모형이 2개이면 200, 십 모형이 9개이면 90, 일 모형이 5개이면 5이므로 수 모형이 나타내는 수는 295입니다.

07 사백 오십 삼
4 5 3

08 324는 100이 3개, 10이 2개, 1이 4개인 수이므로 (100)을 3개, (10)을 2개, (1)을 4개 색칠합니다.

09 100이 7개이면 700, 10이 13개이면 130, 1이 4개이면 4이므로 나타내는 수는 834입니다.
834는 팔백삼십사라고 읽습니다.

10 587에서
- 5는 500을 나타냅니다.
- 8은 80을 나타냅니다.
- 7은 7을 나타냅니다.

11 (1) 242에서 밑줄 친 숫자는 백의 자리 숫자이므로 200을 나타냅니다.
(2) 458에서 밑줄 친 숫자는 일의 자리 숫자이므로 8을 나타냅니다.

12 ㉠ 198의 8은 일의 자리 숫자이므로 8을 나타냅니다.
㉡ 800의 8은 백의 자리 숫자이므로 800을 나타냅니다.
㉢ 785의 8은 십의 자리 숫자이므로 80을 나타냅니다.

13 1씩 뛰어 세면 일의 자리 숫자가 1씩 커집니다.
780－781－782－783－784

14 백 모형이 5개이면 500, 십 모형이 8개이면 80, 일 모형이 1개이면 1이므로 수 모형이 나타내는 수는 581입니다.
100씩 뛰어 세면
581－681－781－881이므로 581에서 100씩 3번 뛰어 센 수는 ④ 881입니다.

15 589 ➡ 689 ➡ 789 ➡ 889
백의 자리 숫자가 1씩 커지므로 빨간색 화살표는 100씩 뛰어 세는 규칙입니다.
436 ➡ 446 ➡ 456 ➡ 466
십의 자리 숫자가 1씩 커지므로 파란색 화살표는 10씩 뛰어 세는 규칙입니다.

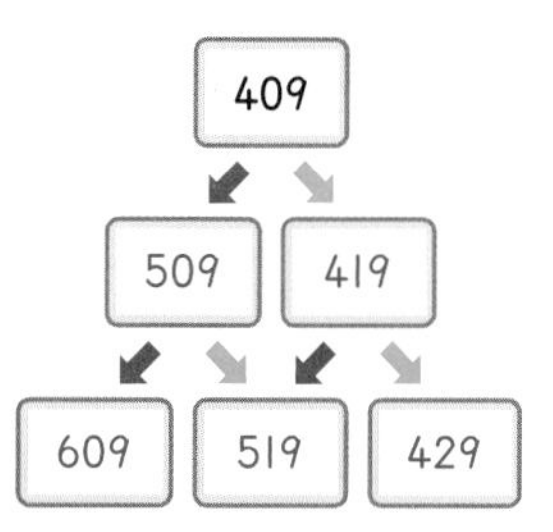

16 10씩 뛰어 세면 십의 자리 숫자가 1씩 커집니다.
253－263－273－283－293－303
254는 일의 자리 숫자가 1 커진 수이므로 253에서 10씩 뛰어 세었을 때 나올 수 없습니다.

17 (1) 399 < 411
3<4
(2) 128 > 127
8>7

18 407−408−409−410에서 407보다 크고 410보다 작은 수는 408, 409입니다.

19 ㉠ 오백 사십 칠
5 4 7

㉡ 100이 5개이면 500, 10이 4개이면 40, 1이 9개이면 9이므로 549입니다.

㉢ 100이 5개이면 500, 1이 48개이면 48이므로 548입니다.

㉠ 547, ㉡ 549, ㉢ 548은 백의 자리 숫자와 십의 자리 숫자가 같으므로 일의 자리 숫자가 가장 작은 ㉠이 가장 작은 수입니다.

20 채점 기준

상	검은색 양말과 노란색 양말 수를 각각 구하여 더 많은 양말을 바르게 구했습니다.
중	검은색 양말과 노란색 양말 수를 각각 구하였으나 더 많은 양말을 구하지 못했습니다.
하	검은색 양말과 노란색 양말 수를 구하지 못하여 더 많은 양말을 구하지 못했습니다.

2 여러 가지 도형

문제를 풀며 이해해요 31쪽

1 (1) 삼각형 (2) 사각형

2 (위에서부터) 꼭짓점, 변

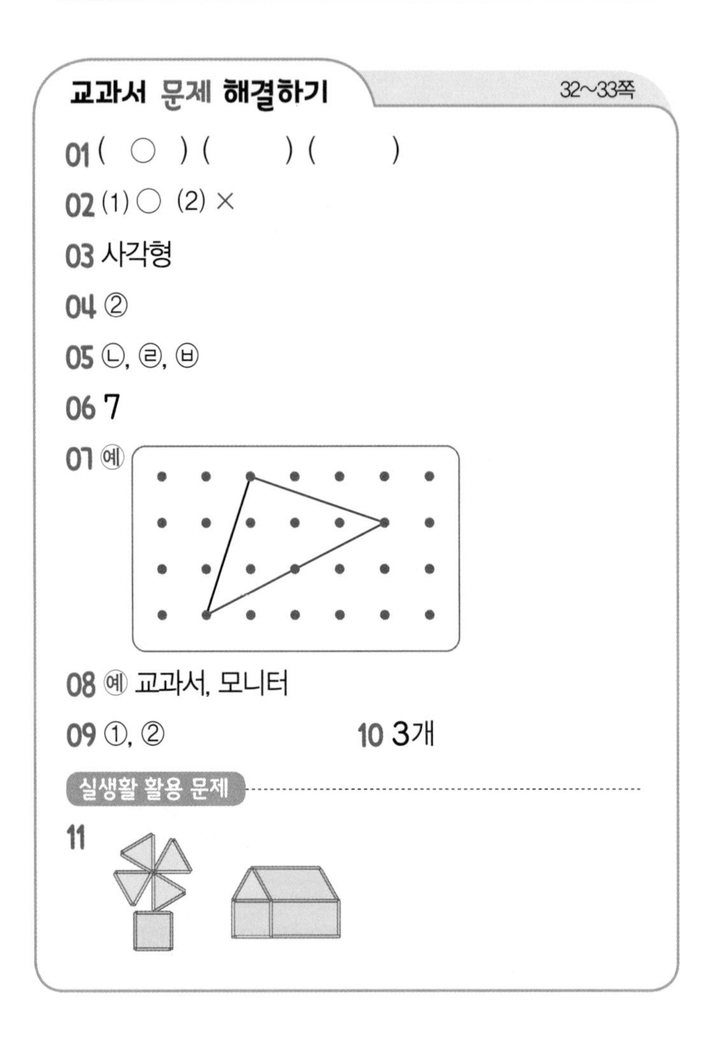

교과서 문제 해결하기 32~33쪽

01 (○) ( ) ( )

02 (1) ○ (2) ×

03 사각형

04 ②

05 ㉡, ㉣, ㉥

06 7

07 예

08 예 교과서, 모니터

09 ①, ② **10** 3개

실생활 활용 문제

11

01 곧은 선 3개로 둘러싸인 도형을 찾으면 첫번째 도형입니다.

02 (1) 삼각형은 변이 3개입니다.
(2) 삼각형에는 굽은 선이 없습니다.

03 변과 꼭지점이 4개이고, 곧은 선으로 둘러싸인 도형은 사각형입니다.

04 몰디브 국기에는 사각형이 2개 있습니다.

05 사각형은 변과 꼭짓점이 4개인 곧은 선으로 둘러싸인 도형입니다.

주어진 그림에서 사각형은 ㉡, ㉣, ㉥입니다.

㉠ 삼각형입니다.

㉢ 끊어져 있으므로 사각형이 아닙니다.

㉤ 굽은 선이 있으므로 사각형이 아닙니다.

06 삼각형의 변의 수는 3이고, 사각형의 꼭짓점의 수는 4입니다.

➡ $3+4=7$

07 곧은 선 3개로 둘러싸인 도형이 되도록 점들을 선으로 이어 삼각형을 그립니다.

08 주변에서 곧은 선 4개의 변으로 둘러싸인 모양의 물건을 찾아봅니다.

09 삼각형과 사각형의 같은 점은 변과 꼭짓점이 있고, 곧은 선으로 둘러싸여 있다는 것입니다.

10 색종이를 자르면 그림과 같습니다.

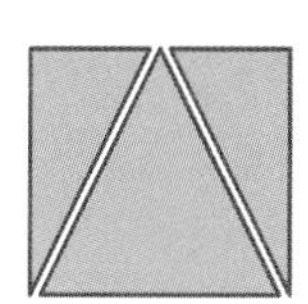

만들어지는 삼각형은 3개입니다.

11 색깔 빨대 3개로 둘러싸인 도형에는 노란색을, 색깔 빨대 4개로 둘러싸인 도형에는 파란색을 칠합니다.

문제를 풀며 이해해요 35쪽

1 원

2 굽은, 크기, 모양에 ○표

3 (1) ①, ②, ③, ⑤, ⑦ / ④, ⑥ (2) 5, 2

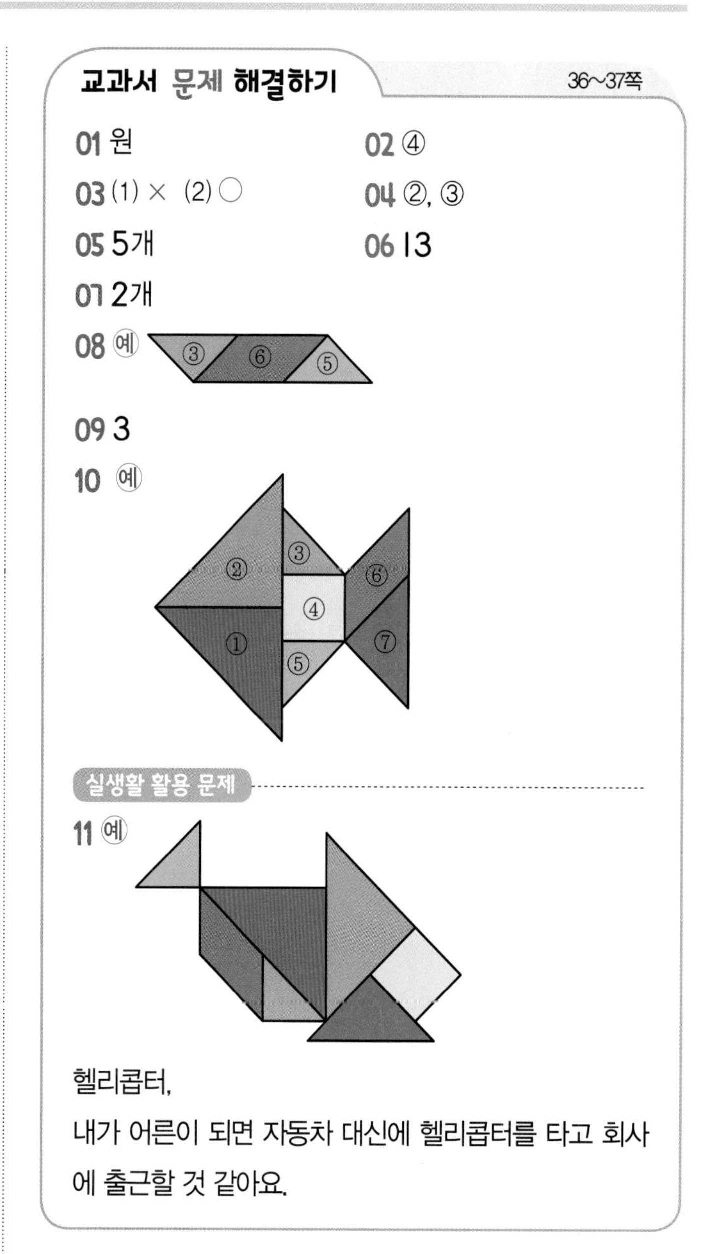

교과서 문제 해결하기 36~37쪽

01 원

02 ④

03 (1) × (2) ○

04 ②, ③

05 5개

06 13

07 2개

08 예

09 3

10 예

실생활 활용 문제

11 예

헬리콥터,

내가 어른이 되면 자동차 대신에 헬리콥터를 타고 회사에 출근할 것 같아요.

01 주어진 물건에서 찾을 수 있는 도형은 원입니다.

02 ④ 원은 그릴 수 없고 사각형을 그릴 수 있습니다.

03 (1) 원에는 뾰족한 부분이 없습니다.

04 원이 있는 국기는 ② 브라질 국기와 ③ 태극기입니다.

05 원은 모두 5개입니다.

06 원은 ⑦, ⑥입니다.

➡ $7+6=13$

07 칠교판은 사각형 모양 조각이 2개, 삼각형 모양 조각이 5개 있습니다.

08 ③ ⑤ ⑥　⑥ ③ ⑤

여러 가지 방법으로 만들 수 있습니다.

09 ③ ④ ⑦ ⑤ ➡ 삼각형: 3개, 사각형: 1개

10 모양 조각 중 가장 큰 ①과 ②의 위치를 먼저 정합니다.

11 칠교판의 7조각을 뒤집거나 돌려서 모양을 만듭니다.

문제를 풀며 이해해요 39쪽

1 (1) 3개 (2) 4개

2 (1) 왼쪽, 뒤 (2) 오른쪽, 앞 (3) 왼쪽, 위

교과서 문제 해결하기 40~41쪽

01 ④　　02 5개

03 6개

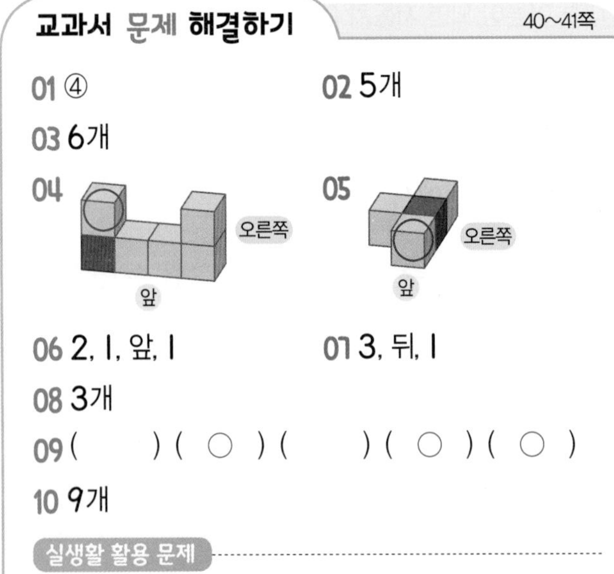

06 2, 1, 앞, 1　　07 3, 뒤, 1

08 3개

09 (　) (○) (　) (○) (○)

10 9개

실생활 활용 문제

11 예 쌓기나무 3개를 옆으로 나란히 놓고, 가장 왼쪽 쌓기나무 위에 쌓기나무를 1개 놓고, 가운데 쌓기나무 앞에 쌓기나무를 1개 놓습니다.

01 쌓기나무 4개로 만들 수 있는 모양은 ①, ②, ③, ⑤입니다.

④와 같이 만들려면 쌓기나무가 5개 필요합니다.

02 똑같은 모양으로 쌓으려면 필요한 쌓기나무는 5개입니다.

03 똑같은 모양으로 쌓으려면 필요한 쌓기나무는 6개입니다.

04

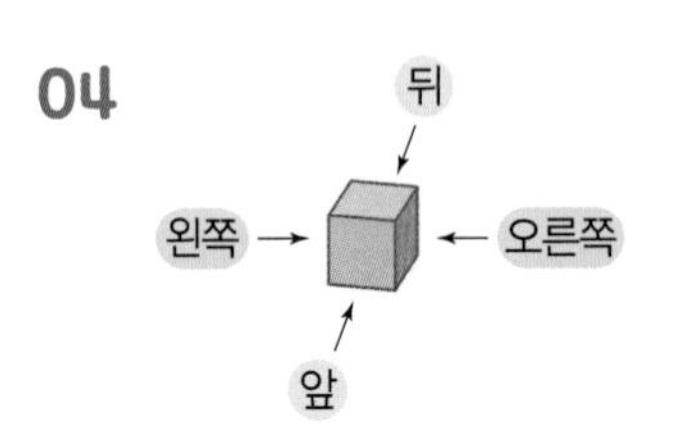

06 쌓기나무로 쌓은 모양을 살펴보면 쌓기나무 2개를 옆으로 나란히 놓고, 왼쪽에 있는 쌓기나무 위에 쌓기나무를 1개 놓고, 오른쪽 쌓기나무 앞에 쌓기나무를 1개 놓았습니다.

07 쌓기나무로 쌓은 모양을 살펴보면 쌓기나무 3개를 옆으로 나란히 놓고, 가장 오른쪽 쌓기나무 앞과 뒤에 쌓기나무를 1개 놓았습니다.

08 왼쪽 모양은 쌓기나무 2개로 쌓은 모양입니다.
오른쪽 모양은 쌓기나무 5개로 쌓은 모양입니다.
왼쪽 모양을 오른쪽 모양과 똑같이 만들려면 쌓기나무가 $5-2=3$(개) 더 필요합니다.

09 쌓기나무 4개를 1층에 놓고 2층에 1개를 더 놓아 만든 쌓기나무 모양은

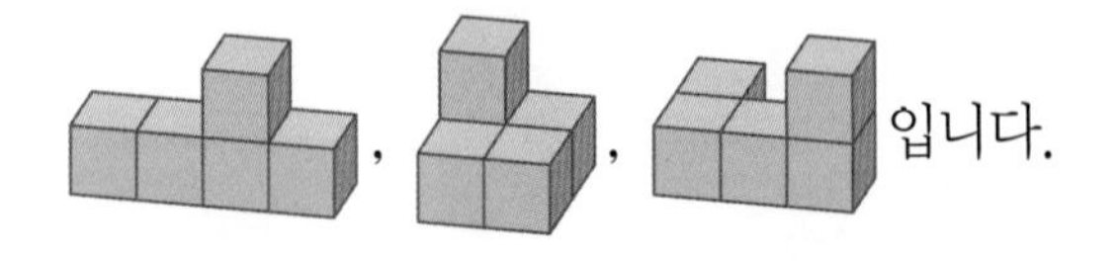

입니다.

10 가를 만들 때 필요한 쌓기나무의 수는 4개이고, 나를 만들 때 필요한 쌓기나무의 수는 5개입니다.
가와 나 모양을 모두 만들 때 필요한 쌓기나무는 $4+5=9$(개)입니다.

11 쌓기나무의 전체적인 모양, 쌓기나무의 수, 쌓기나무를 놓는 위치와 방향, 쌓기나무의 층수 등을 생각하여 설명합니다.

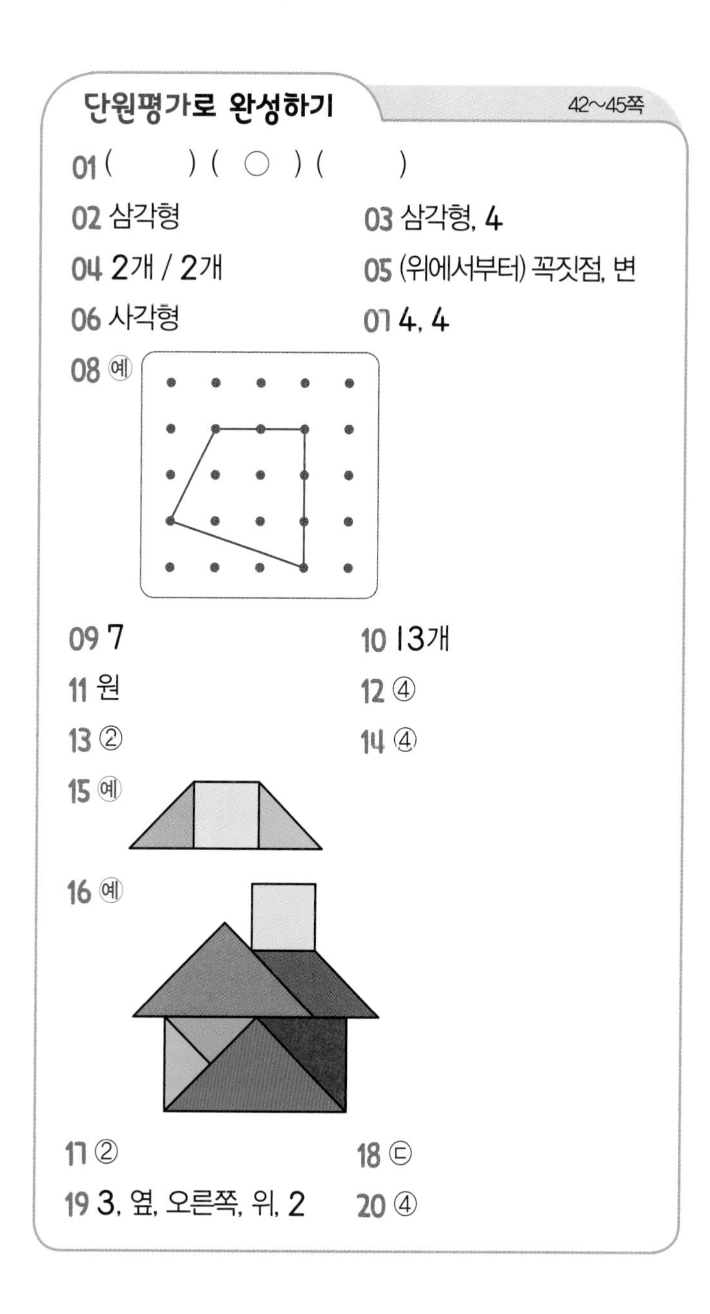

단원평가로 완성하기 42~45쪽

01 (　　) (○) (　　)

02 삼각형　　03 삼각형, 4

04 2개 / 2개　　05 (위에서부터) 꼭짓점, 변

06 사각형　　07 4, 4

08 ㉮

09 7　　10 13개

11 원　　12 ④

13 ②　　14 ④

15 ㉮

16 ㉮

17 ②　　18 ㉢

19 3, 옆, 오른쪽, 위, 2　　20 ④

01

➡ 원

➡ 삼각형

➡ 사각형

02 변과 꼭짓점이 각각 3개이고, 곧은 선으로 둘러싸여 있는 도형은 삼각형입니다.

03 점선을 따라 자르면 삼각형을 4개 만들 수 있습니다.

04 삼각형:

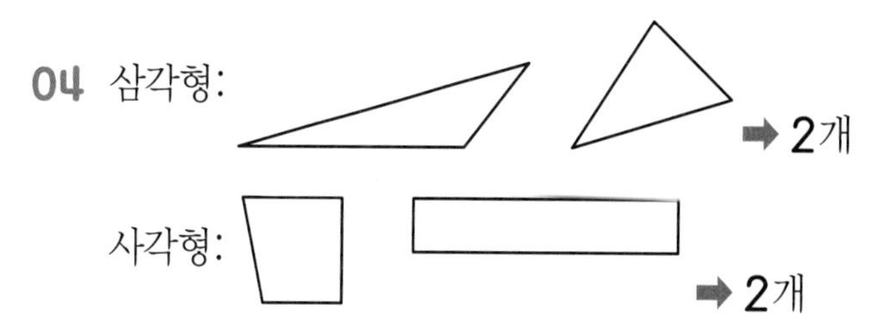

➡ 2개

사각형:

➡ 2개

05 • 꼭짓점: 두 곧은 선이 만나는 점
• 변: 곧은 선

06 점선을 따라 잘랐을 때 사각형이 4개 만들어집니다.

07 사각형은 변이 4개, 꼭짓점이 4개입니다.

08 점 4개를 선택하여 곧은 선 4개로 둘러싸인 도형이 되도록 점들을 선으로 잇습니다.

09 삼각형의 꼭짓점의 수는 3이고, 사각형의 변의 수는 4입니다.
➡ $3+4=7$

10 가장 작은 삼각형 1개짜리 : △ 9개

가장 작은 삼각형 4개짜리 : 3개

가장 작은 삼각형 9개짜리 :

1개

➡ $9+3+1=13$(개)

11 주어진 물건을 본떠서 그릴 수 있는 도형은 원입니다.

12 원은 뾰족한 부분이 없고 굽은 선으로 되어 있습니다.
원의 모양은 같지만 크기는 다릅니다.

13 주어진 그림에서 원은 모두 6개입니다.

14 칠교판에 있는 삼각형 조각은 5개입니다.

15 사각형을 가운데 놓고 삼각형을 양 옆에 놓습니다.

16 가장 큰 삼각형의 위치를 먼저 정합니다.

17 1층에 쌓기나무 3개를 나란히 놓고, 가장 오른쪽 쌓기나무 위에 빨간색 쌓기나무 1개를 쌓은 모양은 ②입니다.

18
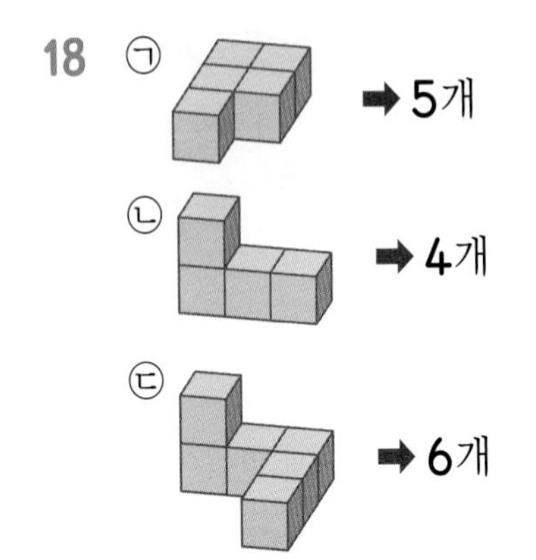

19

채점 기준

상	쌓은 모양을 바르게 설명했습니다.
중	쌓은 모양의 일부분만 설명했습니다.
하	쌓은 모양을 설명하지 못했습니다.

20
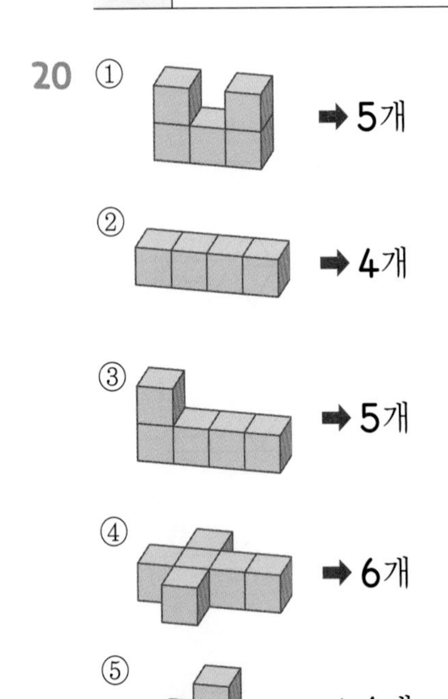

쌓기나무의 수가 가장 많은 것은 ④입니다.

3 덧셈과 뺄셈

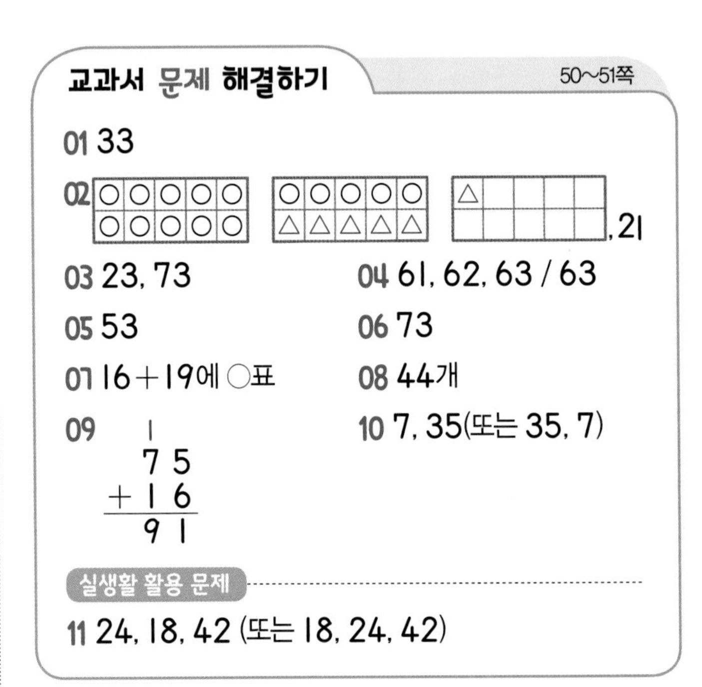

문제를 풀며 이해해요 49쪽

1 (1) 4 (2) 54

2 (왼쪽에서부터) 1, 1 / 1, 2, 1

교과서 문제 해결하기 50~51쪽

01 33

02 (○○○○○/○○○○○) (○○○○○/△△△△△) (△ /), 21

03 23, 73

04 61, 62, 63 / 63

05 53

06 73

07 16+19에 ○표

08 44개

09
$$\begin{array}{r} {\scriptstyle 1} \\ 7\,5 \\ +\,1\,6 \\ \hline 9\,1 \end{array}$$

10 7, 35(또는 35, 7)

실생활 활용 문제

11 24, 18, 42 (또는 18, 24, 42)

01 일 모형 6개와 일 모형 7개를 더하면 일 모형 13개가 됩니다.
일 모형 10개를 십 모형 1개로 바꾸면 십 모형 3개, 일 모형 3개가 됩니다.
➡ 26+7=33

02 △를 6개 이어서 그리면 15+6=21입니다.

03 26에서 3을 옮겨 47을 50으로 만들 수 있습니다.
47+26=50+23=73

04 58+5=63

05 44+9=53

06 $55+18=73$

07 $18+27=45$
$16+19=35$
$36+9=45$
계산 결과가 다른 하나는 $16+19$입니다.

08 (귤 수)+(사과 수)$=15+29=44$(개)

09 일의 자리에서 받아올림한 수를 십의 자리 계산에서 더하지 않았습니다.

10 두 수의 합이 42가 되는 수는 7과 35입니다.
$7+35=42$ 또는 $35+7=42$

11 (색연필 수)+(사인펜 수)$=24+18=42$(자루)

문제를 풀며 이해해요 53쪽

1 (1) 3 (2) 139
2 1, 3 / 1, 1, 5, 3 / 1, 1, 1, 5, 3

교과서 문제 해결하기 54~55쪽

01 110, 7 / 117
02 91, 131
03 127
04 135
05 100
06 >
07 83+45에 ○표
08 3
09 121상자
10 13, 105

실생활 활용 문제

11 74, 65, 139

01 십 모형끼리 더하고, 일 모형끼리 더하여 $76+41$을 구합니다.
$70+40=110$
$6+1=7$
➡ $76+41=117$

02 95에서 4를 옮겨 36을 40으로 만들 수 있습니다.
$36+95=40+91=131$

03
$$\begin{array}{r} 63 \\ +\ 64 \\ \hline 127 \end{array}$$

04
$$\begin{array}{r} 76 \\ +\ 59 \\ \hline 135 \end{array}$$

05 □ 안의 수 1은 60과 50의 합인 110의 백의 자리 수이므로 실제로 나타내는 수는 100입니다.

06 $78+53=131$, $35+93=128$
➡ $131>128$

07 $48+71=119$입니다.
$63+54=117$
$83+45=128$
$24+91=115$
➡ □ 안에 들어갈 수 있는 덧셈식은 $83+45$입니다.

08
$$\begin{array}{r} \boxed{1} \\ 43 \\ +\ 84 \\ \hline 1\boxed{2}7 \end{array}$$
□ 안에 들어갈 수의 합은 $1+2=3$입니다.

09 (초콜릿 상자 수)+(사탕 상자 수)
$=87+34=121$(상자)

10 수 카드 2장을 골라 만들 수 있는 가장 작은 두 자리 수는 13입니다.
➡ $92+13=105$

11 (1학년 학생 수)+(2학년 학생 수)
$=74+65=139$(명)
따라서 필요한 의자는 139개입니다.

문제를 풀며 이해해요 57쪽

1 (1) 10, 10, 2 (2) 4 (3) 42

2 (왼쪽에서부터) 2, 10, 6 / 2, 10, 2, 6

교과서 문제 해결하기 58~59쪽

01

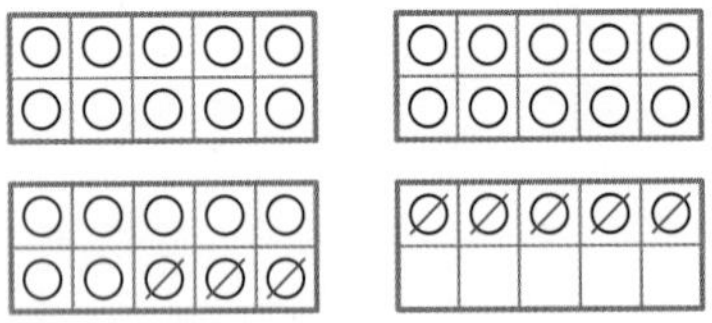

○	○	○	○	○
○	○	○	○	○

○	○	○	○	○
○	○	○	○	○

○	○	○	○	○
○	○	Ø	Ø	Ø

Ø	Ø	Ø	Ø	Ø

, 27

02 20, 7 / 7, 60, 7, 53

03 27

04 32

05 70

06 $<$

07 18자루

08
$$\begin{array}{r} 55 \\ -\ \ 7 \\ \hline 48 \end{array}$$

09 7, 8, 9

10 27

실생활 활용 문제

11 50, 12, 38

01 ○를 ／로 8개 지우면 27개가 남습니다.

02 27을 20과 7로 가르기 하여 계산합니다.
$80-20-7=60-7=53$

03 $34-7=27$

04 $50-18=32$

05 7은 십의 자리 수 8에서 일의 자리로 받아내림하고 남은 수이므로 나타내는 수는 70입니다.

06 $21-3=18$
$40-19=21$
➡ $18<21$

07 (정아가 가지고 있던 연필 수)
－(정아가 친구에게 준 연필 수)
$=30-12=18$(자루)

08 5에서 7을 뺄 수 없으므로 십의 자리에서 받아내림하여 계산해야 합니다.

09 $50-15=35$
$41-1=40$, $41-2=39$,
$41-3=38$, $41-4=37$,
$41-5=36$, $41-6=35$,
$41-7=34$, $41-8=33$,
$41-9=32$
□ 안에 들어갈 수 있는 수는 7, 8, 9입니다.

10 $44-8=36$이므로 ■$=36$입니다.
$50-41=9$이므로 ▲$=9$입니다.
➡ ■－▲$=36-9=27$

11 (한 봉지에 있던 간식 수)
－(강아지에게 준 간식 수)
$=50-12=38$(개)

문제를 풀며 이해해요 61쪽

1 (1) 10, 6 (2) 1 (3) 16

2 (왼쪽에서부터) 3, 10, 8 / 3, 10, 2, 8

교과서 문제 해결하기 62~63쪽

01 48

02 27

03 5

04 38

05

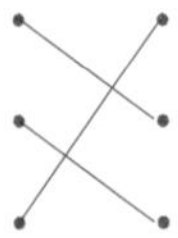

06 14

07 28세

08 1, 3, 2

09 47, 18

10 34, 29

실생활 활용 문제

11 56, 28, 28

01 십 모형 1개를 일 모형 10개로 바꾼 후 일 모형 15개에서 7개를 뺍니다.
십 모형 6개에서 2개를 뺍니다.
십 모형 4개, 일 모형 8개가 남습니다.
➡ $75-27=48$

02
$$\begin{array}{r} \scriptstyle 3\ 10 \\ \not{4}\ 2 \\ -\ 1\ 5 \\ \hline 2\ 7 \end{array}$$

03
$$\begin{array}{r} \scriptstyle 1\ 10 \\ \not{2}\ 4 \\ -\ 1\ 9 \\ \hline 5 \end{array}$$

04
$$\begin{array}{r} \scriptstyle 8\ 10 \\ \not{9}\ 7 \\ -\ 5\ 9 \\ \hline 3\ 8 \end{array}$$

05 $42-29=13$
23　16=7
$55-17=38$

06 사각형 안에 있는 두 수는 52와 38입니다.
➡ $52-38=14$

07 (명섭이 할아버지의 나이)−(명섭이 아버지의 나이)
$=71-43=28$(세)

08 $53-19=34$
$60-24=36$
$71-36=35$
➡ $34<35<36$

09 $63-16=47$
$47-29=18$

10 뺄셈의 결과가 가장 큰 수가 되려면 빼는 수가 가능한 작아야 합니다. 수 카드 2장으로 만들 수 있는 가장 작은 수는 34입니다.
➡ $63-34=29$

11 (1분 동안 호랑이의 심장이 뛰는 횟수)
−(1분 동안 말의 심장이 뛰는 횟수)
$=56-28=28$(회)

문제를 풀며 이해해요 65쪽

1 (계산 순서대로) (1) 37, 53, 53 (2) 37, 37, 53
2 (계산 순서대로) (1) 41, 72, 72 (2) 48, 19, 19

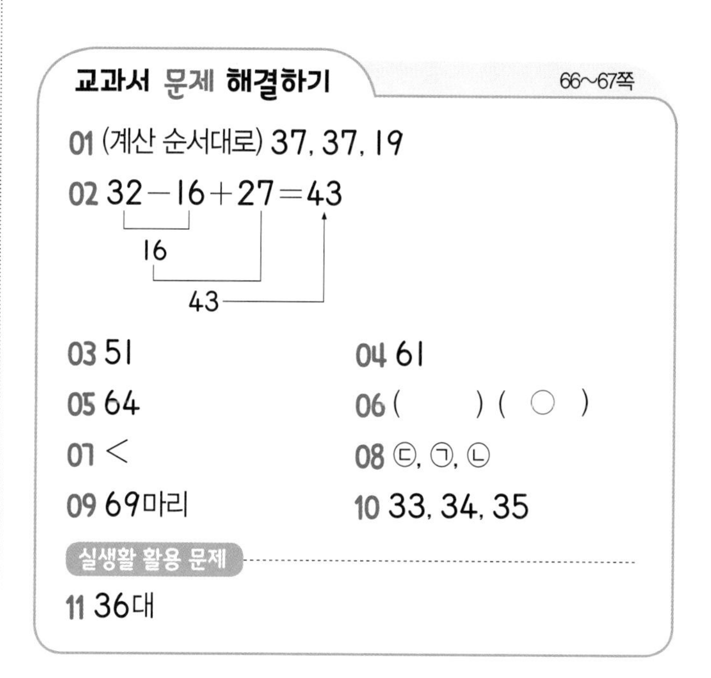
교과서 문제 해결하기 66~67쪽

01 (계산 순서대로) 37, 37, 19
02 $32-16+27=43$ (16, 43)

03 51	04 61
05 64	06 ( ) (○)
07 <	08 ㉢, ㉠, ㉡
09 69마리	10 33, 34, 35

실생활 활용 문제
11 36대

01
$$\begin{array}{r} \scriptstyle 4\ 10 \\ \not{5}\ 4 \\ -\ 1\ 7 \\ \hline 3\ 7 \end{array} \rightarrow \begin{array}{r} \scriptstyle 2\ 10 \\ \not{3}\ 7 \\ -\ 1\ 8 \\ \hline 1\ 9 \end{array}$$

02 앞에서부터 순서대로 계산합니다.

03 $82-43+12=39+12$
$=51$

04 $15+29+17=44+17$
$=61$

05 $35+56-27=91-27$
$=64$

06 세 수의 뺄셈은 앞에서부터 순서대로 계산합니다.
➡ $66-18-9=48-9$
$=39$

07 $73-19+28=54+28$
$=82$
$56+16+22=72+22$
$=94$
➡ $82<94$

08 ㉠ $95-36-11=59-11$
$=48$
㉡ $23+19-7=42-7$
$=35$
㉢ $66-17+3=49+3$
$=52$
계산 결과가 가장 큰 것부터 순서대로 쓰면 ㉢, ㉠, ㉡입니다.

09 (동물원에 있는 토끼 수)
=(흰색 토끼 수)+(회색 토끼 수)
+(검은색 토끼 수)
$=25+17+27$
$=42+27=69$(마리)

10 $35+15-18=50-18$
$=32$
$60-16-8=44-8$
$=36$
□ 안에 들어갈 수 있는 수는 32보다 크고 36보다 작은 수인 33, 34, 35입니다.

11 $28+13-5=41-5$
$=36$(대)

문제를 풀며 이해해요 69쪽

1 23, 16 / 16, 23　　2 81, 25 / 81, 56
3 9, 21 / 12, 21　　4 35, 62 / 27, 62

교과서 문제 해결하기 70~71쪽

01 39, 64
02 64, 64, 39
03 10, 12
04 12, 10, 22
05 45 / 17, 45
06 32, 90 / 32, 58, 90
07 (　　)(○)
08 36, 36　　09 93, 16
10 47, 36, 83 (또는 36, 47, 83) / 83, 47, 36 (또는 83, 36, 47)

실생활 활용 문제

11 (1) 24, 17, 41(또는 17, 24, 41)
(2) 41, 24, 17(또는 41, 17, 24)

01 (빨간 구슬 수)+(파란 구슬 수)=(전체 구슬 수)

02 $25+39=64$　　$25+39=64$
$64-25=39$　　$64-39=25$

03 (처음 가지고 있던 사탕 수)
−(친구에게 준 사탕 수)
=(남은 사탕 수)

04 $22-10=12$　　$22-10=12$
$12+10=22$　　$10+12=22$

05 $45+17=62$　　$45+17=62$
$62-45=17$　　$62-17=45$

06 $90-32=58$ / $58+32=90$　　$90-32=58$ / $32+58=90$

07 $39+16=55$ / $55-39=16$　　$39+16=55$ / $55-16=39$

08 $82-46=36$
➡ $46+36=82$

09 $77+16=93$
➡ $93-16=77$

10 덧셈식 $47+36=83$(또는 $36+47=83$)

빼셈식 $83-47=36$(또는 $83-36=47$)

11 (1) (전체 색종이의 수)
=(꽃무늬 색종이의 수)+(단색 색종이의 수)
$=24+17=41$(장)

(2) $24+17=41$ / $41-24=17$　　$24+17=41$ / $41-17=24$

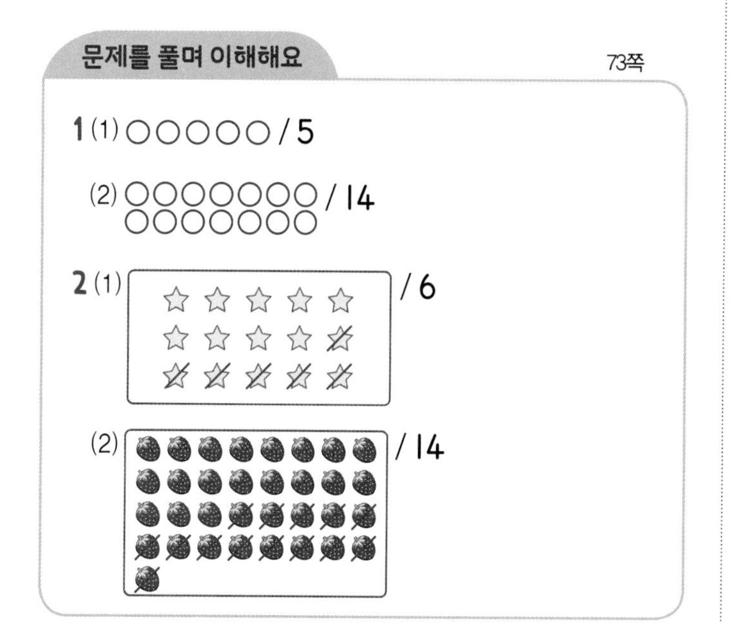

문제를 풀며 이해해요　　73쪽

1 (1) ○○○○○ / 5

(2) ○○○○○○○○○○○○○○ / 14

2 (1) / 6

(2) / 14

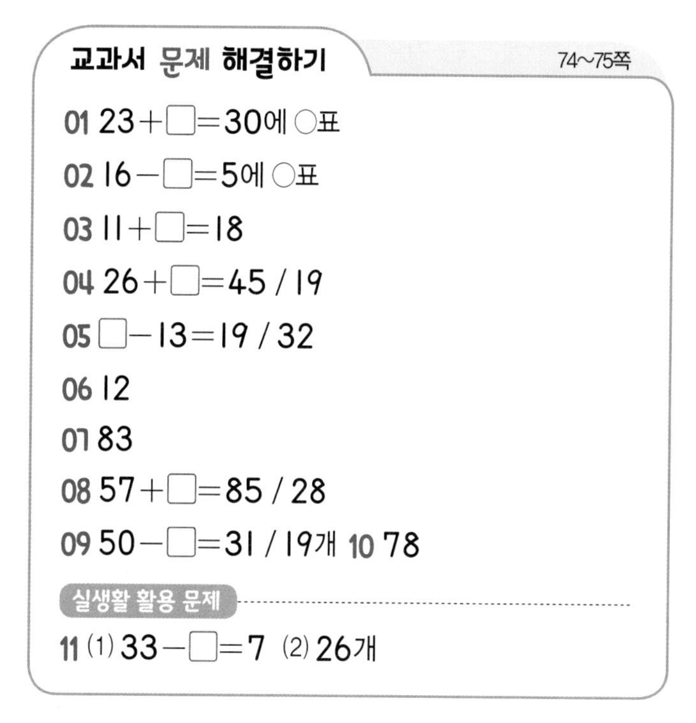

교과서 문제 해결하기　　74~75쪽

01 $23+\square=30$에 ○표
02 $16-\square=5$에 ○표
03 $11+\square=18$
04 $26+\square=45$ / 19
05 $\square-13=19$ / 32
06 12
07 83
08 $57+\square=85$ / 28
09 $50-\square=31$ / 19개 10 78

실생활 활용 문제

11 (1) $33-\square=7$ (2) 26개

03 바나나 11개에 몇 개가 더해지면 바나나 18개가 됩니다. 더해지는 바나나 수를 □로 하여 식으로 나타내면 $11+\square=18$입니다.

04 $26+\square=45$ ➡ $\square=45-26$ ➡ $\square=19$

05 $\square-13=19$ ➡ $19+13=\square$ ➡ $\square=32$

06 $29+\square=41$ ➡ $41-29=\square$ ➡ $\square=12$

07 $\square-55=28$ ➡ $55+28=\square$ ➡ $\square=83$

08 $57+$(어떤 수)$=85$이므로 어떤 수를 □로 하여 식으로 나타내면 $57+\square=85$입니다.
$85-57=\square$ ➡ $\square=28$
어떤 수는 28입니다.

09 재원이가 먹은 사탕 수를 □로 하여 식으로 나타내면 $50-\square=31$입니다.
$50-31=\square$ ➡ $\square=19$
재원이가 먹은 사탕은 19개입니다.

10 ㉠$-45=15$ ➡ $45+15=$㉠ ➡ ㉠$=60$
$45+$㉡$=63$ ➡ $63-45=$㉡ ➡ ㉡$=18$
➡ ㉠$+$㉡$=60+18=78$

11 (1) 친구에게 준 기념품 수를 □로 하면
(지호가 산 기념품 수)−(친구에게 준 기념품 수)
=(남은 기념품 수)이므로
식으로 나타내면 $33-\square=7$입니다.
(2) $33-\square=7$ ➡ $33-7=\square$ ➡ $\square=26$
지호가 친구들에게 준 기념품은 26개입니다.

단원평가로 완성하기 76~79쪽

01 31
02 70, 71, 72, 73 / 73
03 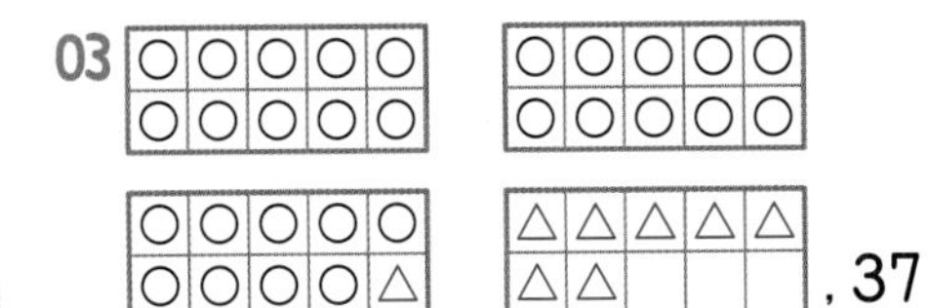, 37
04 (위에서부터) 61, 27, 42, 46
05 55
06 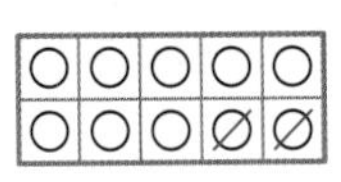 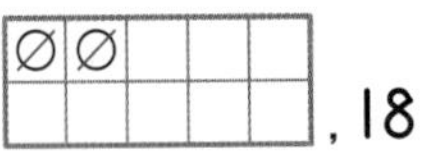, 18
07 10, 7 / 10, 7, 20, 7, 13
08 ㉢
09 >
10 24개
11 (계산 순서대로) 52, 52, 27
12 12
13 ㉠, ㉢, ㉡
14 82, 28 / 82, 54
15 
16 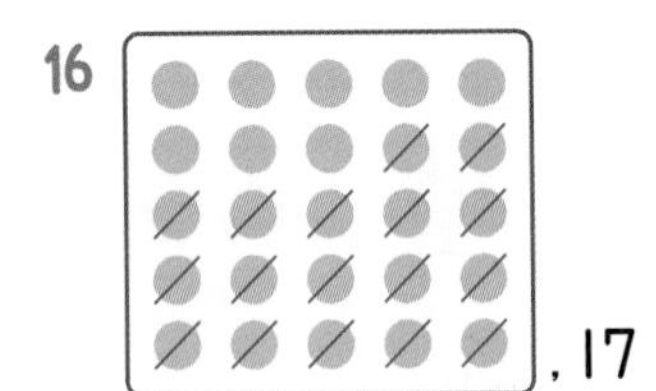, 17
17 ㉠
18 $78+\square=93$ / 15
19 (1) $32-\square=15$ (2) 17 (3) 17 / 17개
20 (위에서부터) 3, 2, 8

01 일 모형 4개와 7개를 더하면 일 모형 11개가 됩니다. 일 모형 10개를 십 모형 1개로 바꾸면 십 모형 3개, 일 모형 1개가 됩니다.
➡ $24+7=31$

02 $67+6=73$

04 $34+27=61$
$8+19=27$
$34+8=42$
$27+19=46$

05 가장 큰 수는 47이고, 가장 작은 수는 8입니다.
➡ $47+8=55$

06 ○를 ／로 14개 지우면 18개가 남습니다.
➡ $32-14=18$

07 17을 10과 7로 가르기 하여 계산합니다.

08 ㉠ $23-8=15$
㉡ $62-47=15$
㉢ $32-14=18$
㉣ $20-5=15$
계산 결과가 다른 하나는 ㉢입니다.

09 $25-8=17$, $30-14=16$
➡ $17>16$

10 (사과나무에 남은 사과 수)
=(사과나무에 달려 있던 사과 수)
−(오늘 딴 사과 수)
$=60-36=24$(개)

11
$$\begin{array}{r} {\scriptstyle 1}\ \ \\ 13 \\ +\,39 \\ \hline 52 \end{array} \qquad \begin{array}{r} {\scriptstyle 4\ 10} \\ \not{5}\,2 \\ -\,25 \\ \hline 27 \end{array}$$

12

$$\begin{array}{r} \overset{4\ 10}{\cancel{5}\ 6} \\ -\ 1\ 9 \\ \hline 3\ 7 \end{array} \quad \begin{array}{r} 3\ 7 \\ -\ 2\ 5 \\ \hline 1\ 2 \end{array}$$

13 ㉠ $22+19+35=41+35$
$=76$

㉡ $78-59+38=19+38$
$=57$

㉢ $35+48-12=83-12$
$=71$

계산 결과가 큰 것부터 순서내로 쓰면 ㉠, ㉡, ㉢입니다.

14 $54+28=82$ → $82-54=28$　　$54+28=82$ → $82-28=54$

15 $17-9=8$ ➡ $9+8=17$
$65+28=93$ ➡ $93-28=65$
$36-19=17$ ➡ $19+17=36$

16 ● 25개에서 17개를 지우면 8개가 남습니다.
➡ $25-17=8$

17 ㉠ $\square-33=7$
➡ $33+7=\square$
➡ $\square=40$

㉡ $47+\square=76$
➡ $76-47=\square$
➡ $\square=29$

㉢ $36+\square=65$
➡ $65-36=\square$
➡ $\square=29$

㉣ $84-\square=55$
➡ $84-55=\square$
➡ $\square=29$

□ 안에 들어갈 수가 다른 하나는 ㉠입니다.

18 $78+$(어떤 수)$=93$이므로 어떤 수를 □로 하여 식으로 나타내면 $78+\square=93$입니다.
$93-78=\square$ ➡ $\square=15$

19 채점 기준

상	식을 세우고 답을 바르게 구했습니다.
중	식을 바르게 세웠으나 답을 구하지 못했습니다.
하	식을 세우지 못하여 답을 구하지 못했습니다.

20

$$\begin{array}{r} 5\ ㉠ \\ -\ ㉡\ ㉢ \\ \hline 2\ 5 \end{array}$$

㉡에는 2 또는 3이 들어갈 수 있습니다.
㉡이 2라고 하면 $53-28$ 또는 $58-23$이 됩니다.
➡ $53-28=25$, $58-23=35$
㉡이 3이라고 하면 $52-38$ 또는 $58-32$가 됩니다.
➡ $52-38=14$, $58-32=26$

$$\begin{array}{r} 5\ \boxed{3} \\ -\ \boxed{2}\ \boxed{8} \\ \hline 2\ 5 \end{array}$$

4 길이 재기

문제를 풀며 이해해요 83쪽

1 경수　2 (1) 3 (2) 6

교과서 문제 해결하기 84~85쪽

01 가　02 대영
03 풀　04 6, 3
05 연필　06 적습니다에 ○표
07 8, 5　08 ㉡
09 ②　10 지민

실생활 활용 문제

11 5

01 가가 나보다 더 짧습니다.

02 리본의 한쪽 끝을 맞추어 리본의 길이를 비교하면 대영이의 두 번째 손가락이가장 깁니다.

03 머리핀의 길이는 클립으로 3번 재었고, 풀의 길이는 5번 재었습니다. 머리핀과 풀 중 더 긴 것은 풀입니다.

04 책상의 긴 쪽의 길이는 크레파스로 6번 재었습니다.
책상의 긴 쪽의 길이는 연필로 3번 재었습니다.

05 크레파스와 연필 중 길이가 더 긴 것은 연필입니다.

06 단위길이가 긴 연필로 재었을 때 길이를 잰 횟수가 더 적습니다.

07 텔레비전의 긴 쪽의 길이는 8뼘이고, 짧은 쪽의 길이는 5뼘입니다.

08 같은 단위길이로 재었으므로 잰 횟수가 많을수록 길이가 긴 것입니다.

09 고무줄은 잡아 당기는 힘에 따라 길이가 달라지므로 길이를 재는 단위로 사용하기에 좋지 않습니다.

10 한 뼘의 길이가 짧을수록 길이를 잰 횟수가 많습니다.
한 뼘의 길이가 가장 짧은 친구는 지민입니다.

11 서랍장의 길이가 연필로 5번이므로 '가'의 길이는 연필로 5번보다 길어야 합니다.

문제를 풀며 이해해요 87쪽
1 (1) 3 / 3 cm / 3 센티미터
(2) 4 / 4 cm / 4 센티미터
2 (1) 6 cm (2) 9 cm

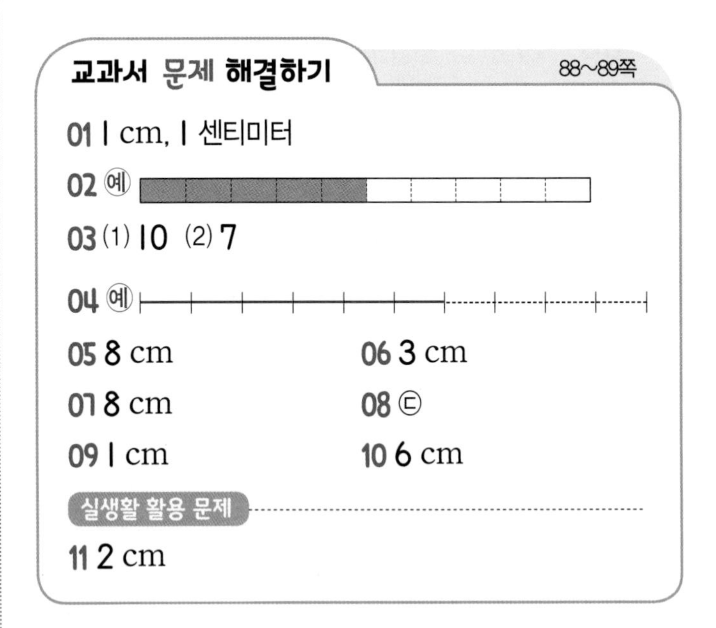

교과서 문제 해결하기 88~89쪽
01 1 cm, 1 센티미터
02 예
03 (1) 10 (2) 7
04 예
05 8 cm
06 3 cm
07 8 cm
08 ㉢
09 1 cm
10 6 cm
실생활 활용 문제
11 2 cm

01 1 cm는 1 센티미터라고 읽습니다.

02 1 cm가 5개이면 5 cm이므로 점선으로 나누어진 작은 칸을 5개만큼 칠합니다.

03 1 cm가 ◆번이면 ◆cm입니다.

04 6 cm는 1 cm가 6번입니다.

05 자로 재어 보면 막대의 길이는 8 cm입니다.

06 1 cm가 3번이므로 아름이 이름표의 길이는 3 cm입니다.

07 숟가락의 눈금이 2부터 10까지이면 1 cm가 8개이므로 숟가락의 길이는 8 cm입니다.

08 ㉠ 노란색 막대의 눈금은 7부터 9까지이므로 길이는 2 cm입니다.
㉡ 주황색 막대와 노란색 막대의 눈금은 3부터 9까지이므로 길이는 6 cm입니다.
㉢ 파란색 막대는 3 cm이고, 노란색 막대는 2 cm이므로 길이를 더하면 5 cm입니다.
설명이 옳은 것은 ㉢입니다.

09 면봉은 5 cm, 이쑤시개는 6 cm입니다. 이쑤시개는 면봉보다 1 cm 더 깁니다.

10 빨간색 선은 1 cm가 6개이므로 6 cm입니다.

11 쌓인 눈의 높이를 재어 보면 2 cm입니다.

문제를 풀며 이해해요 91쪽

1 (1) 6, 7, 6, 6 (2) 9, 10, 10, 10
2 예 11, 11

교과서 문제 해결하기 92~93쪽

01 3, 4
02 ㉠, ㉣
03 7 cm
04 6 cm
05 짧습니다에 ○표
06 3 cm
07 예 9 cm, 9 cm
08 6 cm
09 50 cm
10 나연

실생활 활용 문제
11 ㉠

01 파란색 점은 2와 3중에서 3에 더 가깝습니다.
빨간색 점은 4와 5 중에서 4에 더 가깝습니다.

02 ㉠ 2와 3 중에서 3에 더 가까우므로 약 3 cm라고 할 수 있습니다.
㉣ 집게의 한쪽 끝이 눈금 2와 3 사이에 있으므로 집게의 길이는 3 cm보다 조금 짧습니다.

03 사탕의 한쪽 끝이 눈금 7과 8 사이에 있고 7에 더 가까우므로 사탕의 길이는 약 7 cm입니다.

04 열쇠의 길이를 자로 재어 보면 한쪽 끝이 눈금 5와 6 사이에 있고 6에 더 가까우므로 열쇠의 길이는 약 6 cm입니다.

05 어림한 길이는 약 9 cm인데 볼펜을 자로 재어 보면 10 cm입니다.
어림한 길이는 자로 잰 길이보다 짧습니다.

06 블럭의 길이는 1 cm가 3번에 가까우므로 약 3 cm입니다.

07 나의 길이는 가의 길이를 2개 합친 것보다 짧은 것을 이용하여 어림해 봅니다.
막대를 자로 잰 길이는 9 cm입니다.

08 크레파스의 길이에 엄지손톱이 6번쯤 들어가므로 크레파스의 길이는 약 6 cm입니다.

09 한 뼘의 길이는 약 10 cm이므로 5뼘쯤이면 길이가 10 cm가 5개이므로 약 50 cm입니다.

10 선의 길이를 자로 재어 보면 7 cm인데 주아는 약 9 cm로 어림했고, 나연이는 약 6 cm로 어림했습니다.
나연이가 실제 길이에 더 가깝게 어림했습니다.

11 컵에 빨대를 꽂아 사용하려면 빨대의 길이는 9 cm보다 길어야 합니다.
세 개의 막대 중 9 cm보다 긴 빨대는 약 10 cm인 ㉠입니다.

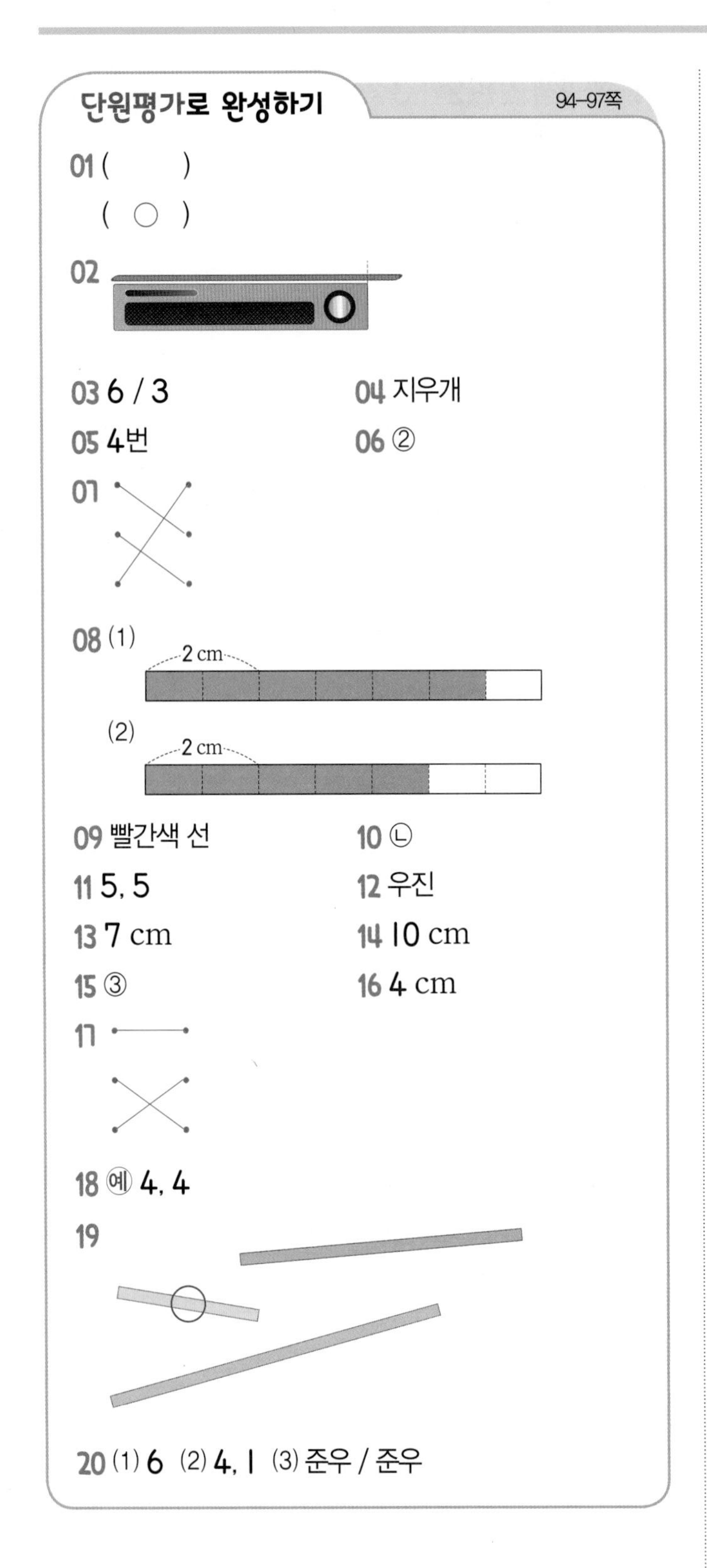

단원평가로 완성하기 94~97쪽

01 (　　)
(○)

02

03 6 / 3　　04 지우개

05 4번　　06 ②

07

08 (1) 2 cm
(2) 2 cm

09 빨간색 선　　10 ㉡

11 5, 5　　12 우진

13 7 cm　　14 10 cm

15 ③　　16 4 cm

17

18 예 4, 4

19

20 (1) 6 (2) 4, 1 (3) 준우 / 준우

01 바구니의 길이만큼 자른 리본의 길이가 리코더의 길이만큼 자른 리본의 길이보다 더 깁니다.

02 스피커의 긴 쪽을 따라 끈을 당긴 다음 재려고 하는 길이와 끈의 길이가 같아지도록 끈을 잘라야 합니다.

03 애호박의 길이는 바둑돌로 6번입니다.
애호박의 길이는 지우개로 3번입니다.

04 단위길이가 길수록 길이를 잰 횟수는 적습니다.

05 돋보기의 길이를 클립으로 재면 4번입니다.

06 1 cm와 길이가 비슷한 것은 엄지손톱의 길이입니다.

07 1 cm가 7번이면 7 cm입니다.
1 cm가 8번이면 8 cm입니다.
1 cm가 5번이면 5 cm입니다.

08 (1) 6 cm는 2 cm가 3번 들어갑니다.
(2) 5 cm는 2 cm가 2번 들어가고 2 cm의 반만큼 더 들어갑니다.

09 자로 재어 보면 노란색 선은 3 cm이고 빨간색 선은 3 cm보다 짧습니다.

10 1 cm가 7번이면 7 cm이고 7cm인 화살표는 ㉡입니다.

11 1 cm가 눈금 1부터 6까지 5번이므로 빨간색 선의 길이는 5 cm입니다.

12 초록색 선은 1 cm가 4번 들어가므로 4 cm입니다. 바르게 말한 친구는 우진입니다.

13 과자의 길이를 자로 재어 보면 7 cm입니다.

14 그림 카드의 짧은 쪽의 길이는 4 cm이고, 긴 쪽의 길이는 6 cm이므로 길이를 더하면 10 cm입니다.

15 한쪽 끝이 눈금 5와 6 사이에 있고, 5에 더 가까우므로 양초의 길이는 약 5 cm라고 할 수 있습니다.

16 1 cm가 4번에 가까우므로 막대의 길이는 약 4 cm입니다.

17 발의 길이는 약 20 cm입니다.
손끝에서 어깨까지의 길이는 약 50 cm입니다.
다섯 번째 손가락의 길이는 약 5 cm입니다.

18 약병의 길이에 파란색 막대가 4번 들어갑니다.

19 엄지손톱의 길이가 약 1 cm이므로 엄지손톱이 약 3번 들어가는 선분을 찾아봅니다.

20 채점 기준

상	칠판 지우개의 길이를 자로 재어 실제 길이와 더 가깝게 어림한 친구를 바르게 구하였습니다.
중	칠판 지우개의 길이를 자로 바르게 재었으나 실제 길이와 더 가깝게 어림한 친구를 구하지 못했습니다.
하	칠판 지우개의 길이를 자로 잘못 재어 실제 길이와 더 가깝게 어림한 친구를 구하지 못했습니다.

5 분류하기

문제를 풀며 이해해요

101쪽

1 ㉠
2 ㉡, ㉢, ㉤, ㉥, ㉩ / ㉠, ㉣, ㉦, ㉧, ㉨

교과서 문제 해결하기

102~103쪽

01 색깔
02 예 지우개가 달린 연필과 지우개가 달리지 않은 연필로 분류합니다.
03 예 분류 기준이 분명하지 않습니다. / 예 아이스크림 맛
04 색깔 / 보라색, 빨간색, 노란색
05 ㉢
06 예 모양 / 색깔
07 ④

실생활 활용 문제

08 (1) 과일과 고기
(2)

종류	과일	고기
음식 이름	사과, 복숭아, 감	닭고기, 돼지고기, 소고기

01 연수는 양말을 색깔에 따라 분류하였습니다.

02 연필 색깔에 따라 분류하는 방법도 있습니다.

03 아이스크림이 담긴 모양에 따라 분류하는 방법도 있습니다.

04 과일을 색깔에 따라 분류했습니다.

05 ㉠에는 사전만, ㉡에는 동화책만, ㉢에는 교과서만 있어야 합니다. ㉢에 있는 백설공주 책은 ㉡ 동화책 칸으로 옮겨야 합니다.

06 과자를 모양에 따라 분류하거나 색깔에 따라 분류할 수 있습니다.

07 ④ 분류 기준이 하나만 있는 것은 아닙니다.

문제를 풀며 이해해요

105쪽

1 (1)

곤충	장수풍뎅이	사슴벌레	매미	나비
세면서 표시하기	𝍸	𝍸 //	//	////
학생 수(명)	5	7	2	4

(2) 사슴벌레 (3) 매미 (4) 사슴벌레

교과서 문제 해결하기

106~107쪽

01 17, 13
02 혁수네 모둠
03 6, 4, 4
04 5, 6, 3
05 3개
06 15, 8, 7
07 맑은 날에 ○표, 15, 비 온 날에 ○표, 7

실생활 활용 문제

08 (1) 그릇의 크기
(2) 2개

01 카드를 검은색과 흰색으로 분류하여 세어 보면 30장의 카드 중 검은색이 17장, 흰색이 13장입니다.

02 검은색 카드가 17장, 흰색 카드가 13장으로 검은색 카드가 더 많으므로 혁수네 모둠이 이겼습니다.

03 모양을 기준으로 분류할 때는 색깔은 생각하지 않습니다.

04 색깔에 따라 분류할 때 모양은 생각하지 않습니다.

05 종이접기 작품 중 탈것은 배와 비행기로 모두 10개입니다.
이 중에서 빨간색은 3개입니다.

06 날씨별로 분류하여 세어 보면 맑은 날은 15일, 흐린 날은 8일, 비 온 날은 7일입니다.

07 지난달 날씨를 보면 맑은 날이 15일로 가장 많았고, 비 온 날이 7일로 가장 적었습니다.

08 (1) 2개의 통에 나누어 담으려면 크기로 분류해야 합니다. 색으로 분류하여 담으려면 통 4개가 필요합니다.
(2) 큰 접시는 8개이고, 작은 접시는 10개이므로 차는 $10-8=2$(개)입니다.

단원평가로 완성하기

108~111쪽

01 (   )
(   )
(○)
02 같은, 알맞지 않습니다에 ○표
03 ㉢
04 예 상의와 하의로 분류할 수 있습니다.
05 예 동전과 지폐로 분류할 수 있습니다.
06 ㉡, ㉣, ㉤ / ㉢, ㉥, ㉧ / ㉠, ㉦
07 ㉡, ㉥, ㉦ / ㉣, ㉧ / ㉠, ㉢, ㉤
08 예 자음과 모음 / 풀이 참조
09 ㉠, ㉤, ㉦ / ㉡, ㉢, ㉧ / ㉣, ㉥, ㉨
10 과일
11 풀이 참조, 6, 5, 4
12 풀이 참조, 7, 3, 5
13 풀이 참조, 4, 5, 6
14 12, 8, 8
15 10, 10, 8
16 예 원인 장난감과 원이 아닌 장난감
17 예 종류
18 풀이 참조
19 15, 10, 5
20 (1) 축구공, 5 (2) 배구공, 15 (3) 축구공, 10 / 축구공, 10개

01 '좋아하는 인형과 좋아하지 않는 인형'과 '새 인형과 오래된 인형'은 분류하는 사람에 따라 달라지므로 분류 기준으로 알맞지 않습니다.

02 분류 기준을 정할 때는 누가 분류하더라도 같은 결과가 나올 수 있는 기준으로 정해야 합니다.

03 ㉠ 모양을 기준으로 분류할 수 있습니다.
㉡ 팔 길이를 기준으로 분류할 수 있습니다.
㉣ 색깔을 기준으로 분류할 수 있습니다.

06 컵을 색깔에 따라 분류하여 기호로 써 봅니다.

07 컵을 손잡이 수에 따라 분류하여 기호를 써 봅니다.

08

종류	자음	모음
자석	ㄱ, ㄴ, ㄷ, ㄹ, ㅁ	ㅏ, ㅓ, ㅗ, ㅛ, ㅜ, ㅠ

10 귤은 과일로 분류할 수 있습니다.

11

색깔	주황색	초록색	보라색
세면서 표시하기	卌 /	卌	////
단추 수(개)	6	5	4

12

구멍 수	2개	3개	4개
세면서 표시하기	卌 //	///	卌
단추 수(개)	7	3	5

13

모양	□	○	♡
세면서 표시하기	////	卌	卌 /
단추 수(개)	4	5	6

14

색깔	빨간색	노란색	초록색
세면서 표시하기	卌 卌 //	卌 ///	卌 ///
장난감 수(개)	12	8	8

15

모양	□	○	△
세면서 표시하기	卌 卌	卌 卌	卌 ///
장난감 수(개)	10	10	8

16 꼭짓점이 있는 장난감과 꼭짓점이 없는 장난감으로도 분류할 수 있습니다.

17 ㉔ 과일을 종류별로 분류할 수 있습니다.

18 ㉔

종류	석류	포도	사과	귤
과일 수(개)	3	5	5	7

19

종류	배구공	농구공	축구공
세면서 표시하기	卌 卌 卌	卌 卌	卌
공 수(개)	15	10	5

20 채점 기준

상	개수가 가장 많은 공과 가장 적은 공을 구하고 어떤 공을 얼마만큼 사야 하는지 바르게 구했습니다.
중	개수가 가장 많은 공과 가장 적은 공을 구했으나 어떤 공을 얼마만큼 사야 하는지 구하지 못했습니다.
하	개수가 가장 많은 공과 가장 적은 공을 구하지 못하여 답을 구하지 못했습니다.

6 곱셈

문제를 풀며 이해해요 115쪽

1 (1) 5 (2) 9, 12, 15 (3) 15
2 (1) 4 (2) 12, 18, 24 (3) 24

교과서 문제 해결하기 116~117쪽

01 6, 8, 10, 12
02 4
03 12개
04 10, 12, 14
05 15, 20
06 ⑤
07 9, 12, 15, 18
08 12, 18
09 18개
10

실생활 활용 문제

11 (1) 5묶음 (2) 4묶음

01 2씩 뛰어 세기 ➡ 2, 4, 6, 8, 10, 12

02 3씩 묶어 세기 ➡ 3씩 4묶음

03 가위는 모두 12개입니다.

04 2씩 뛰어 세기를 하면 2, 4, 6, 8, 10, 12, 14, 16입니다.

05 5씩 뛰어 세기를 하면 5, 10, 15, 20입니다.

06 지우개는 3씩 묶으면 7묶음입니다.

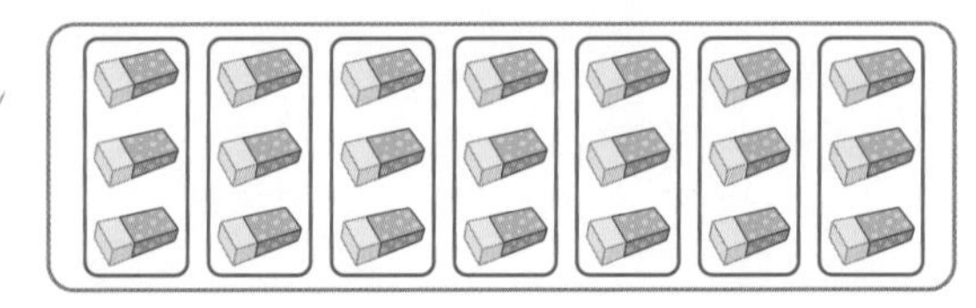

07 3씩 묶어 세면 3－6－9－12－15－18입니다.

08 6씩 묶어 세면 6－12－18입니다.

09 ☆은 모두 18개입니다.

10 ➡ 4씩 3묶음

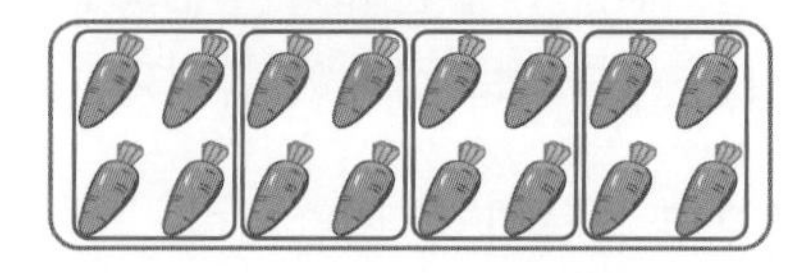

➡ 4씩 4묶음

11 (1) 책상 위에 있는 클립을 4씩 묶어 세면 5묶음입니다.
(2) 책상 위에 있는 클립을 5씩 묶어 세면 4묶음입니다.

문제를 풀며 이해해요 119쪽

1 (1) 6 (2) 3 (3) 6 (4) 3

교과서 문제 해결하기 120~121쪽

01 6
02 4
03 3
04 5배
05 2, 7
06 6, 3
07 5, 4, 5
08 4, 7, 4
09 ④
10 3배

실생활 활용 문제

11 (1) 5개 (2) 10개

02 5씩 4묶음은 5의 4배입니다.

03 4씩 3묶음은 4의 3배입니다.

04 성호가 가진 딱지 수는 3씩 5묶음입니다.
3씩 5묶음은 3의 5배입니다.

05 2의 7묶음은 2의 7배입니다.

06 6의 3묶음은 6의 3배입니다.

07 4씩 5묶음은 4의 5배입니다.

08 7씩 4묶음은 7의 4배입니다.

09 3씩 5묶음은 3의 5배입니다.

10 빨간색 막대의 길이는 2칸이고, 초록색 막대의 길이는 6칸입니다.
6은 2씩 3묶음입니다.
2씩 3묶음은 2의 3배입니다.
초록색 막대의 길이는 빨간색 막대의 길이의 3배입니다.

11 (1) 민이가 쌓은 모양은 쌓기나무가 5개입니다.
(2) 동생이 성을 만드는 데 사용한 쌓기나무는 민이가 사용한 쌓기나무의 2배입니다.
5개의 2배는 5개씩 2묶음이므로 10개입니다.
동생이 성을 만드는 데 사용한 쌓기나무는 10개입니다.

문제를 풀며 이해해요

123쪽

1 (1) 6 (2) 6 (3) 24 (4) 6, 24
2 (1) 4 (2) 4 (3) 24 (4) 4, 24

교과서 문제 해결하기

124~125쪽

01 6, 6, 18 / 3, 18
02 12 / 4, 12
03 $4+4+4=12$ / $4\times3=12$
04 (1) 3, 7, 21 (2) 6, 9, 54
05 ③
06 $5\times7=35$
07 ㉡, ㉢
08 ㉣
09 ④
10 15개

실생활 활용 문제

11 $8+8+8+8+8=40$ / $8\times5=40$

01 색연필은 6자루씩 3묶음입니다.
덧셈식 $6+6+6=18$
곱셈식 $6\times3=18$

02 조각케이크는 한 접시에 3개씩 4접시에 담겨 있습니다.
덧셈식 $3+3+3+3=12$
곱셈식 $3\times4=12$

03 밤은 4개씩 3묶음입니다.
덧셈식 $4+4+4=12$
곱셈식 $4\times3=12$

04 (1) 3의 7배
➡ 3×7
$=3+3+3+3+3+3+3$
$=21$
(2) 6의 9배
➡ 6×9
$=6+6+6+6+6+6+6+6+6$
$=54$

05 ① $5\times6=5+5+5+5+5+5$입니다.
② 7과 2의 곱은 7×2입니다.
④ $4+4+4+4+4$는 4×5와 같습니다.
⑤ 3×8은 3 곱하기 8이라고 읽습니다.

06 5 곱하기 7은 35와 같습니다.
5 × 7 = 35

07 5의 4배
➡ 5씩 4묶음
➡ $5+5+5+5$
➡ 5×4
5의 4배와 같은 것은 ㉡, ㉢입니다.

08 6×4
➡ 6의 4배
➡ 6 곱하기 4
➡ 6씩 4묶음
➡ $6+6+6+6$
6×4와 다른 하나는 ㉣입니다.

09 쌓기나무 한 개의 높이가 2 cm이므로 쌓기나무 6개를 쌓은 높이는 2 cm의 6배입니다.
2의 6배는 2×6이고
$2\times6=2+2+2+2+2+2=12$입니다.
쌓기나무 6개를 쌓은 높이는 12 cm입니다.

10 정우는 공깃돌을 5개 가지고 있고, 민이는 정우가 가지고 있는 공깃돌 수의 3배만큼 가지고 있습니다.
5의 3배는 5×3이고
$5\times3=5+5+5=15$입니다.
민이가 가지고 있는 공깃돌은 15개입니다.

11 의자에 8명씩 5줄로 앉았습니다.
덧셈식으로 나타내면
$8+8+8+8+8=40$입니다.
곱셈식으로 나타내면 $8\times5=40$입니다.

문제를 풀며 이해해요

127쪽

1 (1) 2, 2
(2) 16
(3) 2, 16
(4) 8, 16 / 4, 16
2 (1) 4, 4
(2) 24
(3) 4, 24
(4) 6, 24 / 8, 24 / 3, 24

교과서 문제 해결하기

128~129쪽

01 $4\times3=12$, $4\times4=16$
02 5, 4, 20
03 (왼쪽에서부터) 6, 24 / 3, 24 / 8, 24
04 ㉣
05 $6\times3=18$
06 $3\times7=21$
07 $4\times8=32$
08 9살
09 54개
10 7, 8, 9

실생활 활용 문제

11 $8\times3=24$

01 4개씩 3묶음
➡ $4\times3=4+4+4=12$
4개씩 4묶음
➡ $4\times4=4+4+4+4=16$

02 배추가 한 줄에 5포기씩 4줄이 있으므로 배추가 모두 몇 포기인지 곱셈식으로 나타내면
$5\times4=5+5+5+5=20$입니다.

03 6개씩 4묶음 ➡ $6\times4=24$
4개씩 6묶음 ➡ $4\times6=24$
8개씩 3묶음 ➡ $8\times3=24$
3개씩 8묶음 ➡ $3\times8=24$

04 ㉠ 4개씩 3묶음 ➡ $4\times3=12$
㉡ 3개씩 4묶음 ➡ $3\times4=12$
㉢ 2개씩 6묶음 ➡ $2\times6=12$
그림을 보고 만들 수 없는 곱셈식은
㉣ $8\times2=16$입니다.

05 찹쌀떡이 한 상자에 6개씩 들어 있습니다.
3상자에 들어 있는 찹쌀떡은
$6\times3=6+6+6=18$(개)입니다.

06 옥수수가 한 봉지에 3개씩 7봉지가 있습니다.
옥수수는
$3\times7=3+3+3+3+3+3+3=21$(개)
입니다.

07 한 대에 바퀴가 4개인 자동차가 8대 있습니다.
자동차 8대의 바퀴의 수는
$4\times8=4+4+4+4+4+4+4+4$
$=32$(개)입니다.

08 지후 동생의 나이는 3살이고 지후의 나이는 지후 동생 나이의 3배입니다.
지후의 나이는
$3\times3=3+3+3=9$(살)입니다.

09 사과가 한 상자에 9개씩 6상자에 들어 있습니다.
사과는
$9\times6=9+9+9+9+9+9=54$(개)입니다.

10 $4\times9=36$이므로 3□는 36보다 큰 수이어야 합니다.
1부터 9까지의 숫자 중에서 □ 안에 들어갈 수 있는 숫자는 7, 8, 9입니다.

11 도현이는 줄넘기를 8번 했고, 지수는 도현이의 3배를 했으므로
$8\times3=8+8+8=24$(번) 했습니다.

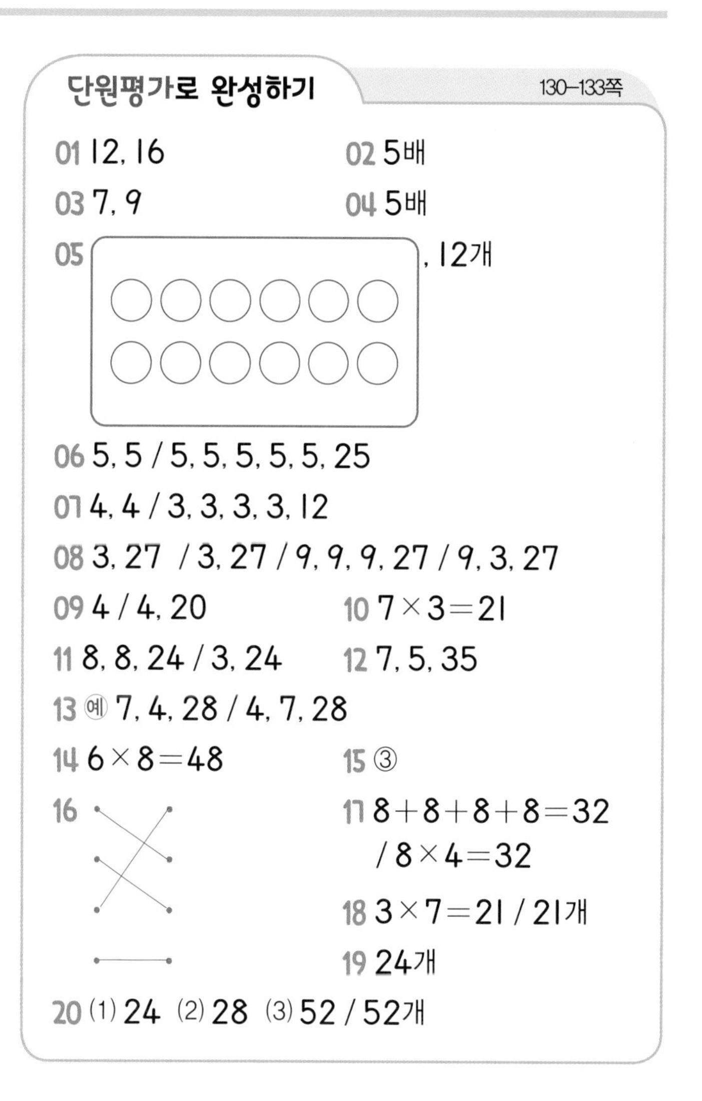

단원평가로 완성하기 130~133쪽

01 12, 16
02 5배
03 7, 9
04 5배
05 (그림), 12개
06 5, 5 / 5, 5, 5, 5, 5, 25
07 4, 4 / 3, 3, 3, 3, 12
08 3, 27 / 3, 27 / 9, 9, 9, 27 / 9, 3, 27
09 4 / 4, 20
10 $7\times3=21$
11 8, 8, 24 / 3, 24
12 7, 5, 35
13 예 7, 4, 28 / 4, 7, 28
14 $6\times8=48$
15 ③
16 (그림)
17 $8+8+8+8=32$ / $8\times4=32$
18 $3\times7=21$ / 21개
19 24개
20 (1) 24 (2) 28 (3) 52 / 52개

01 요구르트병을 4개씩 묶어 세면 4－8－12－16입니다.

02 3씩 5묶음이 15이므로 15는 3의 5배입니다.

03 7씩 9묶음 ➡ 7의 9배

04 연필의 수는 10개이고 지우개의 수는 2개입니다.
$2+2+2+2+2=10$이므로 2의 5배가 10입니다.
연필의 수는 지우개 수의 5배입니다.

05 4의 3배는 12개이므로 달걀은 12개입니다.

06 5씩 5묶음
➡ 5의 5배
➡ $5+5+5+5+5=25$

07 3씩 4묶음
➡ 3의 4배
➡ $3+3+3+3=12$

08 사과는 9씩 3묶음이므로 9의 3배입니다.
덧셈식으로 나타내면 $9+9+9=27$입니다.
곱셈식으로 나타내면 $9\times3=27$입니다.

09 5씩 4묶음 ➡ $5\times4=20$

10 7개씩 3묶음
➡ $7\times3=7+7+7=21$

11 8개씩 3묶음
덧셈식 $8+8+8=24$
곱셈식 $8\times3=24$

12 구슬이 7개씩 5묶음 있습니다.
덧셈식 $7+7+7+7+7=35$
곱셈식 $7\times5=35$

13 7대씩 4줄 ➡ $7\times4=28$
4대씩 7줄 ➡ $4\times7=28$

14 6 곱하기 8은 48과 같습니다.
6 × 8 = 48

15 ① 2의 8배
➡ $2\times8=2+2+2+2+2+2+2+2$
$=16$
② 3의 7배
➡ $3\times7=3+3+3+3+3+3+3$
$=21$
③ 8의 3배
➡ $8\times3=8+8+8=24$
④ 5의 4배
➡ $5\times4=5+5+5+5=20$
⑤ 6의 2배
➡ $6\times2=6+6=12$
가장 큰 수는 ③입니다.

16 2×5 ➡ 2씩 5묶음
3×4 ➡ 3씩 4묶음
4×3 ➡ 4씩 3묶음
5×2 ➡ 5씩 2묶음

17 피자가 한 판에 8조각씩 4판 있습니다.
덧셈식 $8+8+8+8=32$
곱셈식 $8\times4=32$

18 바퀴가 3개인 세발자전거가 7대 있습니다.
바퀴는 3개씩 7묶음입니다.
3개씩 7묶음
➡ $3\times7=3+3+3+3+3+3+3$
$=21$(개)입니다.
바퀴는 모두 21개입니다.

19 쌓기나무 수는 3개입니다.
3의 8배만큼 쌓으려면
$3\times8=3+3+3+3+3+3+3+3$
$=24$(개)입니다.

20 (1) 3개씩 8봉지
➡ $3\times8=3+3+3+3+3+3+3+3$
$=24$(개)
(2) 4개씩 7봉지
➡ $4\times7=4+4+4+4+4+4+4$
$=28$(개)
(3) $24+28=52$(개)

채점 기준

상	서우와 지수가 봉지에 담은 빵 수를 각각 구하여 두 사람이 봉지에 담은 빵 수를 바르게 구했습니다.
중	서우와 지수가 봉지에 담은 빵 수를 각각 구하였으나 두 사람이 봉지에 담은 빵 수를 바르게 구하지 못했습니다.
하	서우와 지수가 봉지에 담은 빵 수를 구하지 못하여 두 사람이 봉지에 담은 빵 수를 구하지 못했습니다.

1단원 핵심+문제 복습 4~5쪽

01 10 **02** 700, 칠백
03 467 **04** (1) 595 (2) 409
05 5, 4, 7 **06** 860에 색칠
07 441, 541, 641 **08** 1000, 천
09 (1) < (2) > **10** 142

01 90보다 10만큼 더 큰 수는 100입니다.

02 100이 7개이면 700이라 쓰고, 칠백이라고 읽습니다.

03 백 모형이 4개이면 400, 십 모형이 6개이면 60, 일 모형이 7개이면 7이므로 수 모형이 나타내는 수는 467입니다.

04 (1) 오백 구십 오 → 5 9 5 (2) 사 백 구 → 4 0 9

05 100이 5, 10이 4, 1이 7이면 547입니다.

06 693의 6은 백의 자리 숫자이고, 600을 나타냅니다.
426의 6은 일의 자리 숫자이고, 6을 나타냅니다.
860의 6은 십의 자리 숫자이고, 60을 나타냅니다.
숫자 6이 60을 나타내는 수는 860입니다.

07 100씩 뛰어 세면 백의 자리 숫자가 1씩 커집니다.
241 − 341 − 441 − 541 − 641

08 999보다 1만큼 더 큰 수는 1000이라 쓰고 천이라고 읽습니다.

09 (1) 557 < 623 (5 < 6) (2) 809 > 807 (9 > 7)

10 백의 자리 숫자가 작은 142와 194 중 십의 자리 숫자가 더 작은 142가 가장 작은 수입니다.

학교 시험 만점왕 1회 1. 세 자리 수 6~7쪽

01 100
02 예 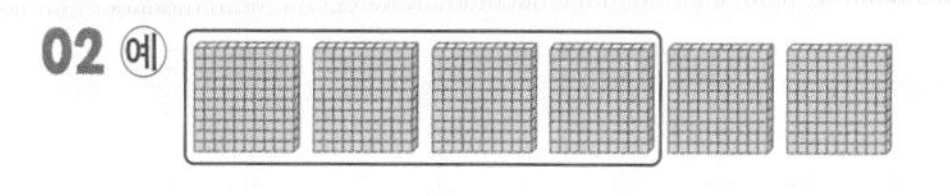
03 (선 잇기)
04 840원
05 유정 **06** 285, 이백팔십오
07 풀이 참조, 300 **08** 600, 20, 9
09 ③ **10** 900, 20, 8
11 100
12 (시계 반대 방향으로) 285, 385, 485, 585, 595, 695, 795
13 572 **14** 동화책
15 풀이 참조, 199개

01 90보다 10만큼 더 큰 수는 100입니다.

02 400은 100이 4개인 수이므로 백 모형 4개를 묶습니다.

03 삼백 ➡ 300
구백 ➡ 900
육백 ➡ 600

04 100원이 7개, 10원이 14개 있습니다.
10원이 10개이면 100원과 같으므로 동전은 모두 840원입니다.

05 407은 사백칠이라고 읽습니다.

06 백 모형이 2개이면 200, 십 모형이 8개이면 80, 일 모형이 5개이면 5이므로 수 모형이 나타내는 수는 285입니다.

07 예 ㉠ 850의 십의 자리 숫자는 5입니다.
㉡ 391의 십의 자리 숫자는 9입니다.
㉢ 577의 십의 자리 숫자는 7입니다.
십의 자리 숫자가 가장 큰 수는 391이고, 391의 백의 자리 숫자 3은 300을 나타냅니다.

채점 기준

상	십의 자리 숫자의 크기가 가장 큰 수를 구하고 그 수의 백의 자리 숫자가 얼마를 나타내는지를 구하는 과정을 바르게 설명했습니다.
중	십의 자리 숫자의 크기가 가장 큰 수를 구하였으나 그 수의 백의 자리 숫자가 얼마를 나타내는지를 구하지 못했습니다.
하	십의 자리 숫자의 크기가 가장 큰 수를 구하지 못하여 답을 구하지 못했습니다.

08 6은 백의 자리 숫자이고 600을 나타냅니다.
2는 십의 자리 숫자이고 20을 나타냅니다.
9는 일의 자리 숫자이고 9를 나타냅니다.

09 ① 구백구라고 읽습니다.
② 십의 자리 숫자는 0입니다.
④ 100이 9개, 1이 9개인 수입니다.
⑤ 909에서 십의 자리 숫자는 0이고 0이 나타내는 수는 0입니다.

10 $928=900+20+8$

11 $\underline{5}58-\underline{6}58-\underline{7}58-\underline{8}58-\underline{9}58$
백의 자리 숫자가 1씩 커졌으므로 100씩 뛰어 세었습니다.

12 100씩 뛰어 세면 백의 자리 숫자가 1씩 커지고, 10씩 뛰어 세면 십의 자리 숫자가 1씩 커집니다.

13 $572>564$
└ $7>6$ ┘

14 백의 자리 숫자를 비교하면 동화책의 권수가 368로 가장 많은 것을 알 수 있습니다.

15 예 10개씩 15봉지에 들어 있는 사탕은 150개이고, 낱개로 9개 있으므로 사탕은 모두 159개입니다.
159에서 10씩 4번 뛰어 세면
$1\underline{5}9-1\underline{6}9-1\underline{7}9-1\underline{8}9-1\underline{9}9$이므로
사탕은 모두 199개입니다.

채점 기준

상	처음 사탕의 수와 4봉지를 더 산 다음 사탕의 수를 구하는 과정을 바르게 설명했습니다.
중	처음 사탕의 수를 구했으나 4봉지를 더 산 다음 사탕의 수를 구하지 못했습니다.
하	처음 사탕의 수를 구하지 못하여 4봉지를 더 산 다음 사탕의 수를 구하지 못했습니다.

학교 시험 만점왕 2회

1. 세 자리 수
8~9쪽

01 96, 100
02 10, 10, 1
03 600, 육백
04 풀이 참조, 8개
05 예 (100) (100) (1) (1) (1)
06 497장
07 583
08 (1) 70 (2) 800
09 954
10 (1) 100 (2) 4
11 641, 621, 611
12 586, 595, 685
13 671에 ○표
14 풀이 참조, 5개
15 985, 589

01 수직선에서 오른쪽으로 한 칸 갈수록 1씩 커집니다. 99보다 1만큼 더 큰 수는 100입니다.

03 100이 6개이면 600이라 쓰고 육백이라고 읽습니다.

04 예 10이 10개인 수는 100이므로 10원짜리 동전이 80개인 수는 800원입니다.
800은 100이 8개인 수이므로 100원짜리 동전 8개로 바꿀 수 있습니다.

채점 기준

상	10원짜리 80개가 얼마인지 구하여 바꿀 수 있는 100원짜리 동전 수를 구하는 과정을 바르게 설명했습니다.
중	10원짜리 80개가 얼마인지 구했으나 바꿀 수 있는 100원짜리 동전 수를 구하지 못했습니다.
하	10원짜리 80개인 수가 얼마인지 구하지 못하여 답을 구하지 못했습니다.

05 이백삼은 203이라고 씁니다.
203은 100이 2개, 1이 3개인 수입니다.

06 100장씩 4상자이면 400장, 10장씩 9묶음이면 90장, 낱개로 7장이므로 색종이는 497장입니다.

07 백의 자리 숫자가 500을 나타내면 백의 자리 숫자는 5입니다.
십의 자리 숫자가 80을 나타내면 십의 자리 숫자는 8입니다.
일의 자리 숫자가 3을 나타내면 일의 자리 숫자는 3입니다.
구하려는 세 자리 수는 583입니다.

08 (1) 777에서 밑줄 친 7은 십의 자리 숫자이고 70을 나타냅니다.
(2) 892에서 밑줄 친 8은 백의 자리 숫자이고 800을 나타냅니다.

09 백의 자리 숫자가 가장 큰 904가 가장 큰 수입니다.
904에서 10씩 5번 뛰어 센 수는 954입니다.

10 (1) 539에서 100씩 뛰어 세면
539－639－739－839입니다.
539에서 100씩 3번 뛰어 센 수는 839입니다.
(2) 252에서 10씩 뛰어 세면
252－262－272－282－292입니다.
252에서 10씩 4번 뛰어 센 수는 292입니다.

11 10씩 거꾸로 뛰어 세면 십의 자리 숫자가 1씩 작아집니다.
651－641－631－621－611

12 585보다 1만큼 더 큰 수는 586입니다.
585보다 10만큼 더 큰 수는 595입니다.
585보다 100만큼 더 큰 수는 685입니다.

13 세 수의 백의 자리 숫자는 모두 같으므로 십의 자리 숫자를 비교하면 675와 671이 680보다 작습니다.
일의 자리 숫자를 비교하면 $675>671$이므로 가장 작은 수는 671입니다.

14 예 백의 자리 숫자가 같을 때 십의 자리 숫자를 비교하면 $4>\square$이므로 □ 안에 들어갈 수 있는 숫자는 0, 1, 2, 3입니다.
백의 자리 숫자와 십의 자리 숫자가 같을 때 일의 자리 숫자가 작을수록 수가 더 작으므로 □ 안에 4도 들어갈 수 있습니다.
□ 안에 들어갈 수 있는 숫자는 모두 0, 1, 2, 3, 4로 5개입니다.

채점 기준

상	□ 안에 들어갈 수 있는 숫자의 개수를 구하고 풀이 과정을 바르게 설명했습니다.
중	□ 안에 들어갈 수 있는 숫자의 개수를 구했으나 풀이 과정을 설명하지 못했습니다.
하	□ 안에 들어갈 수 있는 숫자의 개수를 구하지 못했습니다.

15 가장 큰 세 자리 수를 만들려면 가장 큰 수부터 백의 자리에 놓으면 되므로 985입니다.
가장 작은 세 자리 수를 만들려면 가장 작은 수부터 백의 자리에 놓으면 되므로 589입니다.

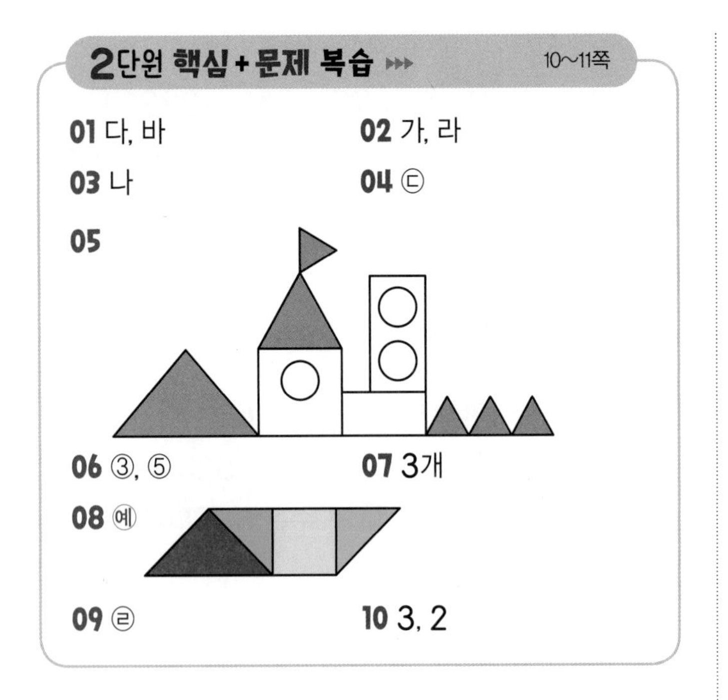

2단원 핵심+문제 복습 10~11쪽

01 다, 바　　02 가, 라

03 나　　04 ㉢

05

06 ③, ⑤　　07 3개

08 예

09 ㉣　　10 3, 2

01 곧은 선 3개로 둘러싸인 도형을 찾으면 다, 바입니다.

02 곧은 선 4개로 둘러싸인 도형을 찾으면 가, 라입니다.

03 어느 쪽에서 보아도 똑같이 동그란 모양의 도형을 찾으면 나입니다.

04 크기는 서로 다르지만 모양은 항상 같은 도형은 ㉢ 원입니다.

05 곧은 선 3개로 둘러싸인 도형을 찾아 색칠합니다.

06 우리 주변에서 사각형을 찾을 수 있는 물건은 ③ 스케치북과 ⑤ 태극기입니다.

07 색종이를 점선을 따라 잘랐을 때 생기는 도형은 삼각형 5개, 사각형 2개입니다.
삼각형은 사각형보다 $5-2=3$(개) 더 많습니다.

08 가장 큰 빨간색 모양 조각의 위치를 먼저 정합니다.

09 왼쪽 모양에서 쌓기나무 1개를 빼내어 오른쪽과 똑같은 모양을 만들려면 1층 쌓기나무의 왼쪽 뒤에 있는 쌓기나무 1개를 빼내야 합니다.
빼내야 할 쌓기나무는 ㉣입니다.

10 쌓기나무를 쌓은 모양을 살펴보면 1층에 쌓기나무 3개가 옆으로 나란히 있고, 가운데 쌓기나무 위에 쌓기나무 2개가 있습니다.

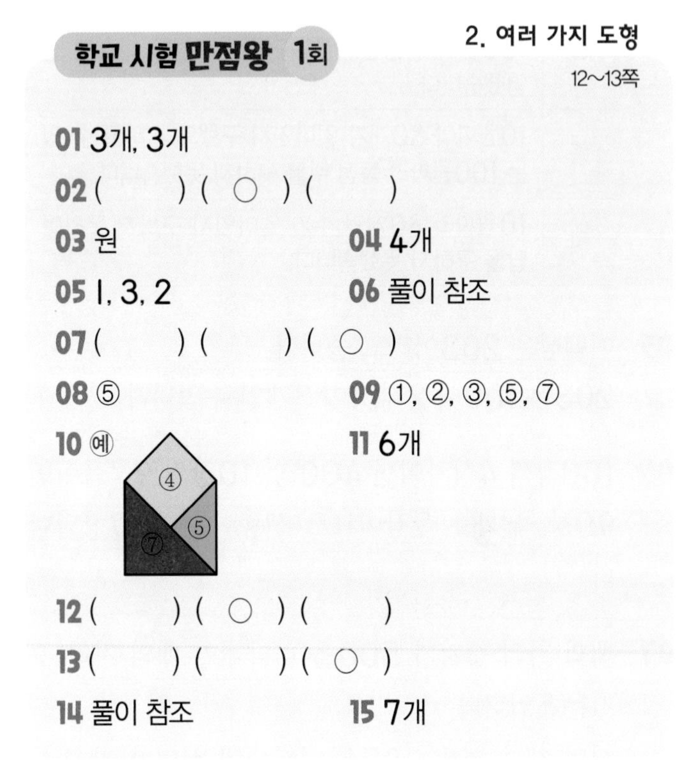

학교 시험 만점왕 1회　　2. 여러 가지 도형 12~13쪽

01 3개, 3개

02 (　　) (○) (　　)

03 원　　04 4개

05 1, 3, 2　　06 풀이 참조

07 (　　) (　　) (○)

08 ⑤　　09 ①, ②, ③, ⑤, ⑦

10 예　　11 6개

12 (　　) (○) (　　)

13 (　　) (　　) (○)

14 풀이 참조　　15 7개

01 삼각형의 변과 꼭짓점은 각각 3개입니다.

02

03 굽은 선으로만 되어 있고 꼭짓점이 없으며 어느 방향에서 보아도 같은 모양인 것은 원입니다.

04

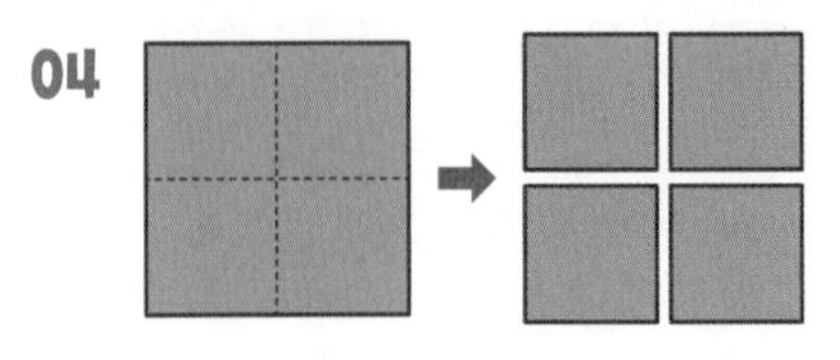

색종이를 그림과 같이 접었다 펼친 다음 접힌 선을 따라 잘라 만들어진 사각형은 4개입니다.

05 원은 꼭짓점이 없고, 사각형은 꼭짓점이 4개 있고, 삼각형은 꼭짓점이 3개 있습니다.

06 예 삼각형은 곧은 선으로만 이루어져야 하는데 주어진 도형은 굽은 선이 있기 때문에 삼각형이 아닙니다.

채점 기준

상	삼각형의 구성 요소나 성질을 이용하여 삼각형이 아닌 이유를 바르게 설명했습니다.
중	삼각형의 구성 요소나 성질을 알고는 있으나 삼각형이 아닌 이유를 설명하지 못했습니다.
하	삼각형이 아닌 이유를 설명하지 못했습니다.

07 물건의 본을 떠서 원을 그릴 수 있는 것은 컵입니다.

08 원의 모양은 같지만 크기가 항상 같은 것은 아닙니다.

09 곧은 선 3개로 둘러싸인 도형은 ①, ②, ③, ⑤, ⑦입니다.

10 ⑦의 위치를 먼저 정합니다.

11 주어진 모양과 똑같은 모양으로 쌓으려면 필요한 쌓기나무는 6개입니다.

12

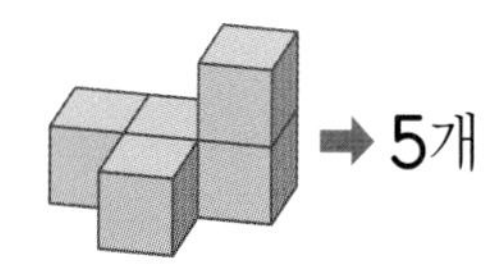

➡ 5개

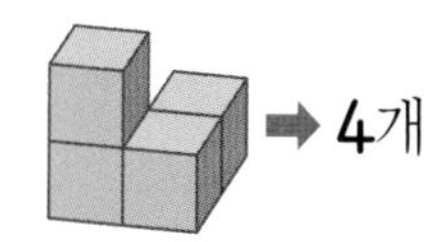

➡ 4개

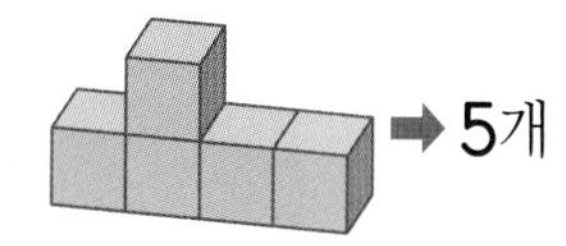

➡ 5개

13 쌓기나무 3개를 1층에 놓고, 2층에 1개를 더 놓아 쌓은 모양은 (그림) 입니다.

14 예 [같은 점] 곧은 선으로만 이루어져 있습니다.
[다른 점] 꼭짓점의 수와 변의 수가 다릅니다.

채점 기준

상	삼각형과 사각형의 같은 점과 다른 점을 각각 한 가지씩 바르게 썼습니다.
중	삼각형과 사각형의 같은 점과 다른 점 중에서 한 가지만 바르게 썼습니다.
하	삼각형과 사각형의 같은 점과 다른 점을 모두 쓰지 못했습니다.

15 작은 사각형 1개, 2개, 4개로 되어 있는 사각형을 각각 찾습니다.
작은 사각형 1개짜리: 4개
작은 사각형 2개짜리: 2개
작은 사각형 4개짜리: 1개
➡ (찾을 수 있는 크고 작은 사각형의 수)
$=4+2+1=7$(개)

BOOK 2 실전책

학교 시험 만점왕 2회

2. 여러 가지 도형
14~15쪽

01 (위에서부터) 3, 4 / 3, 4
02 삼각형, 사각형
03

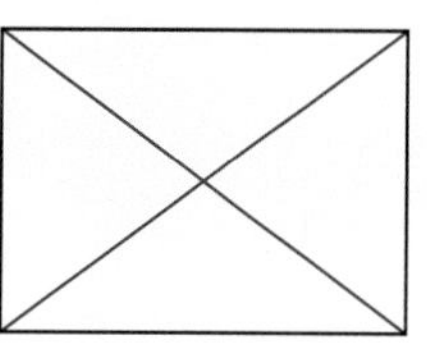

04 7
05 풀이 참조
06 ㉢, ㉣
07 3개
08 ①, ④, ⑤
09 7개
10 5개
11 예

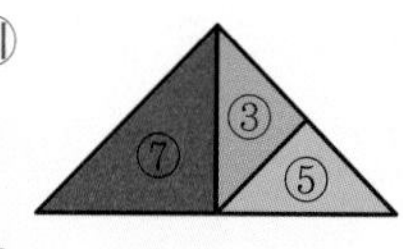

12 지원
13 ㉠
14 3, 오른쪽, 앞, 1
15 풀이 참조, 2개

01 삼각형은 변과 꼭짓점이 각각 3개이고, 사각형은 변과 꼭짓점이 각각 4개입니다.

02

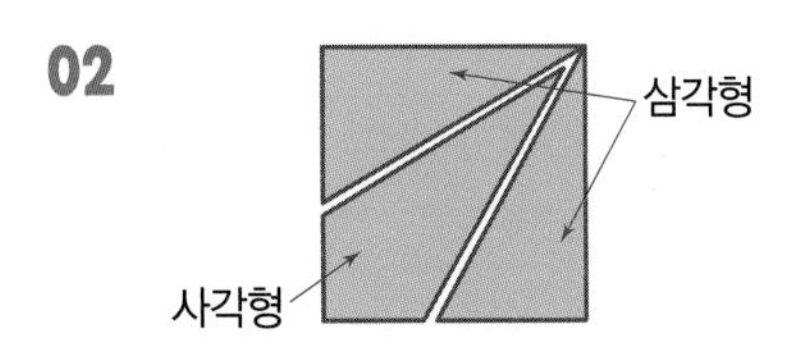

03 삼각형 4개가 생기도록 곧은 선 2개를 긋습니다.

04 ㉠ 삼각형의 변의 수는 3입니다.
㉡ 사각형의 꼭짓점의 수는 4입니다.
㉢ 원의 꼭짓점의 수는 0입니다.
➡ ㉠+㉡−㉢=3+4−0=7

05 예 원은 굽은 선으로만 이루어져야 하는데, 주어진 도형은 곧은 선이 있기 때문입니다.

채점 기준

상	원의 모양이나 성질을 이용하여 원이 아닌 이유를 바르게 설명했습니다.
중	원의 모양이나 성질을 알고는 있으나 원이 아닌 이유를 설명하지 못했습니다.
하	원이 아닌 이유를 설명하지 못했습니다.

06 삼각형과 사각형은 곧은 선으로 둘러싸여 있고, 뾰족한 부분이 있습니다.

07 주어진 그림에서 원은 3개입니다.

08 원은 뾰족한 부분이 없고 굽은 선으로만 되어 있으며, 모양은 같지만 크기는 다를 수 있습니다.

09 칠교판 조각은 모두 7개입니다.

10 삼각형 모양은 ①, ②, ③, ⑤, ⑦로 모두 5개입니다.

11 가장 큰 ⑦의 위치를 먼저 정합니다.

12 지원이는 쌓기나무 4개를 사용하였고, 무영이는 쌓기나무 5개를 사용하였습니다.
쌓기나무를 더 적게 사용한 친구는 지원이입니다.

13 쌓기나무 3개가 옆으로 나란히 있고, 가장 오른쪽 쌓기나무 위에 1개를 쌓은 모양은 ㉠입니다.

14 쌓기나무 3개를 옆으로 나란히 놓고 가장 오른쪽 쌓기나무의 앞과 뒤에 쌓기나무를 1개씩 놓습니다.

15 예

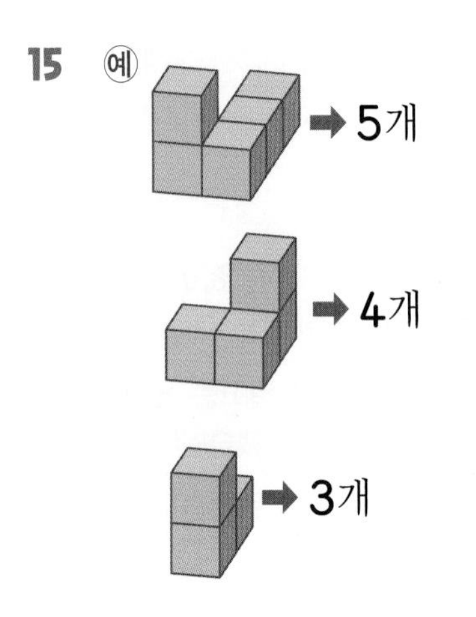

쌓기나무의 수가 가장 많은 것과 가장 적은 것의 쌓기나무 수의 차는 5−3=2(개)입니다.

채점 기준

상	각각의 쌓기나무 수를 구하여 쌓기나무의 수가 가장 많은 것과 가장 적은 것의 쌓기나무 수의 차를 바르게 구했습니다.
중	각각의 쌓기나무 수를 구하였으나 쌓기나무의 수가 가장 많은 것과 가장 적은 것의 쌓기나무 수의 차를 구하지 못했습니다.
하	각각의 쌓기나무 수를 구하지 못하여 답을 구하지 못했습니다.

3단원 핵심+문제 복습 ▸▸▸ 16~17쪽

01 (1) 34 (2) 52 **02** 84
03 (위에서부터) 121, 114
04 (1) 14 (2) 46
05 28 **06** 35
07 (계산 순서대로) 34, 9, 9
08 (1) 77 (2) 63
09 91－52＝39, 91－39＝52
10 25

01 (1) $\begin{array}{r} {\scriptstyle 1} \\ 26 \\ +\ \ 8 \\ \hline 34 \end{array}$ (2) $\begin{array}{r} {\scriptstyle 1} \\ 47 \\ +\ \ 5 \\ \hline 52 \end{array}$

02 $\begin{array}{r} {\scriptstyle 1} \\ 16 \\ +68 \\ \hline 84 \end{array}$

03 86＋35＝121
86＋28＝114

04 (1) $\begin{array}{r} {\scriptstyle 1\ 10} \\ \not{2}3 \\ -\ \ 9 \\ \hline 14 \end{array}$ (2) $\begin{array}{r} {\scriptstyle 4\ 10} \\ \not{5}4 \\ -\ \ 8 \\ \hline 46 \end{array}$

05 10이 6개인 수는 60이고, 10이 3개, 1이 2개인 수는 32입니다.
➡ 60－32＝28

06 53－25＝28 ➡ ●＝28
25－18＝7 ➡ ▲＝7
●와 ▲의 합은 28＋7＝35입니다.

07 15에 19를 먼저 더하고 25를 뺍니다.
15＋19－25＝34－25＝9

08 (1) 43＋19＋15＝62＋15＝77
(2) 56－28＋35＝28＋35＝63

09 52＋39＝91 → 91－52＝39
52＋39＝91 → 91－39＝52

10 16＋□＝41 ➡ 41－16＝□ ➡ □＝25

학교 시험 만점왕 1회

3. 덧셈과 뺄셈
18~19쪽

01 21 **02** (1) 31 (2) 92
03 ＜ **04** 29
05 ㉡ **06** 15개
07 풀이 참조, 32
08 (계산 순서대로) 37, 37, 62, 62
09 50 **10** 36자루
11 76－28＝48, 76－48＝28
12 52, 17
13 35＋17＝52, 17＋35＝52
14 54
15 풀이 참조, 77

01 일 모형 11개는 십 모형 1개와 일 모형 1개와 같습니다.

02 (1) $\begin{array}{r} {\scriptstyle 1} \\ 18 \\ +13 \\ \hline 31 \end{array}$ (2) $\begin{array}{r} {\scriptstyle 1} \\ 57 \\ +35 \\ \hline 92 \end{array}$

03 67＋45＝112, 28＋95＝123
➡ 112＜123

04 $\begin{array}{r} {\scriptstyle 5\ 10} \\ \not{6}7 \\ -38 \\ \hline 29 \end{array}$

05 ㉠ 30－16＝14
㉡ 40－27＝13
㉢ 50－12＝38
계산 결과가 가장 작은 것은 ㉡입니다.

06 (남은 고구마 수)
=(가지고 있던 고구마 수)
−(친구에게 준 고구마 수)
$=32-17=15$(개)

07 예 10이 7개인 수는 70입니다.
10이 3개, 1이 8개인 수는 38입니다.
두 수의 차는 $70-38=32$입니다.

채점 기준

상	조건에 맞는 두 수를 각각 구하여 두 수의 차를 바르게 구했습니다.
중	조건에 맞는 두 수를 각각 구하였으나 두 수의 차를 구하지 못했습니다.
하	조건에 맞는 두 수를 구하지 못하여 답을 구하지 못했습니다.

08 세 수의 계산은 앞에서부터 두 수씩 순서대로 계산합니다.

09 $45+28-23=73-23=50$

10 (남은 연필 수)=(선생님께서 가지고 오신 연필 수)
−(1교시에 나누어 주신 연필 수)
−(2교시에 나누어 주신 연필 수)
$=83-28-19$
$=55-19=36$(자루)

11 $28+48=76$ → $76-28=48$ $28+48=76$ → $76-48=28$

12 계산 결과의 십의 자리 숫자가 3이므로 십의 자리의 차가 3이거나 4가 되는 수 카드를 선택하여 차를 구해 봅니다.
$46-17=29$
$52-17=35$ (○)
$52-28=24$

13 $52-17=35$ → $35+17=52$ $52-17=35$ → $17+35=52$

14 $\square-38=16$ ➡ $16+38=\square$ ➡ $\square=54$

15 예 어떤 수를 □로 하면
$\square-6=48$ ➡ $48+6=\square$ ➡ $\square=54$
어떤 수는 54이므로 어떤 수보다 23 큰 수는
$54+23=77$입니다.

채점 기준

상	어떤 수를 구하여 어떤 수보다 23 큰 수를 바르게 구했습니다.
중	어떤 수를 구하였으나 어떤 수보다 23 큰 수를 구하지 못했습니다.
하	어떤 수를 구하지 못하여 답을 구하지 못했습니다.

학교 시험 만점왕 2회

3. 덧셈과 뺄셈
20~21쪽

01 (   ) (○)
02 91
03 ㉡, ㉠, ㉢
04 28
05 (위에서부터) 27, 19, 13, 5
06 $83-17$에 ○표
07 (계산 순서대로) 45, 71, 71
08 (선 잇기)
09 풀이 참조, 32
10 $38+39=77$, $39+38=77$
11 44 / 44, 18 / 44, 26, 18
12 35, 35
13 $20-\square=9$
14 ㉡
15 풀이 참조, 28

01
$$\begin{array}{r} {\scriptstyle 1}\ \ \\ 54 \\ +\ \ 8 \\ \hline 62 \end{array} \qquad \begin{array}{r} {\scriptstyle 1}\ \ \\ 36 \\ +\ \ 8 \\ \hline 44 \end{array}$$

02
$$\begin{array}{r} {\scriptstyle 1}\ \ \\ 27 \\ +64 \\ \hline 91 \end{array}$$

03 ㉠ $56+47=103$
㉡ $38+88=126$
㉢ $63+29=92$
계산 결과가 큰 순서대로 기호를 쓰면 ㉡, ㉠, ㉢입니다.

04 $33>5$이므로
$33-5=28$입니다.

05 $40-13=27$
$27-8=19$
$40-27=13$
$13-8=5$

06 $25+38=63$
$77-19=58$, $83-17=66$, $91-29=62$
□ 안에 들어갈 수 있는 뺄셈식은 $83-17$입니다.

07 $84-39+26=71$
45
71

08 $23+48+19=71+19$
$=90$
$37-16+45=21+45$
$=66$
$55-19-23=36-23$
$=13$

09 예 $13+28-8=41-8=33$
➡ $33>$□이므로 □ 안에 들어갈 수 있는 수 중에서 가장 큰 수는 32입니다.

채점 기준

상	세 수의 계산을 하고 □ 안에 들어갈 수 있는 수 중 가장 큰 수를 바르게 구했습니다.
중	세 수의 계산을 바르게 하였으나 □ 안에 들어갈 수 있는 수 중 가장 큰 수를 구하지 못했습니다.
하	세 수의 계산을 잘못하여 답을 구하지 못했습니다.

10 $77-39=38$ $77-39=38$
$38+39=77$ $39+38=77$

11 $18+26=44$ $18+26=44$
$44-18=26$ $44-26=18$

12 $37+□=72$
➡ $72-37=□$
➡ $□=35$

13 덜어낸 구슬 수를 □라 하면
$20-□=9$입니다.

14 ㉡ 73에서 어떤 수를 빼면 46입니다.
➡ $73-□=46$

15 예 (어떤 수)$+38=66$이므로 식으로 나타내면 $□+38=66$입니다.
$□+38=66$ ➡ $66-38=□$ ➡ $□=28$

채점 기준

상	□를 사용하여 식을 세우고 어떤 수를 바르게 구했습니다.
중	□를 사용하여 식을 세웠으나 어떤 수를 구하지 못했습니다.
하	□를 사용하여 식을 세우지 못하여 답을 구하지 못했습니다.

4단원 핵심+문제 복습

22~23쪽

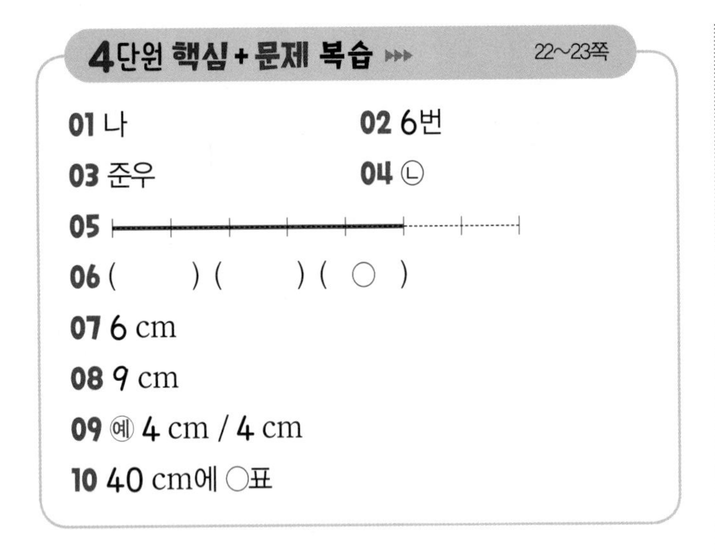

01 나　　02 6번

03 준우　　04 ㉡

05

06 (　　) (　　) (○)

07 6 cm

08 9 cm

09 ㉠ 4 cm / 4 cm

10 40 cm에 ○표

01 한쪽 끝이 맞춰져 있으므로 다른 쪽 끝을 비교해 보면 많이 나온 나의 길이가 더 깁니다.

02 붓의 길이를 집게로 재면 6번입니다.

03 뼘으로 재었으므로 한 뼘의 길이가 길수록 잰 횟수가 더 적습니다.
민수의 손으로 8뼘쯤, 준우의 손으로 7뼘쯤이었으므로 준우의 뼘의 길이가 더 깁니다.

04 1 cm가 2번인 종이 띠는 ㉡입니다.

05 한 칸의 길이가 1 cm이므로 5칸만큼 점선을 따라 선을 긋습니다.

06 클립의 한쪽 끝을 자의 눈금 0에 맞추고 클립과 자를 나란하게 놓습니다.

07 자로 재어 보면 풀의 길이는 6 cm입니다.

08 한쪽 끝이 눈금 9와 10 사이에 있고, 9에 더 가까우므로 과자의 길이는 약 9 cm라고 할 수 있습니다.

09 엄지손톱으로 재어 보면 엄지손톱 4번쯤이므로 바늘의 길이는 약 4 cm라고 어림할 수 있고, 자로 재어 보면 4 cm입니다.

10 무릎에서 발바닥까지의 길이는 40 cm에 가장 가깝습니다.

학교 시험 만점왕 1회

24~25쪽

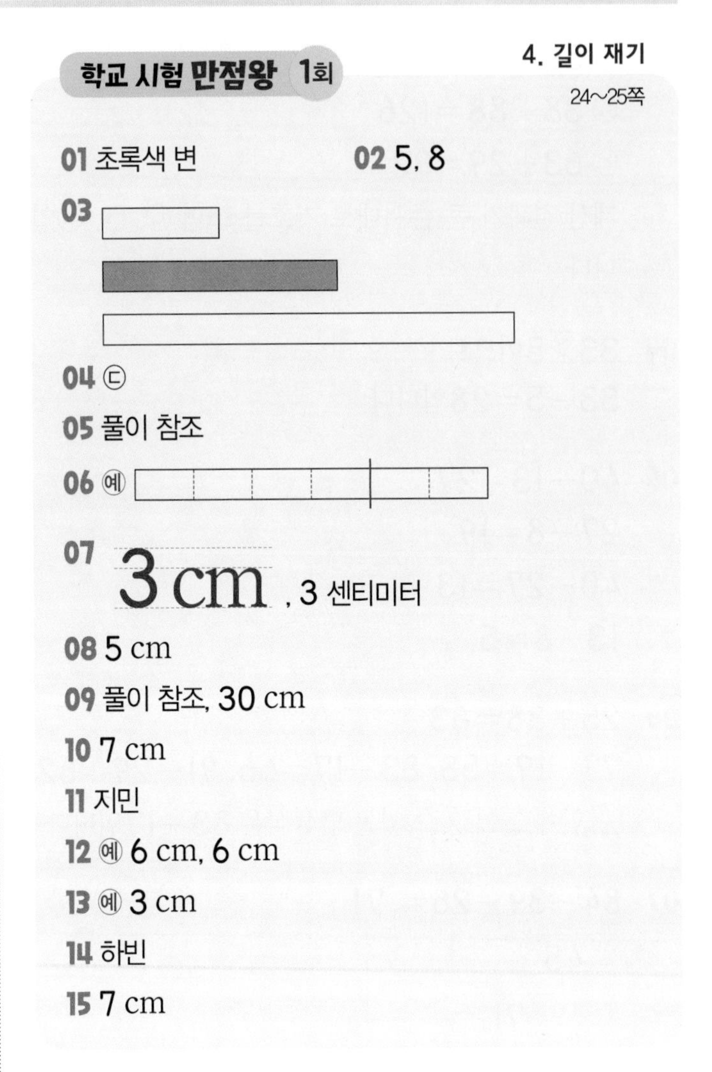

01 초록색 변　　02 5, 8

03

04 ㉢

05 풀이 참조

06 ㉠

07 3 cm, 3 센티미터

08 5 cm

09 풀이 참조, 30 cm

10 7 cm

11 지민

12 ㉠ 6 cm, 6 cm

13 ㉠ 3 cm

14 하빈

15 7 cm

01 초록색 변의 길이는 색 막대보다 짧고, 빨간색 변의 길이는 색 막대의 길이와 같습니다.
더 짧은 변은 초록색 변입니다.

02 창문의 긴 쪽의 길이는 연필로 5번이고, 풀로 8번입니다.

03 첫 번째 막대는 엄지손톱으로 2번쯤이고, 세 번째 막대는 엄지손톱으로 7번쯤입니다.

04 단위길이가 길수록 잰 횟수는 적습니다. 가장 길이가 긴 단위는 ㉢입니다.

05 ㉠ 사람마다 뼘의 길이는 모두 다릅니다.
같은 길이를 재더라도 잰 사람에 따라 뼘의 수가 다를 수 있습니다.

채점 기준

상	두 사람이 잰 횟수가 다른 이유를 바르게 설명했습니다.
중	두 사람이 잰 횟수가 다른 이유가 부족합니다.
하	두 사람이 잰 횟수가 다른 이유를 설명하지 못했습니다.

07 머리핀은 1 cm가 3번이므로 3 cm입니다.

08 길이가 가장 긴 변을 자로 길이를 재어 보면 5 cm입니다.

09 $6+6+6+6+6=30$이므로 6 cm가 5번이면 그림책의 긴 쪽의 길이는 약 30 cm입니다.

채점 기준

상	6 cm를 5번 더하면 그림책의 긴 쪽의 길이가 됨을 알고 답을 바르게 구했습니다.
중	6 cm를 5번 더하면 그림책의 긴 쪽의 길이가 된다는 것을 알지만 답을 구하지 못했습니다.
하	6 cm를 5번 더하는 것을 이해하지 못하여 답을 구하지 못했습니다.

10 한쪽 끝이 눈금 6과 7 사이에 있고, 7에 더 가까우므로 포크의 길이는 약 7 cm라고 할 수 있습니다.

11 자로 잰 길이가 40 cm입니다.
가장 가깝게 어림한 사람은 약 38 cm로 어림한 지민입니다.

12 지갑의 긴 쪽의 길이를 자로 재면 6 cm입니다.

13 나의 길이는 가의 길이를 반으로 나눈 것의 길이입니다.
$3+3=6$이므로 나의 길이는 약 3 cm입니다.

14 만점왕 문제집의 긴 쪽의 길이는 약 30 cm입니다.

15 분홍색 리본은 4 cm이고, 연두색 리본은 3 cm입니다. 분홍색 리본과 연두색 리본의 길이를 더하면 7 cm입니다.

학교 시험 만점왕 2회

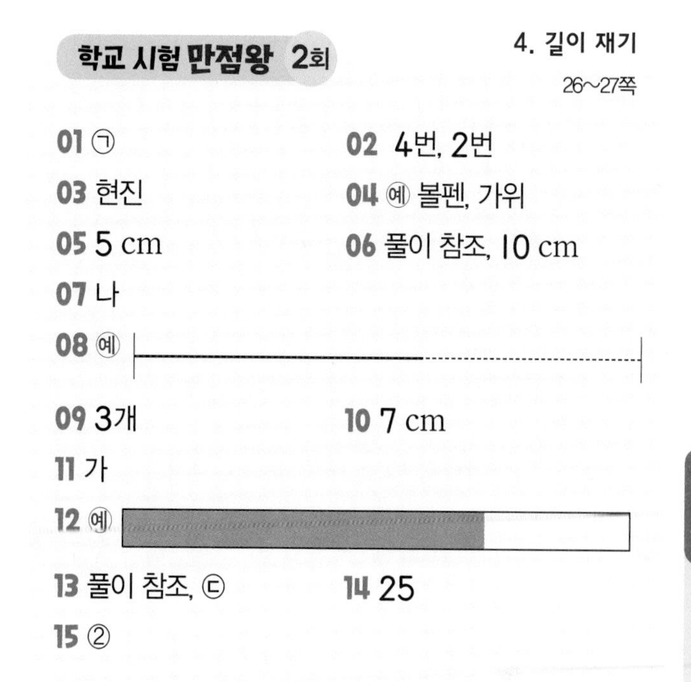

01 ㉠ **02** 4번, 2번
03 현진 **04** 예 볼펜, 가위
05 5 cm **06** 풀이 참조, 10 cm
07 나
08 예
09 3개 **10** 7 cm
11 가
12 예
13 풀이 참조, ㉢ **14** 25
15 ②

02 우유팩의 긴 쪽의 길이는 초록색 막대로 4번이고, 짧은 쪽 길이는 초록색 막대로 2번입니다.

03 같은 길이를 재었을 때 단위길이가 길수록 잰 횟수가 더 적습니다.
현진이의 연필로는 10번, 태윤의 연필로는 12번이므로 더 긴 연필을 가진 친구는 현진이입니다.

05 머리핀을 왼쪽으로 옮겨 눈금 2에 있는 한쪽 끝을 눈금 0에 맞추면 눈금 7에 있는 다른 쪽 끝은 눈금 5에 오게 됩니다.

06 예 파란색 선의 길이는 1 cm가 10개입니다.
1 cm가 10번이면 10 cm이므로 파란색 선의 길이는 10 cm입니다.

채점 기준

상	파란색 선에 1 cm가 몇 개 들어 있는지 구하여 파란색 선의 길이를 바르게 구했습니다.
중	파란색 선에 1 cm가 몇 개 들어 있는지 구하였으나 파란색 선의 길이를 구하지 못했습니다.
하	파란색 선에 1 cm가 몇 개 들어 있는지 구하지 못하여 파란색 선의 길이를 구하지 못했습니다.

BOOK 2 실전책

07 자로 재어 보면 7 cm인 색테이프는 나 입니다.

08 4 cm는 1 cm가 4번입니다.

09

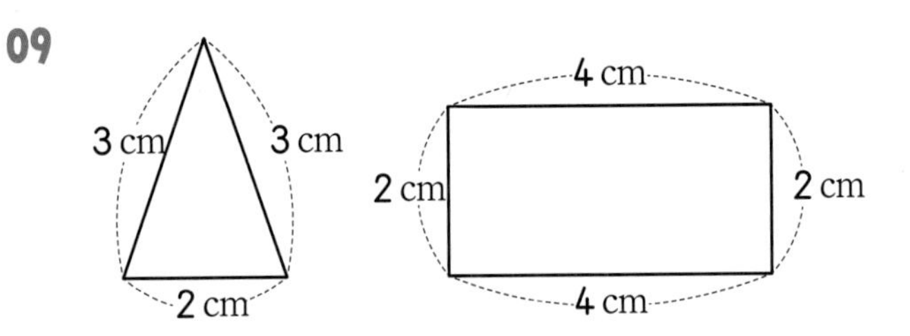

길이가 2 cm인 변은 모두 3개입니다.

10 한쪽 끝을 눈금 0에 맞추면 다른 쪽 끝이 눈금 6과 7 사이에 있습니다.
7에 더 가까우므로 선의 길이는 약 7 cm라고 할 수 있습니다.

11 가는 1 cm가 3번보다 조금 덜 들어갑니다.
나는 1 cm가 3번보다 조금 더 들어갑니다.
2 cm보다 길고 3 cm보다 짧은 클립은 가입니다.

12 2 cm 막대와 3 cm 막대를 더한 것만큼 색칠합니다. 자로 재었을 때 5 cm에 가까우면 정답으로 인정합니다.

13 ㉮ 크레파스의 길이는 1 cm가 5번과 6번 사이에 있는데 5번에 가까우므로 약 5 cm라고 할 수 있습니다.
크레파스의 길이를 바르게 나타낸 것은
㉢ 약 5 cm입니다.

채점 기준

상	크레파스의 길이가 약 5 cm임을 알고 이유를 바르게 설명했습니다.
중	크레파스의 길이가 약 5 cm임을 알지만 이유를 설명하지 못했습니다.
하	크레파스의 길이가 약 5 cm임을 알지 못했습니다.

14 오이의 길이는 약 25 cm입니다.

15 몸의 부분 중 30 cm에 가장 가까운 것은 ②입니다.

5단원 핵심+문제 복습 ▸▸▸ 28~29쪽

01 ㉡, ㉢

02 ㉠, ㉢, ㉣, ㉤, ㉥ / ㉡, ㉦, ㉧

03

모양		
세면서 표시하기	卌	卌 //
그림 수(개)	5	7

04 4, 6, 2 **05** 3, 4, 5

06 김밥

01 ㉠ 예쁜 것과 예쁘지 않은 것, ㉣ 비싼 것과 비싸지 않은 것은 기준이 명확하지 않습니다.

04 색깔별로 그림 수를 표시하면서 세어 보면 각각 빨간색은 4개, 노란색은 6개, 보라색은 2개입니다.

05 음식별로 학생 수를 표시하면서 세어 보면 각각 스파게티는 3명, 햄버거는 4명, 김밥은 5명입니다.

06 먹고 싶은 친구가 가장 많은 음식은 5명인 김밥입니다.

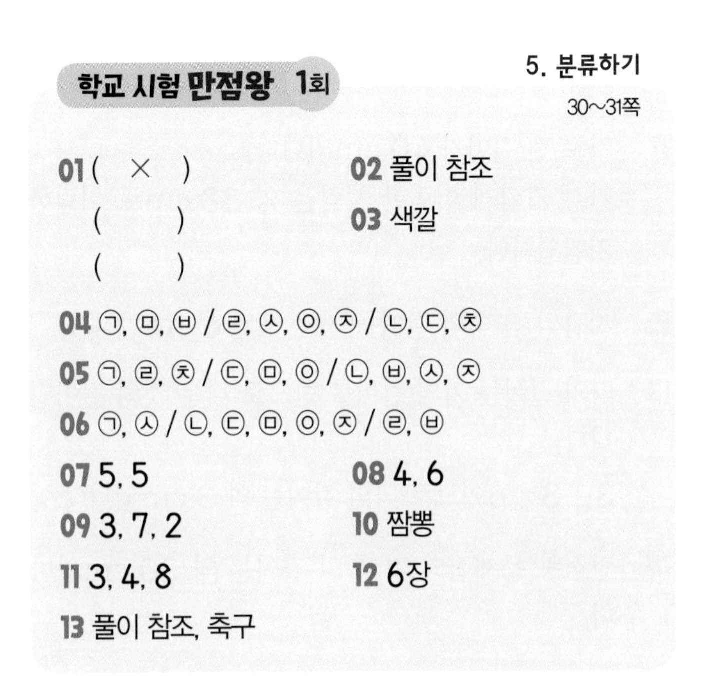

학교 시험 만점왕 1회

5. 분류하기 30~31쪽

01 (×)
( )
( )

02 풀이 참조

03 색깔

04 ㉠, ㉤, ㉥ / ㉣, ㉦, ㉧, ㉨ / ㉡, ㉢, ㉩

05 ㉠, ㉣, ㉩ / ㉢, ㉤, ㉧ / ㉡, ㉥, ㉦, ㉨

06 ㉠, ㉦ / ㉡, ㉢, ㉤, ㉧, ㉨ / ㉣, ㉥

07 5, 5 **08** 4, 6

09 3, 7, 2 **10** 짬뽕

11 3, 4, 8 **12** 6장

13 풀이 참조, 축구

01 분류 기준을 정할 때는 누가 분류하더라도 같은 결과가 나올 수 있는 기준으로 정해야 합니다.

02 예 빨대가 있는 것과 빨대가 없는 것으로 분류할 수 있습니다.
무늬가 있는 것과 무늬가 없는 것으로 분류할 수 있습니다.
색깔이 노란색인 것과 빨간색인 것으로 분류할 수 있습니다.

채점 기준

상	분류 기준을 두 가지 정확하게 썼습니다.
중	분류 기준을 한 가지 정확하게 썼습니다.
하	분류 기준을 쓰지 못했습니다.

07 손잡이 개수별로 양치 컵 수를 표시하면서 세어 보면 각각 0개는 5개, 1개는 5개입니다.

08 무늬별로 양치 컵 수를 표시하면서 세어 보면 각각 무늬 있는 것은 4개, 무늬 없는 것은 6개입니다.

09 종류별로 음식 수를 표시하면서 세어 보면 각각 짜장면은 3개, 짬뽕은 7개, 탕수육은 2개입니다.

10 친척들이 가장 많이 주문한 음식은 7개인 짬뽕입니다.

11 종류별로 물건 수를 표시하면서 세어 보면 각각 옷은 3개, 모자는 4개, 손수건은 8개입니다.

12

무늬	있음	없음
손수건 수(장)	7	1

무늬가 있는 손수건과 무늬가 없는 손수건의 수가 같게 하려면 무늬가 없는 손수건을 $7-1=6$(장) 더 사야 합니다.

13 예 운동별로 분류하여 세어 보면 다음과 같습니다.

운동	축구	피구	야구	농구
학생 수(명)	6	4	2	3

학생 수가 가장 많은 축구를 체육 시간에 하면 좋습니다.

채점 기준

상	운동별로 분류하여 체육 시간에 하면 좋을 운동을 바르게 구했습니다.
중	운동별로 분류하였으나 체육 시간에 하면 좋을 운동을 구하지 못했습니다.
하	운동별로 잘못 분류하여 체육 시간에 하면 좋을 운동을 구하지 못했습니다.

학교 시험 만점왕 2회

5. 분류하기
32~33쪽

01 (선 잇기 답)　　02 ㉣

03 예 아이스크림 모양에 따라 분류할 수 있습니다.

04 독수리, 참새 / 코끼리, 말, 사자, 기린, 사슴 / 상어, 돌고래

05 ㉠, ㉡, ㉣, ㉧ / ㉢, ㉦ / ㉤, ㉥

06 하늘

07 3, 5, 4

08 2, 6, 4　　09 2장

10 풀이 참조, 역사책, 3권

11 15, 3, 8

12 풀이 참조, 농구공, 배구공

13 겨울 / 5

01 주어진 그림에 알맞은 기준을 찾아봅니다.

02 ㉠ 크기를 기준으로 분류할 수 있습니다.
㉡, ㉢ 색깔을 기준으로 분류할 수 있습니다.

03 맛에 따라 분류할 수도 있습니다.

04 분류한 다음에는 빠뜨린 것이 없는지 확인해 봅니다.

06 비행기는 하늘에서 이용하는 것에 분류할 수 있습니다.

07 자릿수에 따라 카드 수를 표시하면서 세어 보면 한 자리 수는 3장, 두 자리 수는 5장, 세 자리 수는 4장입니다.

08 색깔에 따라 카드 수를 표시하면서 세어 보면 주황색은 2장, 보라색은 6장, 초록색은 4장입니다.

09 보라색인 수 카드는 6장이고, 이 중 세 자리 수인 수 카드는 121, 100으로 2장입니다.

10 예 집에 있는 종류별 책 수가 같아지기 위해서는 수가 적은 역사책을 더 사야 합니다.
역사책을 $4-1=3$(권) 더 사야 합니다.

채점 기준

상	가장 적은 책이 무엇인지 알고 몇 권을 더 사야 하는지 바르게 구했습니다.
중	가장 적은 책이 무엇인지 구했으나 몇 권을 더 사야 하는지 구하지 못했습니다.
하	어느 책을 더 사야 하는지 알지 못하여 답을 구하지 못했습니다.

12 예 가장 큰 상자에는 개수가 가장 많은 공을 넣고, 가장 작은 상자에는 개수가 가장 적은 공을 넣으면 좋습니다.
가장 큰 상자에는 농구공을, 가장 작은 상자에는 배구공을 넣으면 됩니다.

채점 기준

상	가장 큰 상자와 가장 작은 상자에 넣을 공을 정하는 이유를 알고 바르게 구했습니다.
중	가장 큰 상자와 가장 작은 상자에 넣을 공을 정하였으나 이유를 쓰지 못했습니다.
하	가장 큰 상자와 가장 작은 상자에 넣을 공을 정하는 이유를 모르고 구하지 못했습니다.

13 ㉠을 뺀 계절별 친구 수는 봄이 4명, 여름이 6명, 가을이 5명, 겨울이 2명입니다.
㉠을 포함하여 센 것과 친구 수가 다른 것은 겨울입니다.
➡ ㉠: 겨울, ㉡: 5

6단원 핵심+문제 복습 ▸▸▸ 34~35쪽

01 12, 12　**02** 6, 8, 10, 12, 12
03 12　**04** 16, 24, 32, 40
05 40개　**06** 6
07 6, 24　**08** 24
09 $6+6+6+6+6=30$
10 $4\times5=20$

03 쌓기나무를 3개씩 묶어서 세어 보면
$3-6-9-12$이므로 모두 12개입니다.

04 빵을 8개씩 묶어 세면 $8-16-24-32-40$입니다.

06 4씩 6묶음 ➡ 4의 6배

07 $4+4+4+4+4+4=24$

09 6의 5배를 덧셈식으로 나타내면
$6\times5=6+6+6+6+6=30$입니다.

10 서진이네 반 학생들을 한 모둠에 4명씩 5모둠으로 만들었으므로 서진이네 반 학생은
$4\times5=4+4+4+4+4=20$(명)입니다.

학교 시험 만점왕 1회

6. 곱셈
36~37쪽

01 6, 8, 10　**02** 10통
03 8, 12, 16　**04** 4, 4, 4, 16
05 6, 3　**06** 5, 3, 5
07 9, 9, 9 / 9, 3
08 2×3 / 2×4
09 6, 48　**10** 풀이 참조, 13
11 ㉠, ㉢　**12** ㉡
13 12개
14 3, 12 / 6, 12 / 2, 12
15 풀이 참조, 72개

02 수박은 2통씩 5묶음이므로 2의 5배로 10통입니다.

04 쌓기나무의 수를 덧셈식으로 나타내면 $4+4+4+4=16$입니다.

05 6씩 3묶음은 6의 3배입니다.

06 3씩 5묶음은 3의 5배입니다.

07 9씩 3묶음
➡ $9+9+9$
➡ 9×3

08 2개씩 3묶음 ➡ 2×3
2개씩 4묶음 ➡ 2×4

09 코스모스 한 송이의 꽃잎이 8장이므로 코스모스 6송이의 꽃잎의 수는
$8\times6=8+8+8+8+8+8=48$(장)입니다.

10 예 $2+2+2+2+2+2+2$는 2의 7배이므로 ㉠에 알맞은 수는 7입니다.
$5+5+5+5+5+5$는 5의 6배이므로 ㉡에 알맞은 수는 6입니다.
㉠과 ㉡에 알맞은 수의 합은 $7+6=13$입니다.

채점 기준

상	㉠과 ㉡에 알맞은 수를 각각 구하여 ㉠과 ㉡에 알맞은 수의 합을 바르게 구했습니다.
중	㉠과 ㉡에 알맞은 수를 각각 구하였으나 ㉠과 ㉡에 알맞은 수의 합을 구하지 못했습니다.
하	㉠과 ㉡에 알맞은 수를 구하지 못하여 답을 구하지 못했습니다.

11 ㉡ 6의 8배 ➡ 6×8
㉣ 7씩 4묶음 ➡ 7×4

12 ㉠ $4\times7=4+4+4+4+4+4+4=28$
㉡ $6\times5=6+6+6+6+6=30$
㉢ $7\times4=7+7+7+7=28$
계산 결과가 다른 하나는 ㉡입니다.

13 도영이는 쿠키를 4개 먹었고, 예나는 도영이가 먹은 쿠키의 3배를 먹었으므로 예나가 먹은 쿠키는 $4\times3=4+4+4=12$(개)입니다.

14 4개씩 3묶음 ➡ $4\times3=12$
2개씩 6묶음 ➡ $2\times6=12$
6개씩 2묶음 ➡ $6\times2=12$

15 예 도넛이 한 상자에 9개씩 8상자 있으므로 도넛은
$9\times8=9+9+9+9+9+9+9+9$
$=72$(개)입니다.

채점 기준

상	곱셈식을 세워 답을 바르게 구했습니다.
중	곱셈식은 세웠으나 답을 바르게 구하지 못했습니다.
하	곱셈식을 세우지 못해서 답을 구하지 못했습니다.

학교 시험 만점왕 2회

6. 곱셈
38~39쪽

01 16
02 6, 8, 10, 12, 14, 16, 16
03 12, 15, 18
04 6 / 18개
05 6, 3 / 6, 3
06 4 / 20송이
07 6, 6, 6, 6, 24 / 6, 4, 24
08 3, 12
09 3, 5
10 $8+8+8=24$
11
12 ㉡
13 풀이 참조, 5배
14 18명
15 풀이 참조 , 43세

01 종이배를 하나씩 세어 보면 1, 2, 3, ... , 16으로 모두 16개입니다.

02 종이배를 2씩 뛰어서 세면 2, 4, 6, 8, 10, 12, 14, 16이므로 모두 16개입니다.

03 음료수를 3씩 묶어서 세면
$3-6-9-12-15-18$입니다.

04 음료수는 3씩 6묶음이므로 18개입니다.

05 한 상자에 컵라면이 6개씩 들어 있으므로 6씩 3묶음입니다.
6씩 3묶음은 6의 3배입니다.

06 화단의 꽃은 5송이씩 4묶음이므로 화단에 있는 꽃은 20송이입니다.

07 치즈는 6조각씩 4상자 있으므로
$6+6+6+6=24$(조각)입니다.
곱셈식으로 $6\times4=24$입니다.

08 모자는 4개씩 3묶음이므로 4의 3배는 12입니다.

09 $9+9+9=9\times3$
$5+5+5+5+5=5\times5$

10 8의 3배는 $8+8+8=24$입니다.

11 8씩 3묶음 ➡ 8의 3배
9씩 2묶음 ➡ 9의 2배

12 비행기의 수를 곱셈식으로 나타내면 7씩 2묶음이므로 $7\times2=14$입니다.

13 예 서우는 동화책을 2권, 지수는 동화책을 10권 가지고 있습니다.
$2+2+2+2+2=2\times5=10$이므로 지수가 가진 동화책 수는 서우가 가진 동화책 수의 5배입니다.

채점 기준

상	10은 2를 몇 번 더해야 하는지 구하여 지수가 가진 동화책 수는 서우가 가진 동화책 수의 몇 배인지 바르게 구했습니다.
중	10은 2를 몇 번 더해야 하는지 구하였으나 지수가 가진 동화책 수는 서우가 가진 동화책 수의 몇 배인지 구하지 못했습니다.
하	10은 2를 몇 번 더해야 하는지 구하지 못하여 지수가 가진 동화책 수는 서우가 가진 동화책 수의 몇 배인지 구하지 못했습니다.

14 훈이네 반 학생은 운동장에 9명씩 2줄로 섰습니다.
$9\times2=9+9=18$이므로 훈이네 반 학생은 18명입니다.

15 예 9의 4배는 $9\times4=9+9+9+9=36$입니다.
사랑이 나이는 9세이고 아버지의 나이는 사랑이 나이의 4배보다 7세 더 많으므로 아버지의 나이는 $36+7=43$(세)입니다.

채점 기준

상	9의 4배를 구하여 아버지의 나이를 바르게 구했습니다.
중	9의 4배를 구하였으나 아버지의 나이를 구하지 못했습니다.
하	9의 4배를 구하지 못하여 아버지의 나이를 구하지 못했습니다.